·装配式混凝土建筑系列培训教材·

装配式混凝土建筑结构施工

上海市城市建设工程学校（上海市园林学校）　组编

内 容 提 要

本书从装配式混凝土建筑结构施工与管理两方面系统地介绍了装配式混凝土建筑结构体系的设计原则、预制构件的生产和安装施工原理及管理方法，并在此基础上，用案例说明知识点的应用与管理要求。本书可作为国内建筑业推广应用装配式混凝土建筑的培训教材，也可供工程建设类院校师生及广大建筑从业人员参考使用。

图书在版编目(CIP)数据

装配式混凝土建筑结构施工/上海市城市建设工程学校组编. --上海：同济大学出版社，2016.12

ISBN 978-7-5608-6698-7

Ⅰ.①装… Ⅱ.①上… Ⅲ.①装配式混凝土结构-混凝土施工 Ⅳ.①TU755

中国版本图书馆 CIP 数据核字(2016)第 304672 号

装配式混凝土建筑结构施工

上海市城市建设工程学校(上海市园林学校) 组编

责任编辑：张平官
责任校对：徐春莲
装帧设计：陈益平

出版发行 同济大学出版社 www.tongjipress.com.cn
(上海市四平路 1239 号 邮编：200092 电话：021-65985622)
经 销 全国各地新华书店、建筑书店、网络书店
印 刷 同济大学印刷厂
开 本 787mm×1092mm 1/16
印 张 17.5
字 数 437000
版 次 2016 年 12 月第 1 版 2016 年 12 月第 1 次印刷
书 号 ISBN 978-7-5608-6698-7
定 价 58.00 元

装配式混凝土建筑系列培训教材
编委会名单

序

2013年8月,《上海市人民政府办公厅转发市建设交通委等五部门关于本市进一步推进装配式建筑发展若干意见》(沪府办〔2013〕52号)确立供地环节落实装配式建筑项目机制,上海装配式建筑从试点推进迈入面上推广的规模化快速发展轨道。《中共中央和国务院关于进一步加强城市规划建设管理工作的若干意见》和《中共上海市委和上海市人民政府关于贯彻中央城市工作会议精神进一步加强本市城市规划建设管理工作的实施意见》都明确要求发展新型建筑方式,大力推广装配式建筑。大力发展预制装配式建筑,走新型建筑工业化的道路,是城市可持续发展的重要战略,已经成为全市建筑业转型发展的重要目标任务。在装配式建筑大力推广之际,上海建筑业转型升级迎来重要机遇期,作为建筑产业现代化的核心——装配式混凝土结构,通过近年来总结我国以往装配式预制大板住宅的经验与教训,引进消化国外先进技术,相关结构体系已基本形成并得到成功应用。国家、行业和地方等有关部辩 出台了设计、施工和构件制作等技术标准和技术规程,为进一步推进建筑工业化的发展奠定了基础。

目前上海正处于快速推行装配式混凝土建筑的关键时期,随着工程规模的扩大,设计施工的管理、工程技术人员和作业工人能力不能满足市场需求,是推进过程中主要瓶颈之一,将会严重影响装配式混凝土建筑的质量和安全。为满足装配式建筑推进的需要,必加快相关管理技术人员和作业工人的培训,因此,编写并出版"装配式混凝土建筑系列培训教材"非常必要。希望以本系列教材为基础,全面加强业务能力培训,不断提高本市装配式建筑从业队伍的综合素质,提升装配式建筑的产业链能力,保证工程质量和安全,促进本市装配式建筑的创新、绿色、健康发展。

2016年8月

前　言

伴随着世界快速城市化发展的趋势，有学者预测，到2050年，全球城市人口将占到全部人口的70%，政府将面临需要为人民提供高品质住宅和生活条件的巨大压力。在发展中国家，尤其是我国和印度，在未来10年里，将会贡献全球1/3城市化人口增加值。

城市化进程的历史表明，城市化往往需要牺牲生态环境和消耗大量资源来进行城市建设，在我国城镇化正处于快速提升期，至2020年全国城镇化规模将达到60%以上。城镇化率每提高1%，就要新增城市用水17亿立方米，消耗标准煤6000万吨。按照城市化进程新增住宅和原有改善居住条件需求计算，到2030年，我国住宅需要量将超过目前200亿平方米1倍以上，达到400亿平方米(数量)，而这些需要在15年时间完成，也就是说每年增量将超过10亿平方米。而现有建筑行业发展很大程度上仍依赖于高速增长的固定资产投资规模，发展模式粗放，工业化、信息化、标准化水平偏低，管理手段落后，建造资源耗费量大，同时面临劳动力成本上升或劳动力短缺的状况。因此综合考虑快速城市化的可持续发展问题，改变建筑业的传统生产方式，大力推进建筑业产业现代化是城市可持续发展的重要战略，实现建筑产业现代化的有效途径是新型建筑工业化。

作为建筑产业现代化的核心——装配式混凝土结构，通过近年来总结我国以往装配式预制大板住宅的经验与教训，引进消化国外先进技术，相关结构体系已基本形成并得到成功应用。国家、行业和地方等有关部门也相继出台了设计、施工和构件制作等技术标准和技术规程，为进一步推进建筑工业化的发展奠定了基础。装配式混凝土结构建筑是通过对新技术、新材料的应用，使其在建造过程中对资源的利用更节约、更合理，提高了结构精度、减少了渗漏、开裂等质量通病，提升了建筑的性能和质量。但与西方发达国家相比，我国的装配式混凝土建筑技术尚处在发展的初级阶段，相关的工程技术人员和管理人员严重不足，而国内尚没有能够系统性地介绍有关装配式混凝土结构的建筑专业书籍和培训教材，因此，编写《装配式混凝土建筑结构施工》是十分必要的。

本教材以“应用型和管理型”建筑工程施工现场专业人员的培养为目标，编写时力求“以应用管理为目的，以重点突出为原则”。重点针对与传统建筑施工方式所不同的预制装配式结构施工管理两个方面，系统地介绍工程预制装配式结构体系的设计基本原则、预制构件生产和安装施工原理及其管理方法，并在此基础上，用案例说明知识点的应用和管理要求，注重工程施工的质量过程控制及其检验方法在装配式结构建筑工程中的运用。内容编写时适当兼顾与执业类注册人员的培训相结合，使本书不但可以作为职业类学校的工程管理、技能操作等专业的教材，也可作为建造师、造价工程师、监理工程师等有关技术人员的参考用书。本教材编写时求内容精练、体例新颖、图文并茂、案例丰富、重点突出、文字叙述通俗易懂。各章均附有内容提要、学习要求、本章小结、复习思考题等模块，以达到学、练同步的目的。

本书可作为从事装配式混凝土结构施工的建筑工程施工现场专业人员、建筑工程类执业注册人员、建设口子政府各级相关管理人员等的专业参考书和培训教材，也可作为职业学校建筑施工(建筑)专业教材。本书由上海隧道股份工程有限公司主编，上海市城市建设工程学校(上海市园林学校)参编，全书由周文波和林家祥负责总体策划和主审，王静和陈英姿统稿。参加审稿的人员还有薛伟辰、黄稠辉、范骅、曹枫等同志。本书的前言部分由王静完成，参与本书各章节的主要负责人和编写人员名单附后。本书校对工作由王静、何晓、钱丹萍、汤璇、陈英姿等完成。

参与本书各章节的主要负责人和编写人员名单

章次	章次名称	主要负责人	编写人员
1	装配式混凝土结构施工总体筹划	陈立生	林家祥、李天亮、陈英姿
2	预制构件制作与储运	朱永明	秦廉、徐银峰、黄岚、张英怡
3	预制装配式混凝土结构施工	叶可炯	林家祥、赵国强、王静、汪一江
4	预制装配式混凝土结构施工质量	张立	魏信巧、朱永明、徐银峰
5	安全文明与绿色施工	戴振宇	周隽、戴功良、潘浩、赵勇
6	装配式结构体系建造经济分析	张传生	唐婧、冯凯、陈爱民、王爱华、陆懿伟
7	工程实例	林家祥	张凯、周成功、胡伟、朱永明、陈英姿

本书在编写过程中，得到了上海市住房和城乡建设管理委员会的热忱指导，并得到了上海市城市建设工程学校(上海市园林学校)、上海现代建筑设计(集团)有限公司、同济大学等单位的大力支持，在此表示诚挚的谢意!

限于时间和业务水平，书中难免存在不足之处，真诚地欢迎广大读者批评指正。

编者

2016年8月

目　　录

第1章 装配式混凝土建筑施工总体筹划

1.1 概要

内容提要

本章内容包括装配式混凝土建筑施工组织设计大纲和施工管理两大部分。在施工组织设计大纲中，全面介绍了施工组织设计需要包含的基本内容和要求，重点阐述了装配式混凝土建筑施工的主要工艺流程和施工工期总体筹划；在施工管理内容中，主要介绍了装配式混凝土建筑现场施工管理的基本要点及要求。施工组织设计的编制和施工管理的具体内容分别在“第2章 预制构件制作和储运”以及“第3章 装配式混凝土建筑施工”的相关章节中予以阐述。

学习要求

(1) 了解装配式混凝土建筑施工组织设计大纲编制的要点及要求。

(2) 熟悉装配式混凝土建筑施工的主要工艺流程和总体工期筹划。

(3) 了解装配式混凝土建筑施工组织设计编制与传统建筑的区别。

(4) 了解装配式混凝土建筑现场施工管理的特点及要求。

1.2 施工组织设计大纲

在编制施工组织设计大纲前，编制人员应仔细阅读设计单位提供的相关设计资料，正确理解设计图纸和设计说明所规定的结构性能和质量要求等相关内容，并结合构件制作和现场的施工条件以及周边施工环境做好施工总体策划，制定施工总体目标。编制施工组织设计大纲时应重点围绕整个工程的规划和施工总体目标进行编制，并充分考虑装配式结构所特有的工序工种繁多、各工种相互之间的配合要求高、传统施工和预制构件吊装施工作业交叉等的特点。

1.2.1 编制主要内容

在编制施工组织设计大纲时除应符合现行国家标准《建筑工程施工组织设计规范》(GB/T 50502)的规定外，至少应包括以下几个方面的内容。

1) 工程概况

工程概况中除了应包含传统施工工艺在内的项目建筑面积、结构单体数量、结构概况、建筑概况等内容外，同时还应详细说明本项目所采用的装配式混凝土建筑结构体系、预制率、预制构件种类、重量及分布，另外还应说明本项目应达到的安全和质量的管理目标等相关内容。

2）施工管理体制

结合项目及施工单位实际情况应采取的现场施工管理体系，如施工总承包模式、设计施工总承包模式、装配式混凝土建筑专业承包等不同的模式，并结合项目具体情况详细阐述选取的管理体制的特点及要点，并说明应达到的管理目标。

3）施工工期筹划

在编制施工工期筹划前应明确项目的总体施工流程、预制构件制作流程、标准层施工流程等内容。总体施工流程中应考虑预制构件的吊装与传统现浇结构施工的作业交叉，明确两者之间的界面划分及相互之间的协调。此外，在施工工期规划时尚应考虑起重设备、作业工种等的影响，尽可能做到流水作业，提高施工效率，缩短施工工期。

4）临时设施布置计划

除了传统的生活办公设施、施工便道、仓库及堆场等布置外，还应根据项目预制构件的种类、数量、位置等，结合运输条件，设置预制构件专用堆场及运输专用便道。堆场设置应结合预制构件重量和种类，考虑施工便利、现场垂直运输设备吊运半径和场地承载力等条件；专用便道布置应考虑满足构件运输车辆通行的承载能力及转弯半径等要求。

5）预制构件生产计划

预制构件生产计划应结合准备的模具种类及数量、预制厂综合生产能力安排，并结合施工现场总体施工计划编制，最终应以单体施工楼层生产计划与现场吊装计划匹配。同时在生产过程中必须根据现场施工吊装计划进行动态调整。

6）预制构件现场存放计划

施工现场必须按期编制构件进场存放计划，既要保证现场存货满足施工需要，又确保现场备货数量在合理范围内，以防存货过多占用过大的堆场，一般要求提前一个月将构件需求计划报至构件生产企业，并提前 2～3 天将构件运输至现场。

7）预制构件吊装计划

预制构件吊装计划必须与整体施工计划匹配，结合标准层施工流程编制标准层吊装施工计划，在完成标准层吊装计划基础上，结合整体计划编制项目构件吊装整体计划。

8）质量管理计划

在质量管理计划中应明确质量管理目标，并围绕质量管理目标重点针对预制构件制作和吊装施工，以及根据不同施工层的重点质量管理内容，进行质量管理规划和组织实施。

9）安全文明管理计划

在安全文明管理计划中应明确其管理目标，围绕管理目标明确预制构件制作和吊装施工以及不同施工层施工的安全管理重点内容，进行安全与文明施工管理规划和组织实施。

1.2.2 施工工艺及总体工期筹划

装配式混凝土建筑项目，在施工工期筹划时应事先明确预制构件的制作与运输以及预制构件吊装施工等关键工序的工艺流程和所需要的时间，并在此基础上进行施工总体工期的筹划。

装配式混凝土建筑施工的总体工艺流程如图 1.2-1 所示，施工总体工期与工程的前期施工规划、预制构件的制作以及预制构件的吊装和节点连接等工序所需要的工期是密不可分的。施工管理者、设计人员和构件供应商三者之间应密切配合，相互确认才能充分发挥装配式混凝土建筑在工期上的优势。

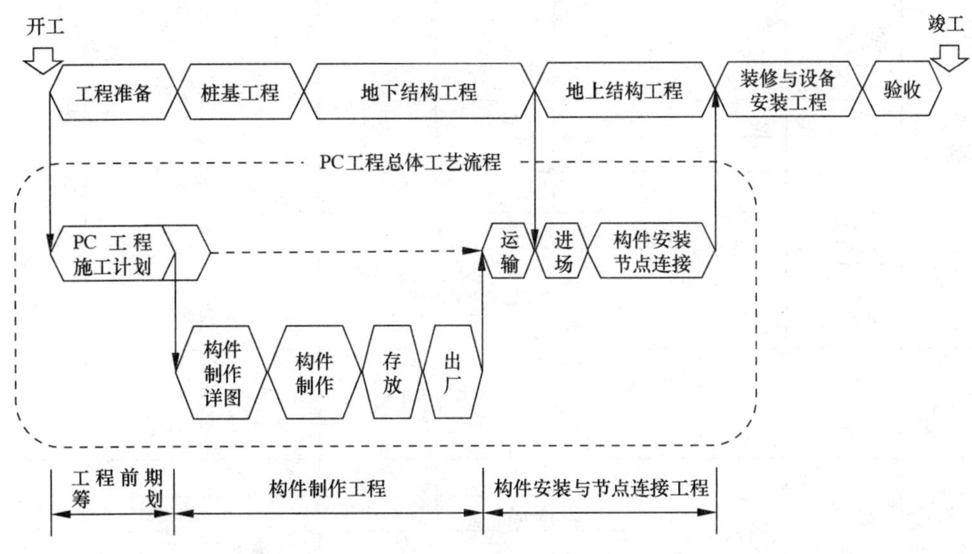

图 1.2-1 装配式混凝土建筑施工总体工艺流程

1. 装配式混凝土建筑工程前期筹划工期

在筹划施工总体工期时必须考虑装配式混凝土建筑工程施工计划编制所需要时间，也即工程前期筹划时间。装配式混凝土建筑工程施工计划编制时应考虑的内容包括：预制构件吊装及节点连接方式、预制构件的生产方式、水电管线和辅助设施制图、预制构件制作详图制作和三方确认、预制构件制作模板设计与制作等相关内容。图 1.2-2 给出了从取得设计单位提供的施工图设计的图纸后，开始对预制构件制作详图设计到预制构件吊装开始的标准工期示例。图 1.2-3 给出了预制构件制作详图深化设计的标准工期示例。工程前期筹划时间一般需安排 5 个月，考虑到与构件制作和现场施工工期上的作业交叉，对总体工期的影响可考虑 1 个月。

2. 预制构件制作工期

预制构件制作环节的工期指的是针对所有预制构件从第一批开始生产至最后一批完成所需要的全部时间。该工序的工期应根据“预制构件生产计划”进行编制。此外，在制定预制构件的生产计划时应充分考虑构件厂的生产方式、生产能力和场地存放规模以及施工现场临时堆放场地的大小和预制构件吊装施工进度等因素，科学合理地进行规划。

图 1.2-4 给出了预制构件制作单个循环周期标准生产工艺流程图。一般而言，无论是采用传统的固定台模式生产线还是自动化生产流水线的制作方式，预制构件的生产制作工期的规划一般以 1 天制作一批构件作为一个循环周期，考虑到受生产条件与施工工期等因素的制约，有时也采用 2 天作为一个循环周期。但无论循环周期的长与短，应尽可能做到有计划的均衡生产，提高生产效率和资源利用的最大化。预制构件生产实施方案的具体编制详见“第 2 章 预制构件制作与储运”相关章节的内容。

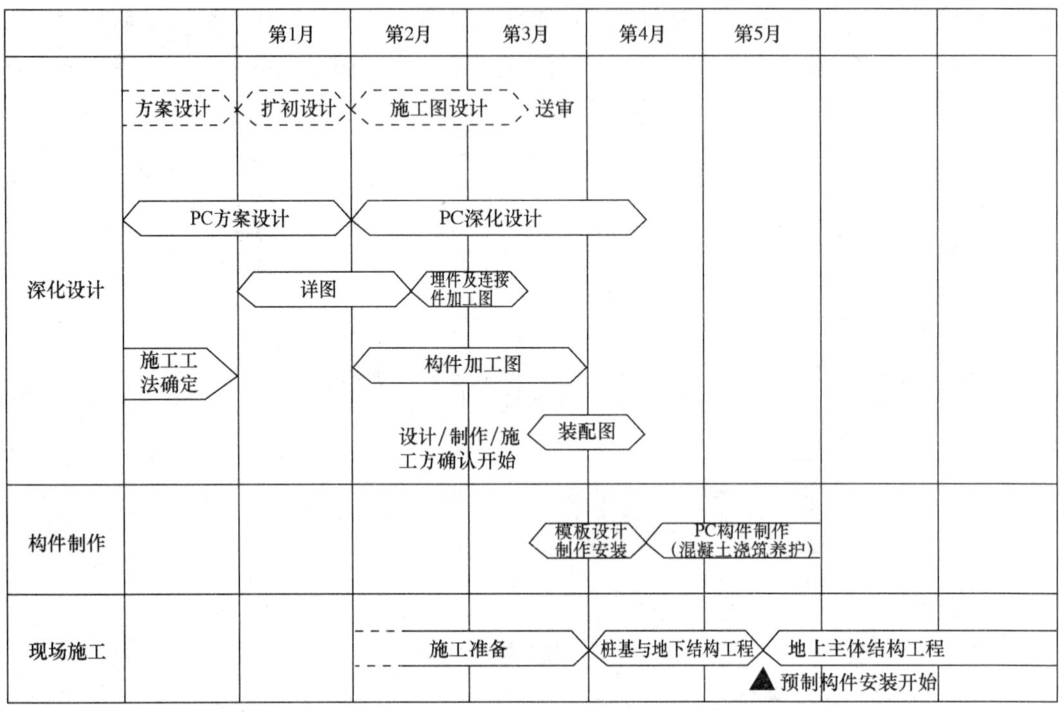

图 1.2-2　预制构件详图深化设计至吊装施工的标准工期示例

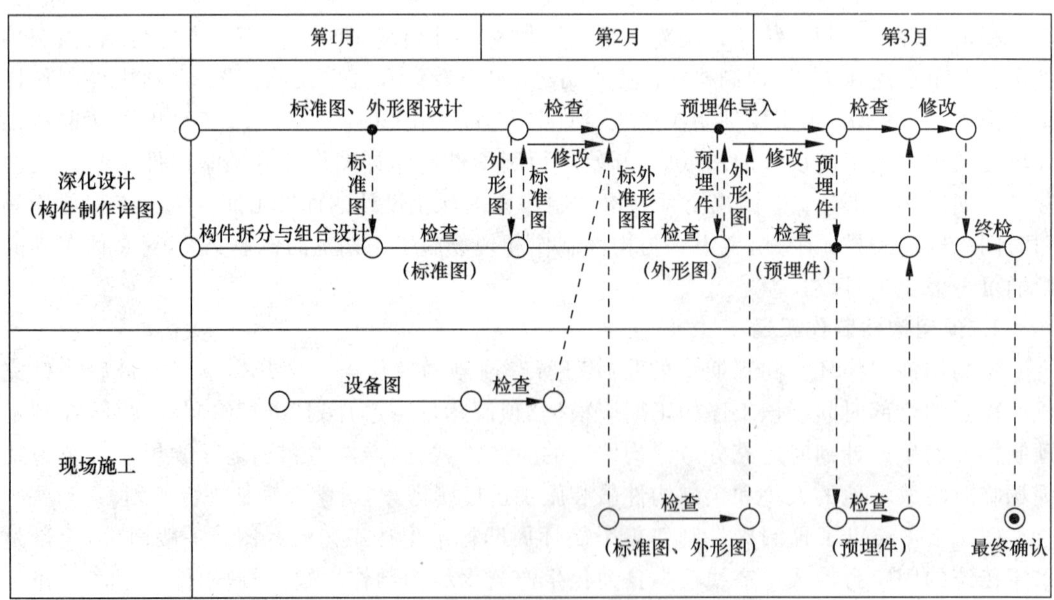

图 1.2-3　预制构件详图深化设计标准工期示例

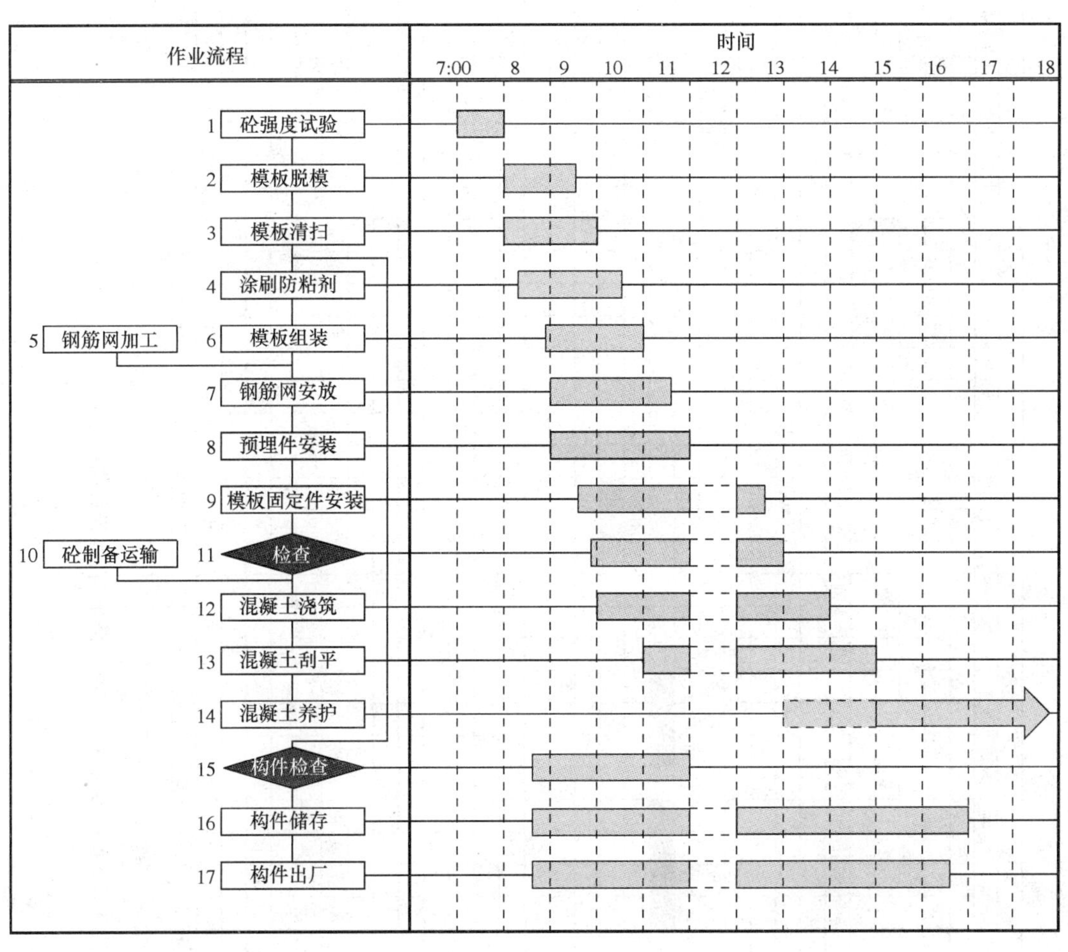

图 1.2-4 构件制作单个循环周期主要工艺流程及时间分配标准示例

3. 预制构件吊装施工工期

预制构件吊装施工工期应根据“预制构件吊装计划”进行编制，并基于标准层楼面的吊装施工工期进行筹划。图 1.2-5 给出了标准层施工工期以及整个施工过程中的各类工种的配合以及所对应的起重设备的使用情况。标准层施工中包括了现浇混凝土施工，临时设施等附属设施的施工等所需要的时间。标准层施工的时间一般可设定为 7 天，但通过增加劳动力和施工机械设备的投入以及合理的组织，也能实现 5 天施工一层楼面的能力。但值得注意的是，现场吊装施工工期的筹划在满足工程总体工期的前提下，尽量做到人力和施工设备等的合理匹配，同时应考虑其经济性和安全性。各楼层的施工工期尽可能做到均衡作业，以提高现场工作人员和起重设备等的使用效率，降低施工成本，加快施工工期。预制构件吊装施工的具体实施方案可参见“第 3 章 装配式混凝土建筑施工”相关章节的内容。

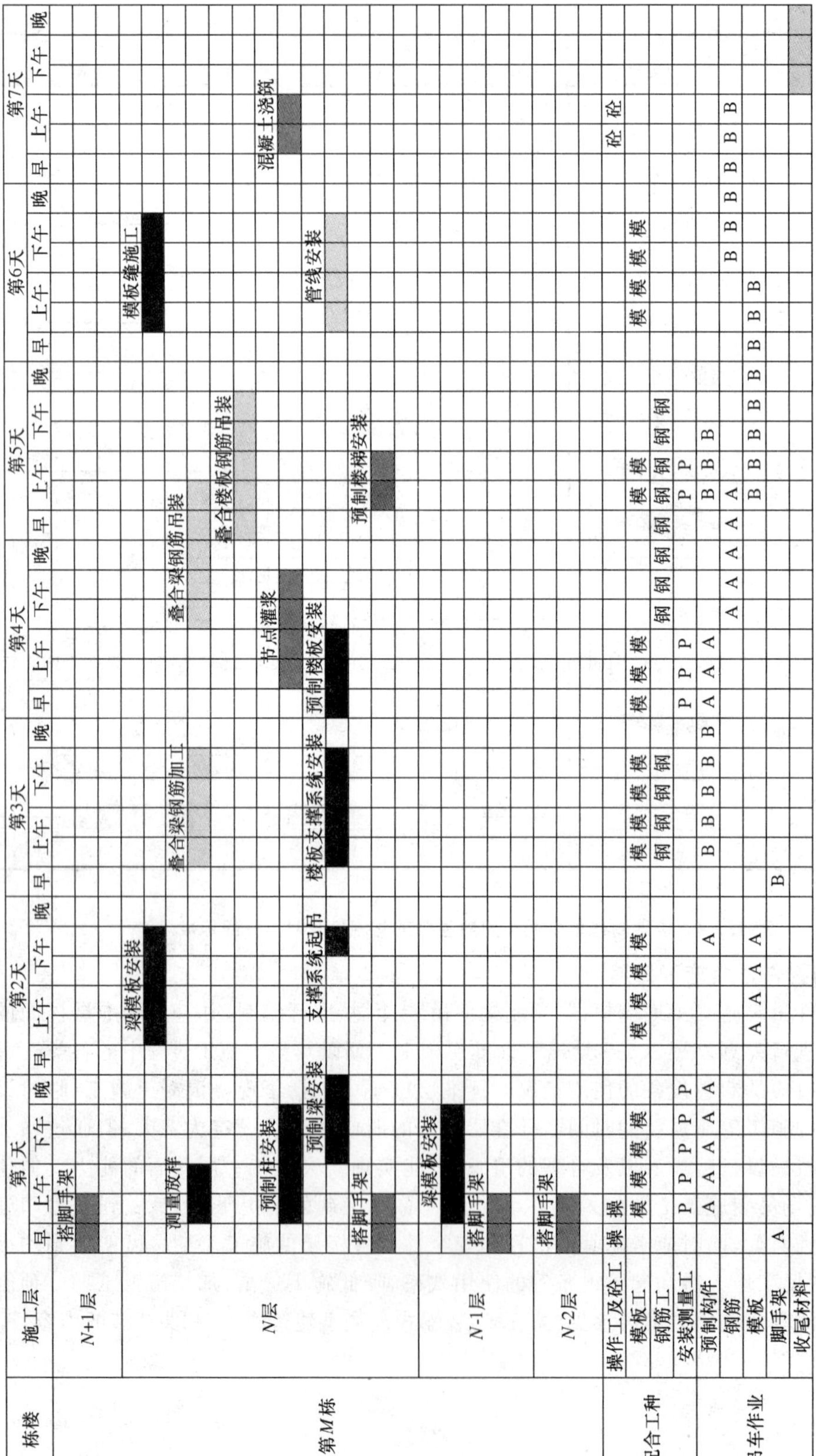

栋楼	施工层	第1天						第2天						第3天						第4天						第5天						第6天						第7天					
		早	上午		下午		晚	早	上午		下午		晚	早	上午		下午		晚	早	上午		下午		晚	早	上午		下午		晚	早	上午		下午		晚	早	上午		下午		晚
第M栋	N+1层	搭脚手架																																									
	N层								梁模板安装																								模板缝施工										
			测量放样												叠合梁钢筋加工										叠合梁钢筋吊装																
																											叠合楼板钢筋吊装																
			预制柱安装																		节点灌浆																	混凝土浇筑			
					预制梁安装						支撑系统起吊				楼板支撑系统安装					预制楼板安装													管线安装										
		搭脚手架																									预制楼梯安装																
	N-1层		梁模板安装																																								
		搭脚手架																																									
	N-2层	搭脚手架																																									
配合工种	操作工及砼工	操	操																																				砼	砼			
	模板工		模	模	模	模			模	模	模	模			模	模	模	模		模	模	模					模	模					模	模	模	模							
	钢筋工														钢	钢	钢	钢					钢	钢	钢	钢	钢	钢	钢	钢													
	安装测量工		P	P	P	P	P													P	P	P					P	P															
吊车作业	预制构件		A	A	A	A	A					A			B	B	B	B	B	A	A	A					B	B	B														
	钢筋																						A	A	A	A	A									B	B	B	B	B	B			
	模板								A	A	A	A															B	B	B	B	B	B	B	B									
	脚手架	A												B																													
	收尾材料																																										

图 1.2-5　装配式混凝土结构标准层施工标准工期示例(框架结构)

1.2.3　质量管理计划

预制构件吊装质量要求远高于传统现浇结构施工质量，因此必须在施工前编制详细的质量管理计划。计划编制时应重点针对预制构件的吊装精度和防水以及节点构造施工质量等要求提出相应的管理目标和具体的措施。

现场负责质量管理的人员必须经过专项的装配式混凝土建筑施工培训，具备相应的质量管理资质。

装配式混凝土建筑施工质量管理必须贯穿构件生产、构件运输、构件进场、构件堆置、构件吊装等全过程周期。

1.2.4　安全文明管理计划

首先，应结合装配式混凝土建筑施工的安全文明施工标准提出本项目具体管理目标，结合目标及项目实际情况编制管理计划，计划应涵盖人员要求、设备要求、工艺要求的各方面。同时，必须体现装配式混凝土建筑施工对安全文明施工管理的特殊要求，并提出相应的措施。

如果装配式混凝土建筑项目外墙为预制，并采取相应的安全措施的前提下，也可采取免除外脚手架施工工艺，但是此时必须在施工层及其他临边位置设置专用防护装置，防护装置应在深化设计阶段即由施工单位提出进行预留。无外脚手架施工作业工况下，施工作业层临边作业必须进行旁站式安全监控。

1.2.5　绿色施工与环境保护计划

装配式混凝土建筑施工最大特色即为绿色施工及利于保护环境，因此必须编制绿色施工与环境保护计划，就施工过程中针对常见的噪声污染、固体废弃物污染、粉尘污染等编制相应的保护计划，计划中必须体现装配式混凝土建筑施工的特色和优势。

1.3　施工管理

施工管理应根据施工组织设计大纲中所明确的管理计划和管理内容进行管理。施工管理内容包括：质量管理、进度管理、成本管理、安全文明管理、环境保护以及绿色施工等内容。施工管理不仅仅是施工现场的管理，也应包括工厂化预制管理在内的整个工程施工的全过程管理和有机衔接。

1.3.1　质量管理

装配式混凝土结构是建筑行业由传统的粗放型生产管理方式向精细化方向转型发展的重要标志，相应的质量精度要求由传统的厘米级提升至毫米级水平，因此，对施工管理人员、施工设备、施工工艺等均提出了更高的要求。

质量管理必须涵盖构件生产、构件运输、构件进场、构件堆置、构件吊装就位、节点施工等一系列过程，质量管理控制人员的监管及纠正措施必须贯穿始终。

预制构件生产必须对每个工序进行质量验收，尤其对与吊装精度息息相关的预埋件、出筋位置、平面尺寸等严格按照设计图纸及规范要求进行验收。预制构件运输应采用专用运输车辆，构件装车时必须按照设计要求设置搁置点，搁置点应满足运输过程中构件强度的要求。构件进场后，必须对预埋件、出筋位置、外观、平面尺寸等进行逐一验收。构件堆放必须符合相关标准和规范所规定的要求，地面应硬化，硬化标准应按照所堆放构件的种类和重量进行设计，并确保具有足够的承载力。对于外挂墙板，应使用专用堆置架，并对边角、外饰材、防水胶条等加强保护。图 1.3-1 和图 1.3-2 分别给出了构件堆场场地硬化和预制外挂墙板专用堆置架的示例。

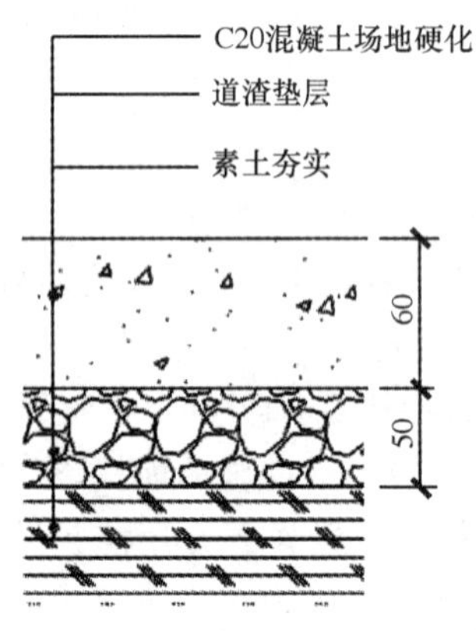

图 1.3-1　构件堆场场地硬化示例

图 1.3-2　预制外挂墙板专用堆置架示例

竖向受力构件的连接质量是与预制建筑结构安全密切相关的质量管理控制要点，目前竖向受力构件之间主要采用灌浆连接技术，灌浆的质量直接影响到整个结构的安全性，因此必须作为重点监控点。灌浆应对浆料的物理化学性能、浆液流动性、28d 强度、灌浆接头同条件试块等进行检测，同时对于灌浆过程应进行全程旁站式施工质量监管，确保灌浆质量满足设计的强度要求。

精细化质量管理对人员素质、施工机械、施工工艺要求极高，因此施工过程中必须由专业的质量管控人员全程监控，施工操作人员必须为专业化作业人员，施工机械必须满足装配式混凝土建筑施工精度要求并具备施工便利性，施工工艺必须先进和可靠。

1.3.2　进度管理

装配式混凝土建筑进度管理应采用日进度的管理，将项目整体施工进度计划分解至日施工计划，以满足装配式混凝土建筑施工精细化进度管理的要求。

构件之间装配及预制和现浇之间界面的协调施工直接关系到整体进度，因此必须做好构件吊装次序、界面协调等计划。

由于装配式混凝土建筑与传统建筑施工进度管理对垂直运输设备的使用频率相差极大，装配式混凝土建筑对垂直运输设备的依赖性非常大，因此必须编制垂直运输设备使用计划，计划编制时应将构件吊装作业作为最关键作业内容，并精确至日、小时，最终由每日垂直运输设备使用计划指导作业。

1.3.3　成本管理

装配式混凝土建筑成本管理主要包括预制厂内成本管理、运输成本管理及现场吊装成本管理。

厂内成本管理主要受制于模具设计、预埋件优化、生产计划合理化等内容，模具设计在满足生产要求下，应做到数量最少化、效率最大化的目标，同时合理安排生产计划，尽可能提高模板的周转次数，降低模具的摊销费用。

运输成本主要与运距有关，因此项目实施前甄选预制厂时必须考虑运距的合理性，预制厂与施工现场的最大距离以不超过 80km 为宜。

现场吊装成本主要包括垂直运输设备、堆场及便道、吊装作业、防水等，此阶段成本控制应在深化设计阶段即对构件的分割、单块构件重量、最大构件单体重量的数据进行优化，尽可能降低垂直运输设计、堆场及便道的标准，降低此部分施工成本。

1.3.4　安全文明管理

起重吊装作业涉及装配式混凝土建筑施工项目的主体结构施工全过程，作为安全生产的重大危险源，必须作为重点管控，结合装配式混凝土建筑施工特色引进旁站式安全管理、新型工具式安全防护系统等先进安全管理措施。

由于装配式混凝土建筑所用构件种类繁多，形状各异，重量差异也较大，因此对于一些重量较大的、异形构件而言，应采用专用的平衡吊具进行吊装。有关预制构件吊装的详细内容和具体要求将在本书“第 3 章 装配式混凝土建筑施工”的有关章节中叙述。图 1.3-3 及图 1.3-4 分别给出了预制外挂墙板和叠合楼板起吊专用平衡吊具的示例。

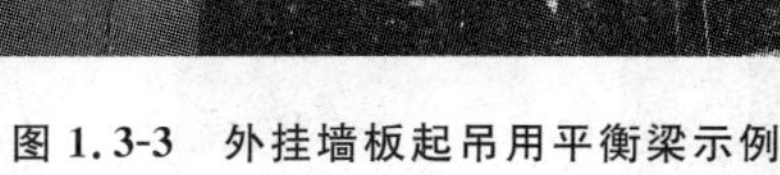

图 1.3-3　外挂墙板起吊用平衡梁示例

图 1.3-4　预制楼板起吊用吊架示例

由于起重作业受风力影响较大，现场应根据作业层高度设置不同高度范围内的风力传感设备，并制定各种不同构件吊装作业的风力受限范围。在预制构件吊装的规划中应予以明确并实施管理。

在施工中应结合装配式混凝土建筑的特色合理布置现场堆场、便道和建筑废弃物的分类存放与处置。有条件的尽可能使用新型模板、新型支撑体系等，以提高施工现场整体文明施工水平，达到资源重复利用的目的。图1.3-5为装配式混凝土建筑项目现场安全文

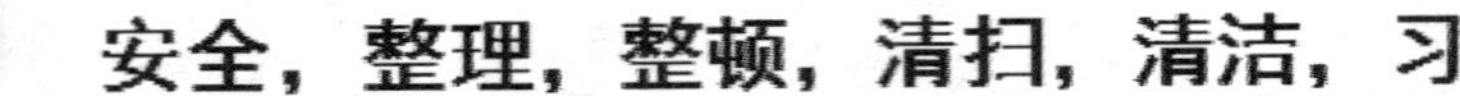

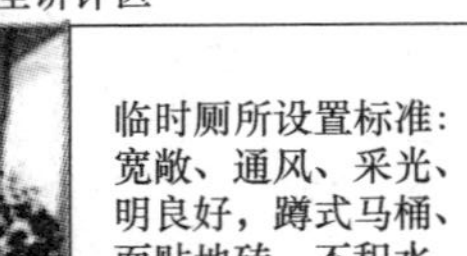
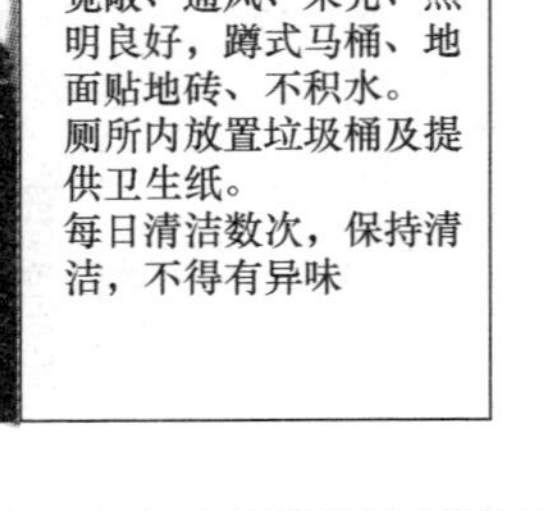

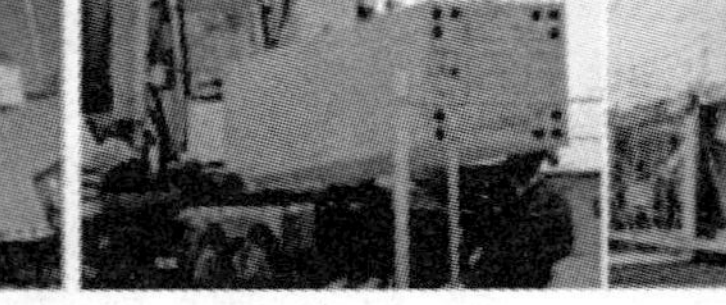

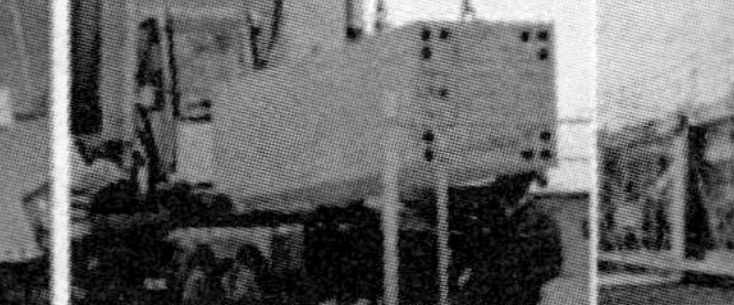
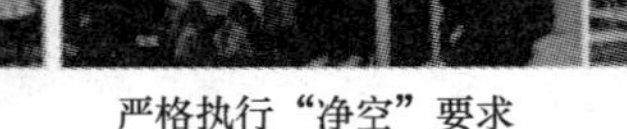
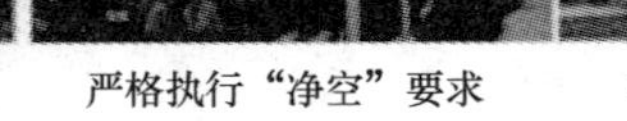

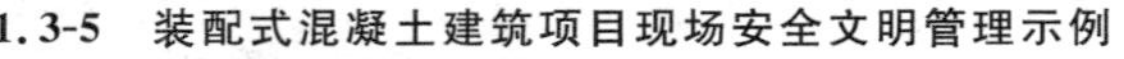

图 1.3-5　装配式混凝土建筑项目现场安全文明管理示例

明管理示例。图中,“6S”系统源自于日本建筑行业的现场安全文明管理体系。所谓的“6S”,即“安全(Security)”、“整理(Seiri)”、“整顿(Seiton)”、“清扫(Seisou)”、“清洁(Seiketu)”和“习惯(Sukan)”六个单词的第一个字母。

由于装配式混凝土建筑施工的特殊性,相关施工作业人员必须配置完整的个人作业安全防护装备并正确使用。一般的安全防护用品应包括但不限于安全帽、安全带、安全鞋、工作服、工具袋等施工必备的装备。

装配式混凝土建筑施工管理人员及特殊工种的技能工人等有关作业人员必须经过专项的安全培训,在取得相应的作业资格后方可进入现场从事与作业资格对应的工作。对于从事高空作业的相关人员应定期进行身体检查,有心脑血管疾病史、恐高症、低血糖等病症的人员一律严禁从业。

1.3.5　环境保护与绿色施工管理

装配式混凝土建筑是绿色、环保、低碳、节能型建筑,是建筑行业可持续发展的必由之路。以人为本,发展绿色建筑,特别是住宅项目把节约资源和保护环境放在突出的位置,大大地推动了绿色建筑的发展。装配式混凝土建筑施工技术使施工现场作业量减少、施工现场更加整洁,采用高强度自密实商品混凝土大大减少了噪音、粉尘等污染,最大程度地减少了对周边环境的污染,让周边居民享有一个更加安宁整洁的无干扰环境。装配式混凝土建筑由干式作业取代了湿式作业,现场施工的作业量和污染排放量明显减少,与传统施工方法相比,建筑垃圾大大减少。

绿色施工管理针对装配式混凝土建筑主要体现在现场湿作业减少,木材使用量大幅下降,现场的用水量降低幅度也很大,通过对预制率和预制构件分布部位的合理选择以及现场临时设施的重复周转的利用,并采取节能、节水、节材、节地和环保,即“四节一环保”的技术措施,达到绿色施工的管理要求。

本章小结

装配式混凝土建筑现场施工从施工组织设计大纲的编制到现场施工管理,与传统建筑存在较大的不同之处,也提出了很多较高的要求,施工管理人员必须从工程总体筹划、现场施工计划、现场平面布置、安全及文明施工特殊要求等方面结合装配式混凝土建筑自身特点采取有针对性的措施,并组织实施。

复习思考题

1. 阐述装配式混凝土建筑施工组织设计大纲的基本内容和要求。
2. 阐述装配式混凝土建筑施工的主要工艺流程及施工总体进度的编制要点。
3. 阐述装配式混凝土建筑施工工期与质量管理的内容和特点。
4. 简述现场安全文明施工“6S”系统具体内涵。

第2章　预制构件制作与储运

2.1　概要

内容提要

本章节主要介绍装配式混凝土建筑预制构件制作的基本知识。对预制构件生产实施方案的确定、模具制作和拼装、钢筋加工及绑扎、饰面材料及加工、混凝土材料及拌合、钢筋骨架入模、预埋件与门窗保温材料的固定、混凝土浇筑与养护、脱模与起吊等进行论述；并介绍装配式混凝土建筑预制构件制作过程中可能出现的质量通病及防治措施以及构件的运输与存放等内容。

学习要求

(1) 了解装配式混凝土建筑预制构件中混凝土、钢筋、模具、预埋件、饰面材料、门窗的基本知识。

(2) 熟悉装配式混凝土建筑预制构件工程的生产工艺过程及操作技巧。

(3) 掌握装配式混凝土建筑预制构件的质量问题产生原因、预防措施。

(4) 了解构件运输和存放过程中的注意事项。

2.2　构件生产实施方案

2.2.1　编制要求

装配式混凝土建筑预制构件生产实施方案的编制，除应满足制作过程的生产、质量、安全、环境要求之外，还应满足国家及地方的相应标准与规范的要求。

2.2.2　预制工艺及场地选择

1. 预制工艺

使原料逐步发生形状及性能变化的工序称为基本工序或工艺工序，各工艺工序总称为工艺过程或工艺。根据预制构件类型的不同，需采取不同的预制工艺。预制工艺决定了生产场地布置及设备安装等，因此在场地选择和布置之前首先需明确预制工艺的各项细节问题。

一般而言，预制构件的生产工艺包括：钢筋加工（冷加工、绑扎、焊接）、模具拼装、混凝土拌合、混凝土浇筑、密实成型（振动密实、离心脱水、真空脱水、压制密实等）、饰面材料铺设、养护工艺（常温养护、加热养护）等。

2. 场地选择

预制场地可分为施工现场预制场地及工厂化预制场地，应根据预制构件的类型、成型工艺、数量、现场条件等因素进行选择(表 2.2-1)。

表 2.2-1　施工现场预制场地与工厂预制场地的适用性及选择依据

影响因素＼场地分类	施工现场预制	工厂化预制
构件类型	特殊类型的构件、工厂无法规模化生产、运距较远	相对标准构件、能批量生产、适合流水线作业的构件
成型工艺	一般成型工艺较为简单	工艺复杂、设备投入大，如高速离心成型、挤压成型、高压高温养护等
产品数量	产品数量不多，品种较多	产品需求量大，品种单一
生产条件	有在一定期限内可利用的土地，水、电配置到位，预制相关设备、设施合理，还需综合考虑经济、环境等因素	有相对固定的建厂条件、市场条件、完善的配套设备及水电配置

1) 施工现场预制

施工现场预制构件加工区域的选择一般在工地最后开发区域或在工地附近区域，根据需要加工产品的数量、品种、成型工艺、场地条件等来确定加工规模，由加工规模可以计算出设备能力(搅拌机、行车起吊能力数量、混凝土搬运能力等)，原材料堆场、加工场地及堆放场地面积，在综合考虑配套设备、道路、办公等因素后可基本得出所需的场地面积。施工现场预制见图 2.2-1。

图 2.2-1　施工现场预制

2) 工厂化预制

工厂化预制采用了较先进的生产工艺，工厂机械化程度较高，从而使生产效率大大提高，产品成本大幅降低。当然，在工厂建设中要考虑工厂的生产规模、产品纲领和厂址选择等因素。工厂化预制见图 2.2-2。

生产规模即工厂的生产能力，是指工厂每年可生产出的符合国家规定质量标准的制品数量(如立方米、延米、块等)。

产品纲领是指产品的品种、规格及数量。产品纲领主要取决于地区基本建设对各种制品的实际需要。在确定产品的纲领

图 2.2-2　工厂化预制

时，必须充分考虑对建厂地区原材料资源的合理利用，特别是工业废料的综合利用。

在确定厂址时，必须妥善处理下述关系：①为了降低产品的运输费用，厂址宜靠近主要用户，缩小供应半径；②为了降低原料的运费，厂址又宜靠近原材料产地；③从降低产品加工费的目的出发，又以组织集中大型生产企业为宜，以便采用先进生产技术及降低附加费用，但这又必然使供应半径扩大，产品运输费用增加。正确处理以上关系，即可有效降低产品成本和工程造价。

2.2.3 场地布置

场地布置一般遵循总平面设计和车间工艺布置两大原则。

1. 总平面设计原则

总平面设计的任务是根据工厂的生产规模、组成和厂址的具体条件，对厂区平面的总体布置，同时确定运输线路、地面及地下管道的相对位置，使整个厂区形成一个有机的整体，从而为工厂创造良好的生产和管理条件。总平面设计的原始资料包括以下几点：

(1) 工厂的组成。

(2) 各车间的性质及大小。

(3) 各车间之间的生产联系。

(4) 建厂地区的地形、地质、水文及气象条件。

(5) 建厂区域内可能与本厂有联系的现有的及设计中的住宅区、工业企业，运输、动力、卫生、环境及其他线路网以及构筑物的资料。

(6) 厂区货流和人流的大小和方向。

2. 车间工艺布置

车间工艺布置是根据已确定的工艺流程和工艺设备选型的资料，结合建筑、给排水、采暖通风、电气和自动控制并考虑到运输等的要求，通过设计图将生产设备在厂房内进行合理布置。通过车间工艺布置对辅助设备和运输设备的某些参数(如容积、角度、长度等)、工业管道、生产场地的面积最终予以确定。

工艺布置时，应注意以下原则：

(1) 保证车间工艺顺畅。力求避免原料和半成品的流水线交叉现象。缩短原料和半成品的运距，使车间布置紧凑。

(2) 保证各设备有足够的操作和检修场地以及车间的通道面积。

(3) 应考虑有足够容量的原料、半成品、成品的料仓或堆场，与相邻工序的设备之间有良好的运输联系。

(4) 根据相应的安全技术和劳动保护要求(如防噪声、防尘、防潮、防蚀、防振等)，对车间内的某些设备或机组，机房进行间隔。

(5) 车间柱网、层高符合建筑模数制的要求。在进行车间工艺布置时，必须注意到两个方面的关系：一是主要工序与其他工序间的关系，二是主导设备与辅助设备和运输设备间的关系。设计时可根据已确认的工艺流程，按主导设备布置方法对各部分进行布置，然后以主要工序为中心将其他部分进行合理的搭接。在车间工艺布置图中，各设备一般均按示意图形式绘出，并标明工序间、设备间以及设备与车间建筑结构之间的关系尺寸。

3. PC 工厂场地布置范例

遵循以上场地布置的一般原则和平面设计原则，图 2.2-3 为 PC 工厂平面图范例。

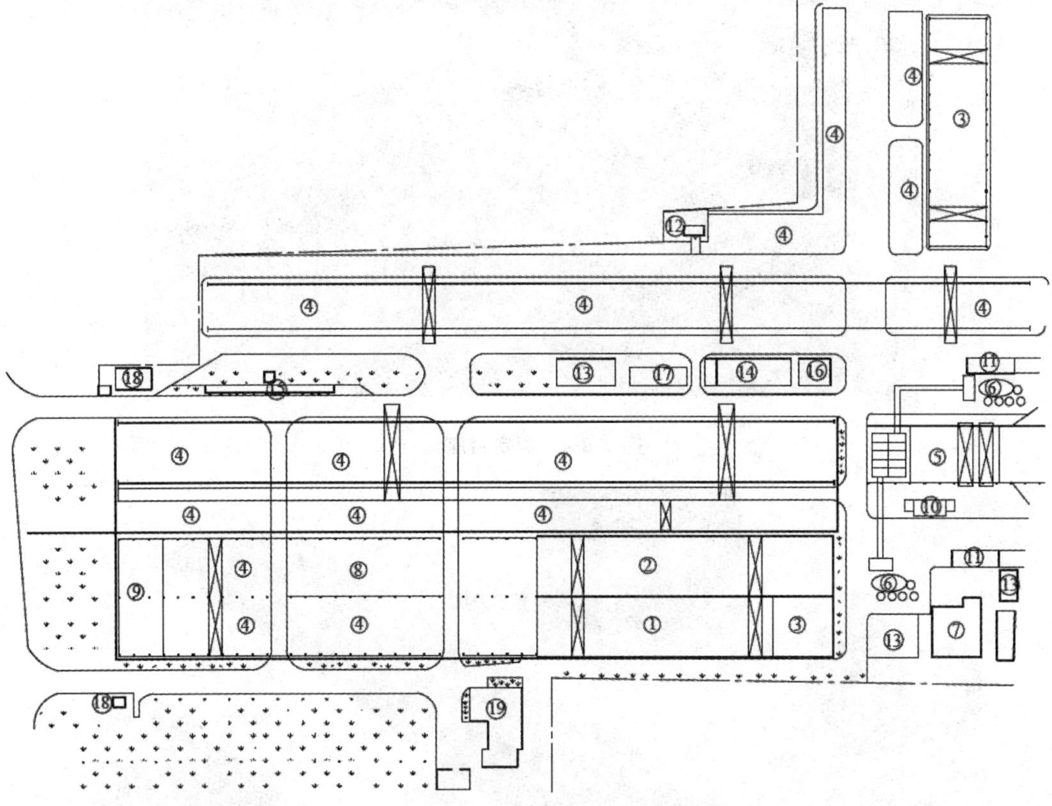

1—PC 车间；2—管片车间；3—钢筋绑扎区域；4—成品堆场；5—骨料堆场；6—搅拌楼；7—锅炉房
8—水养护池；9—发货区；10—空压机；11—沉淀池；12—危险品库；13—仓库；14—休息室；
15—地磅；16—变电房；17—木工间；18—门卫；19—办公楼

图 2.2-3　场地布置范例

2.2.4　生产方式

生产方式一般分为手工作业和流水线作业。手工作业方式随意性较大，无固定生产模式，无法适应预制构件标准化和高质量要求的生产需要。因此预制构件一般采用流水线生产方式，流水线方式又可分为固定台座法、长线台座法和机组流水线法。

1. 固定台座法

固定台座法的特征是加工对象位置相对固定而操作人员按不同工种依次在各工位上操作（图 2.2-4）。特点是产品适应性强，加工工艺灵活，但效率较低。

2. 长线台座法

长线台座法（图 2.2-5）的特征是台座较长，一般超过 100m，操作人员和设备沿台座一起移动成型产品。特点是产品简单、规格一致、效率较高。

3. 机组流水线法

机组流水线法的特征和优势在于：模具在生产线上循环流动，而不是机器和工人在生

图 2.2-4　固定台座法

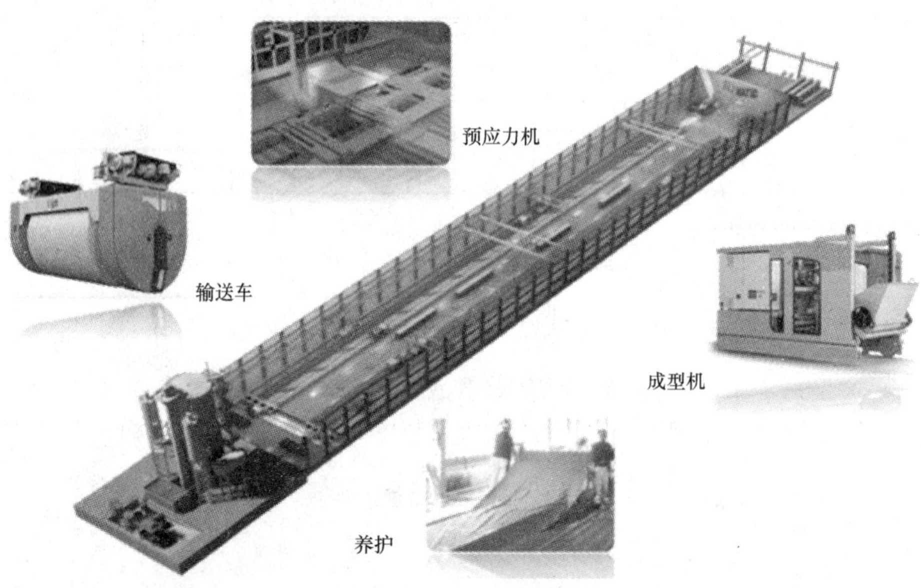

图 2.2-5　长线台座法

产线中循环，能够在快速有效地生产简单产品的同时，制造耗时而更复杂的产品，而不同产品的生产工序之间互不影响。

机组流水线法生产不同预制构件产品所需要的时间(即节拍)是不同的，按节拍时间可分为固定节拍(例如轨枕、管桩生产流水线等)和柔性节拍(例如预制构件等)。固定节拍特点是效率高、产品质量可靠，适应产品单一、标准化程度高的产品。柔性节拍特点是流水相对灵活，对产品的适应性较强。

因此机组流水线法能够为同步灵活地生产不同产品提供了可能性，令生产操作控制更为简单。若要满足装配式混凝土建筑产业的发展需求，无论从生产效率还是质量管理角度考虑，机组流水线法无疑是一种较为合理的生产方式。

机组流水线的主要组成部分如图 2.2-6 所示，在循环流水线上，模具通过移动装置在水平和垂直两个方向循环，其生产流程大致如下：

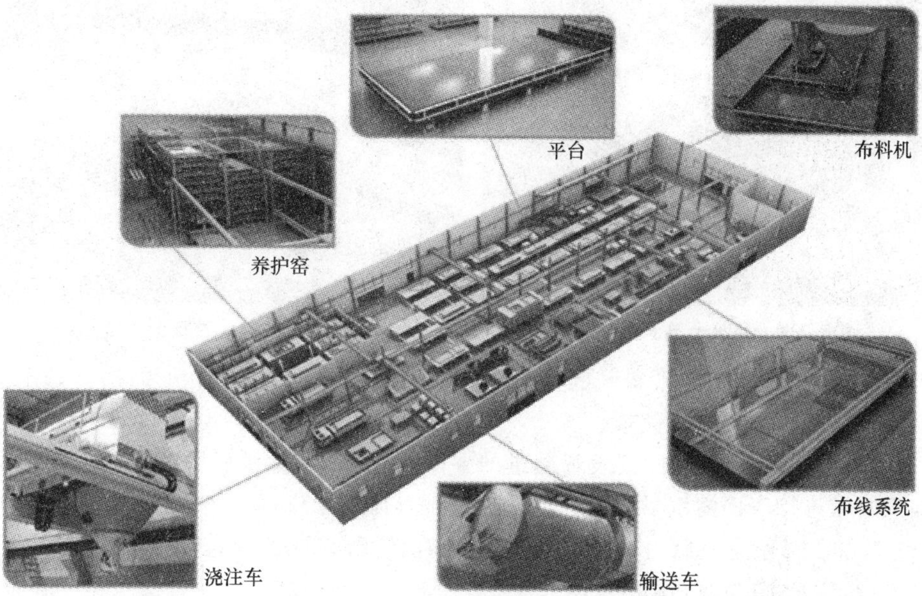

图 2.2-6　机组流水线法

（1）上一轮循环下来拆模后未被清理的平台沿轨道被运至清洁工位，平台清扫机清洁后的平台通过自动喷涂装置，使其表面均匀涂刷一层隔离膜（图 2.2-7），同时清理出的混凝土残留物被收集存放在一个废弃混凝土池中。

（2）经过清洁和涂膜的模具被输送到模具拼装工位（图 2.2-8），在拼装工位上，模具的位置由激光反射到平台表面，激光定位系统令模具拼装更加快速和准确，而且构件数据可以直接从生产任务端系统传输至生产线。

（3）当模具拼装完毕，以及钢筋骨架、预埋件、门窗、保温材料及电气线路管道等布置完毕后，模具通过传输系统移动到混凝土浇捣工位。

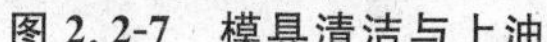

图 2.2-7　模具清洁与上油

图 2.2-8　模具拼装工位

（4）混凝土拌合物由搅拌站集中拌制后，通过混凝土输料罐输送到布料机，装有混凝土的布料机移动到浇筑工位完成混凝土浇筑（图 2.2-9 和图 2.2-10）。

（5）通过振动密实、抹平等工序后，经传输系统运送至静停养护区域，静养完成后由传输系统将待养护构件抬起，并推入养护窑内对应的养护工位上进行养护（图 2.2-11）。

（6）养护结束后，起重设备将平台从养护窑中取出并转移到地面，通过传输系统运送到

图 2.2-9 混凝土输料系统

图 2.2-10 混凝土浇捣系统

拆模工位，平台被液压系统倾斜竖起，起吊混凝土构件，拆除模具，拆下的模具送至清洁工位。至此整个生产循环已经完成。

(7) 由于不同的预制构件其表观质量的要求不尽相同，拆模后的构件经起吊设备转移到精加工区域进行表面清洗、贴密封条、修补瑕疵等修整工作(图 2.2-12)。

(8) 精加工修整完成后，构件由运输车运至存储区起重机下，起重机将构件运送至库存管理系统指定的存放位置(图 2.2-13)。

图 2.2-11 构件养护架图

图 2.2-13 构件运输至存放地点

图 2.2-12 构件修整工位图

2.2.5 质量管理

预制构件质量管理要求应符合现行国家标准《混凝土结构工程施工质量验收规范》(GB 50204)以及现行地方标准《装配整体式住宅混凝土构件制作施工及质量验收规程》(DG/TJ 08—2069)的有关规定。

预制构件生产、模具制作、现场装配各流程和环节，应有健全的质量保证体系。预制构件应根据制作特点制定工艺规程，明确质量要求和质量控制要点。图 2.2-14 为某 PC 工厂质量管理体系。

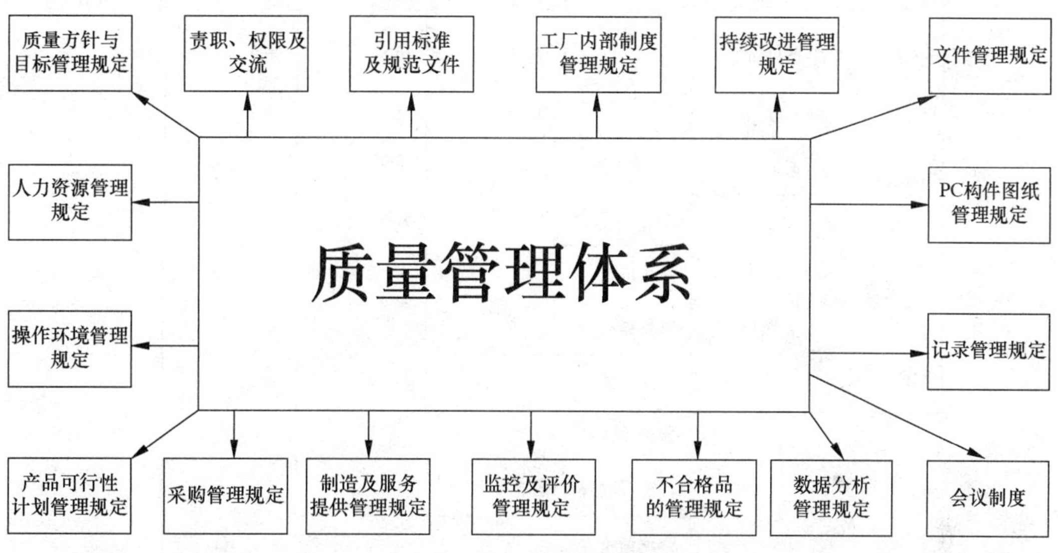

图 2.2-14 某 PC 工厂质量管理体系

2.3 预制构件制作

2.3.1 构件生产工艺流程

构件生产工艺流程包括：生产前准备、模具制作和拼装、钢筋加工及绑扎、饰面材料加工及铺贴、混凝土材料检验及拌合、钢筋骨架入模、预埋件门窗保温材料固定、混凝土浇捣与养护、脱模与起吊及质量检查等，详见图 2.3-1。

2.3.2 混凝土材料及拌合

本小节介绍混凝土原材料的组成及性能要求、混凝土搅拌方法以及混凝土拌合物质量要求。混凝土原料检验及拌合工艺流程见图 2.3-2。

1. 混凝土材料及要求

混凝土是以胶凝材料(水泥、粉煤灰、矿粉等)、骨料(石子、砂子)、水、外加剂(减水剂、引气剂、缓凝剂等)，按适当比例配合，经过均匀拌制、密实成形及养护硬化而成的人工石材。各原料的主要性能指标及参照标准详见表 2.3-1。

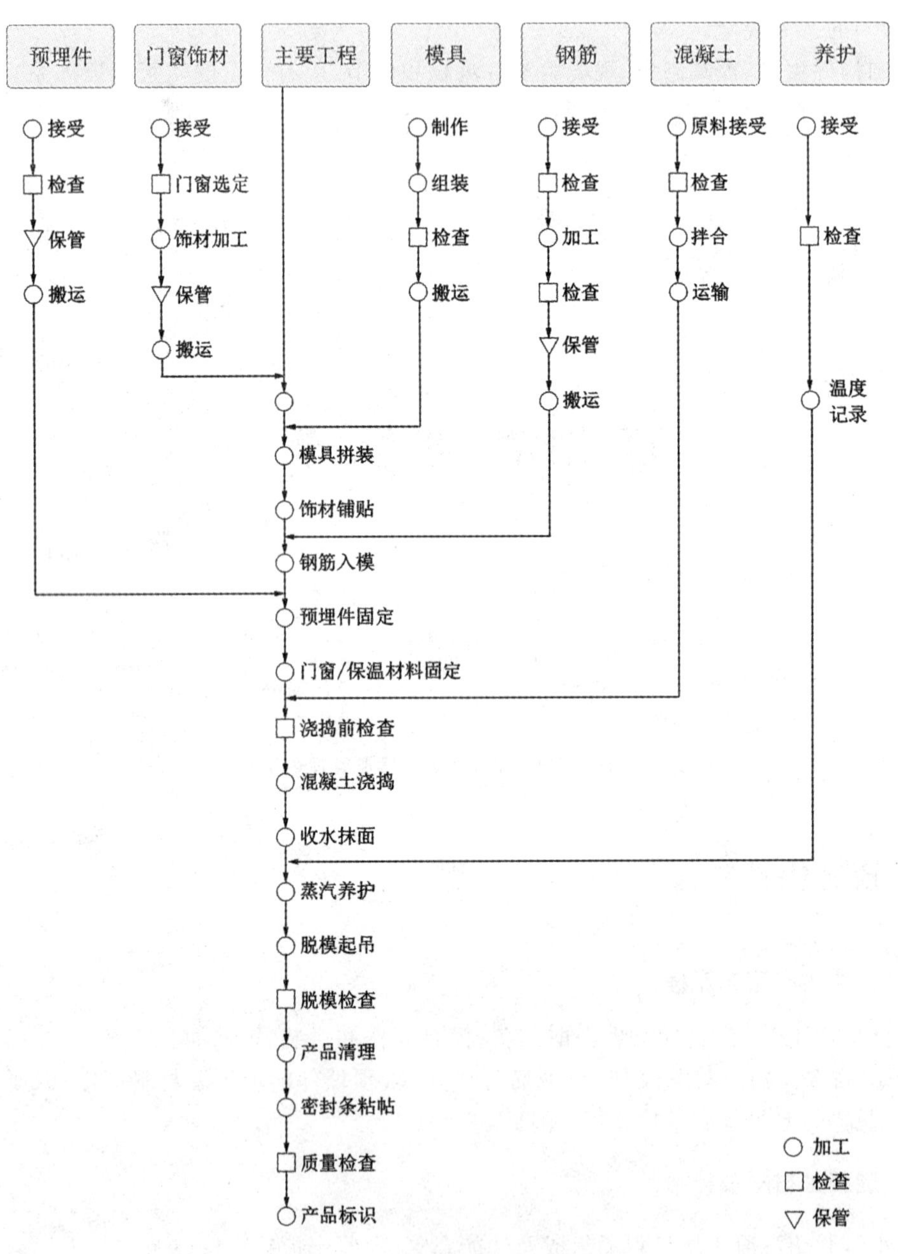

图 2.3-1　构件生产工艺流程

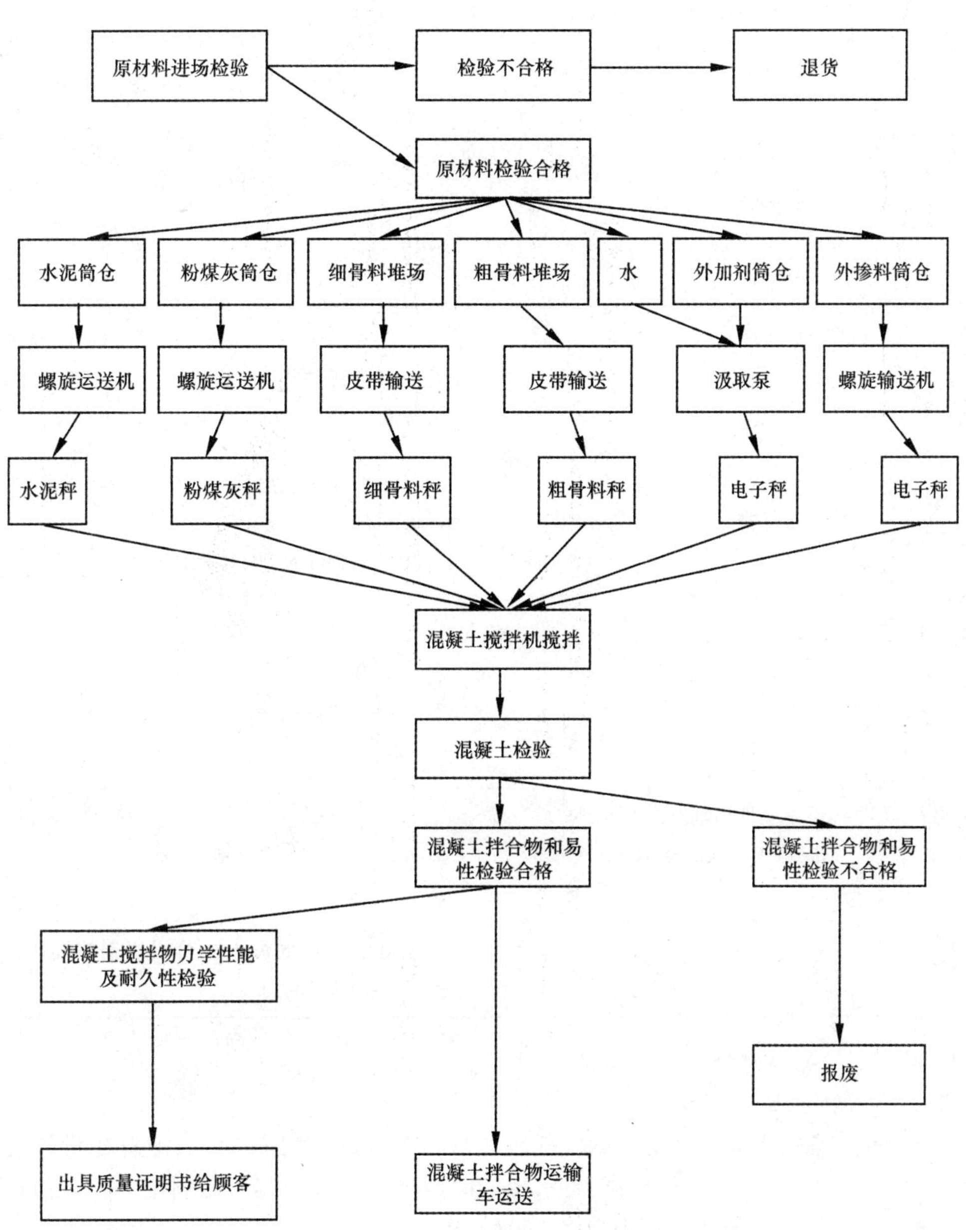

图 2.3-2 混凝土生产工艺流程(检验及拌合)

表 2.3-1　　混凝土原材料要求

原料种类		参照标准	特殊要求
胶凝材料	水泥	《通用硅酸盐水泥》(GB 175)	强度等级不低于 42.5MPa
	粉煤灰	《粉煤灰混凝土应用技术规程》(DG/TJ 08—230)	Ⅱ级或以上F类
	矿粉	《用于水泥和混凝土中的粒化高炉矿渣粉》(GB/T 18046) 《混凝土、砂浆用粒化高炉矿渣微粉》(DB 31/T 35)	S95 及以上
骨料	粗骨料(石)	《建设用卵石、碎石》(GB/T 14685) 《普通混凝土用砂、石质量及检验方法标准》(JGJ 52)	公称粒径为 5～20mm 的碎石，满足连续级配要求，针片状物质含量小于 10%，孔隙率小于 47%，含泥量小于 0.5%
	细骨料(砂)	《建设用砂》(GB/T 14684) 《普通混凝土用砂、石质量及检验方法标准》(JGJ 52)	Ⅱ区中砂，细度模数为 2.6～2.9，含泥量小于 1%； 不得使用海砂和特细砂
	轻骨料	《轻集料及其试验方法 第 1 部分:轻集料》(GB 17431.1) 《轻集料及其试验方法 第 2 部分:轻集料试验方法》(GB 17431.2)	最大粒径不宜大于 20.0mm； 细度模数宜在 2.3～4.0 范围内
减水剂		《混凝土外加剂》(GB 8076) 《混凝土外加剂应用技术规范》(GB 50119)	严禁使用氯盐类外加剂
水		《混凝土用水标准》(JGJ 63)	未经处理的海水严禁用于钢筋混凝土和预应力混凝土

2. 混凝土的配料拌合与检测规定

1) 混凝土配合比

配合比设计需按照构件性能要求，遵照现行行业标准《普通混凝土配合比设计规程》(JGJ 55)的有关规定，现场进行配比验证，生产时应严格掌握混凝土材料配合比，混凝土原材料按质量计的允许偏差应满足表 2.3-2 的规定。

表 2.3-2　　原料质量允许偏差

序号	项目	最大质量允许偏差值
1	胶凝材料	±2%
2	骨料	±3%
3	水、外加剂	±2%

各种衡器应定时校验，保持准确。骨料含水率应按规定测定。在雨天施工时，应增加测定次数。

2）混凝土拌合

采用混凝土搅拌站(图 2.3-3)制作混凝土是提高施工效率，解决城区扬尘污染和施工场地狭小等问题的有效途径。预制构件制作采用预拌混凝土是建筑工业化发展的方向，全国各省市均已规定在一定的范围内必须采用预拌混凝土，不得在现场拌制。近年来随着绿色建材生产的不断推进，绿色环保型搅拌站正逐步取代传统开放式搅拌站(图 2.3-4)。

搅拌站控制系统(图 2.3-5)可远程控制主机的下料、搅拌、卸料、清洗等一系列动作。其中预制构件生产企业的搅拌站主机多采用强制式搅拌机，利用剪切搅拌机理进行设计，通常筒体固定，叶片绕立轴或卧轴旋转，旋转叶片使物料剧烈翻动，对物料施加剪切、挤压、翻滚和抛出等的组合作用进行拌合。也有通过底盘进行同向或反向旋转的交替往复的运动，使拌合物料交叉流动，混凝土搅拌得更为均匀。

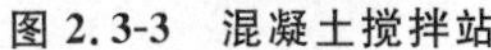

图 2.3-3　混凝土搅拌站

图 2.3-4　绿色混凝土搅拌站

图 2.3-5　搅拌站控制系统

（1）混凝土的搅拌制度：

为了获得质量优良的混凝土拌合物，除了选择适合的搅拌机外，还必须制定合理的搅拌制度，包括搅拌时间、投料顺序和进料容量等。

（a）搅拌时间：在生产中应根据混凝土拌合料要求的均匀性、混凝土强度增长的效果及生产效率几种因素，规定合适的搅拌时间。搅拌时间过短，混凝土拌合不均匀，强度以及和易性下降；搅拌时间过长，不但降低生产效率，而且会造成混凝土工作性损失严重，导致振捣难度加大，影响混凝土的密实度。

(b) 投料顺序:投料顺序应从提高搅拌质量,减少叶片和衬板的磨损,减少拌合物与搅拌筒的粘结,减少水泥飞扬和改善工作环境等方面综合考虑确定。通常的投料顺序为:石子、水泥、粉煤灰、矿粉、砂、水、外加剂。

(c) 进料容量:进料容量是将搅拌前各种材料的体积积累起来的容量,又称干料容量。进料容量为出料容量的1.4~1.8倍(一般取1.5倍),如任意超载(进料容量超过10%以上),就会使材料在搅拌筒内无充分的空间进行拌合,影响混凝土拌合物的均匀性。反之,如装料过少,则又不能充分发挥搅拌机的效能,甚至出现搅拌不到位导致粉料粘壁和结团现象。

(2) 混凝土搅拌操作要点:

(a) 搅拌混凝土前,应往搅拌机内加水空转数分钟,再将积水排净,使搅拌筒充分润湿。

(b) 拌好后的混凝土要做到基本卸空。在全部混凝土卸出之前不得再投入拌合料,更不得采取边出料边进料的方法。

(c) 严格控制水灰比和坍落度,未经试验人员同意不得随意加减用水量。

(d) 在每次用搅拌机拌合第一罐混凝土前,应先开动搅拌机空车运转,运转正常后,再加料搅拌。拌第一罐混凝土时,宜按配合比多加入质量分数为10%的水泥、水、细骨料的用料;或减少10%的粗骨料用量,使富余的砂浆布满鼓筒内壁及搅拌叶片,防止第一罐混凝土拌合物中的砂浆偏少。

(e) 在每次用搅拌机开始搅拌的时候,应注意观察、检测开拌的前二、三罐混凝土拌合物的和易性。如不符合要求时,应立即分析原因并处理,直至拌合物的和易性符合要求,方可持续生产。

(f) 当按新的配合比进行拌制或原材料有变化时,应注意开盘鉴定与检测工作。

(g) 应注意核对外加剂筒仓及对应的外加剂品名、生产厂名、牌号等。

(h) 雨期施工期间,要检测粗细骨料的含水量,随时调整用水量和粗细骨料的用量。在夏季施工时,砂石材料尽可能加以遮盖,避免使用前受烈日暴晒,必要时可采用冷水淋洒,使其蒸发散热。冬季施工要防止砂石材料表面冻结,并应清除冰块。

3. 混凝土质量要求

拌制的混凝土拌合物的均匀性按要求进行检查。在检查混凝土均匀性时,应在搅拌机卸料过程中,从卸料流出的1/4~3/4之间部位采取试样。检测结果应符合下列规定:

(1) 混凝土中砂浆密度,两次测值的相对误差不应大于0.8%。

(2) 单位体积混凝土中粗骨料含量,两次测量的相对误差不应大于5%。

(3) 混凝土搅拌时间应符合设计要求。对混凝土的搅拌时间,每一工作班至少应抽查2次。

(4) 坍落度检测,通常用坍落度筒法检测,适用于粗骨料粒径不大于40mm的混凝土。坍落度筒为薄金属板制成,上口直径100mm,下口直径200mm,高度300mm。底板为放于水平的工作台上的不吸水的金属平板。在检测坍落度时,还应观察混凝土拌合物的黏聚性和保水性,全面评定拌合物的和易性;

(5) 其他性能指标如含气量、容重、氯离子含量、混凝土内部温度等也应符合现行相关标准要求。

2.3.3　钢筋加工及连接

钢筋加工及连接是预制构件重要的前期工作,包括钢筋的配料、切断、弯曲、焊接和绑扎等。传统钢筋加工质量很大程度上依赖于钢筋工人的熟练程度,随着自动化机械的发展,如数控弯箍机、钢筋网片点焊机等,钢筋加工质量和效率均得以大幅提高。其工艺流程见图 2.3-6。

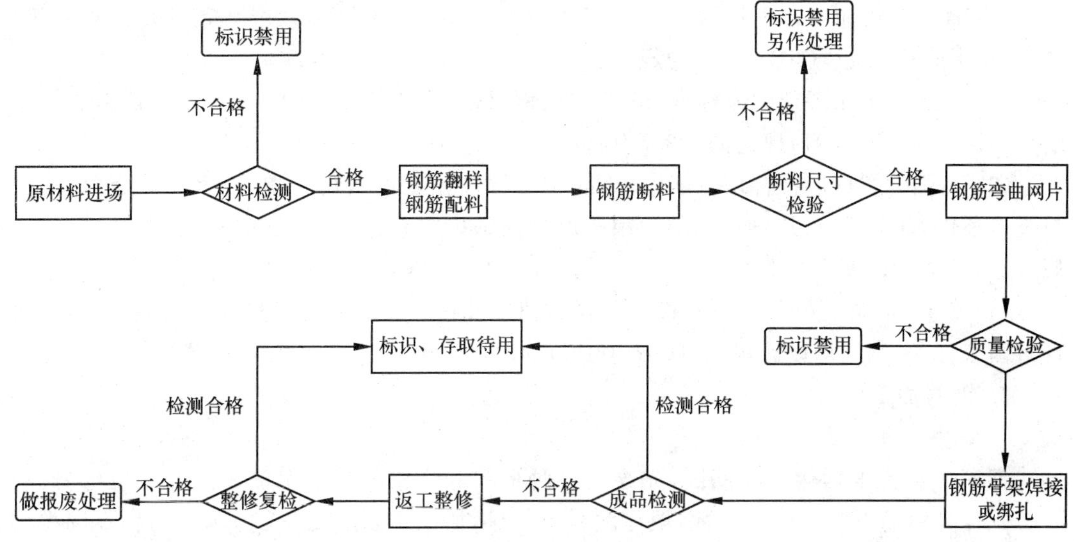

图 2.3-6　钢筋加工工艺流程

1. 材料及要求

1) 钢筋和点焊钢筋网

钢筋的拉伸、弯曲、公称直径的尺寸、表面质量、重量偏差等项目的检测结果均需满足现行国家标准《钢筋混凝土用钢(热轧带肋钢筋)》(GB 1499.2)或《钢筋混凝土用钢(热轧光圆钢筋)》(GB 1499.1)的相关规定要求。

钢筋点焊钢筋网尚应符合现行行业标准《钢筋焊接网混凝土结构技术规程》(JGJ 114)、《冷轧带肋钢筋混凝土结构技术规程》(JGJ 95)的相关规定要求。

2) 钢材

预制构件所用到的钢材包括圆钢、方钢、六角钢、八角钢、钢板和其他小型型钢等。所选用的材料应有质量证明书或检验报告,并应按有关标准规定进行复试检验。

相关标准规范有:《碳素结构钢》(GB/T 700)、《低合金高强度结构钢》(GB/T 1591)、《型钢验收、包装、标志及质量证明书的一般规定》(GB/T 2101)、《钢及钢产品交货一般技术要求》(GB/T 17505)、《钢筋机械连接通用技术规程》(JGJ 107)等相关标准规定的要求。

钢材的焊接材料应符合下列要求:

(1) 手工焊接用焊条的质量,应符合现行国家标准《非合金钢及细晶粒钢焊条》(GB/T 5117)或《热强钢焊条》(GB/T 5118)的规定。选用的焊条型号应与主体金属相匹配。

(2) 自动焊接或半自动焊接采用的焊丝和焊剂,应与主体金属强度相适应,焊丝应符合现行国家标准《熔化焊用钢丝》(GB/T 14957)或《气体保护焊用钢丝》(GB/T 14958)的规定。

3）连接用金属件

连接用金属件的性能应满足现行国家标准《混凝土结构设计规范》(GB 50010)、现行行业标准《冷轧带肋钢筋混凝土结构技术规程》(JGJ 95)、《钢筋混凝土装配整体式框架节点与连接设计规程》(CECS 43)、现行国家标准《钢结构设计规范》(GB 50017)等有关规定。

连接结点应采取可靠的防腐措施，其耐久性应满足工程设计使用年限要求。当采用螺栓连接时，螺栓应符合以下要求：

(1) 普通螺栓应符合现行国家标准《六角头螺栓》(GB/T 5782)(产品等级为A和B级)和《六角头螺栓-C级》(GB 5780)的规定。

(2) 锚栓可采用现行国家标准《碳素结构钢》(GB 700)规定的Q235钢或《低合金高强度结构钢》(GB/T 1591)规定的Q345钢。

(3) 高强度螺栓应符合现行国家标准《钢结构高强度大六角头螺栓、大六角螺母、垫圈与技术条件》(GB/T 1228)或《钢结构用扭剪型高强度螺栓连接副》(GB 3632-3633)的有关规定。

(4) 螺栓连接的强度设计值、设计预拉力值以及钢材摩擦面抗滑移系数值等指标，应按现行国家标准《钢结构设计规范》(GB 50017)的规定采用。

2. 钢筋加工

1）配料

钢筋配料是根据构件配筋图，先绘出各种形状和规格的单根钢筋简图并加以编号，然后分别计算钢筋下料长度和根数，填写配料单，申请加工。如图2.3-7所示为两种不同类型(直条形和波浪形)配料加工后的钢筋。

图2.3-7 钢筋配料

(1) 钢筋下料长度计算：

钢筋因弯曲或弯钩会使其长度变化，在配料中不能直接根据图样的尺寸下料；必须了解对混凝土保护层、钢筋弯曲、弯钩等规定，再根据计算后的尺寸下料。

(2) 钢筋配料单与钢筋料牌：

钢筋配料单是根据施工图中钢筋的品种、规格及外形尺寸、数量进行编号，计算下料长度。钢筋配料单是钢筋加工的依据，是提出材料计划、签发任务单和限额领料单的依据。合理的配料，不但能节约钢材，还能使施工操作简化。

钢筋配料单编制方式是：按钢筋的编号、形状和规格计算下料长度并根据根数算出每一编号钢材的总长度，然后再汇总各种规格的总长度，算出其质量。当需要的成形钢筋很长，尚需配有接头时，应根据原材料供应情况和接头形式要求，来考虑钢筋接头的布置，其下料计算要加上接头要求长度。

在钢筋施工过程中仅有钢筋配料单还不能作为钢筋加工与绑扎的依据，还要将每一编号的钢筋制作一块料牌(图 2.3-8)。料牌是随着加工工艺流转，最后系在加工好的钢筋上作为标志，因此料牌和钢筋配料单必须严格校核，要准确无误，以免返工，造成浪费。

1—钢筋网；2—加固筋

图 2.3-8　钢筋料牌

(3) 配料计算的注意事项：

在设计图样中，钢筋配置的细节问题没有注明时，一般可按构造要求处理；配料计算时，要考虑钢筋的形状和尺寸在满足设计要求的前提下，要有利于加工安装；配料时还要考虑施工需要的附加钢筋。例如，后张预应力构件预留孔道定位用的钢筋井字架，基础双层钢筋网中保证上层钢筋网位置用的钢筋撑脚，墙板双层钢筋网中固定钢筋间距用的钢筋撑铁，柱钢筋骨架增加四面斜筋撑等。

2) 切断

钢筋经过除锈、调直后，可按钢筋的下料长度进行切断。钢筋的切断应保证钢筋的规格、尺寸和形状符合设计要求，钢筋切断要合理并应尽量减少钢筋的损耗。钢筋的切断方法分为人工切断和机械切断(图 2.3-9)两种。无论采用什么方法，都必须做好切断前的准备工作：

(1) 根据钢筋配料单，复核料牌上所标注的钢筋直径、尺寸、根数是否正确，将同规格的钢筋分别统计数量。

(2) 根据库存的钢筋情况做好下料方案，按不同长度进行长短搭配，以先断长料，后断短料，尽量减少短头为原则。

(3) 检查测量长度所用的工具应准确无误；在工作台上有量尺刻度线的，应事先检查定尺挡板的牢固和可靠性。

(4) 调试好切断设备，应先试切 1～2 根，以检查切断长度的准确性，待设备运转正常以后，再成批投入切断生产。

图 2.3-9　钢筋切断机

切断工艺的注意事项有：

(1) 将同规格钢筋根据长度长短搭配，统筹排料：一般应先断长料，后断短料，减少短头，减少损耗。

(2) 断料时应避免用短尺量长料，防止在量料中产生累计误差。为此，宜在工作台上标出尺寸刻度线并设置控制断料尺寸用的挡板。

(3) 钢筋切断机的刀片应由工具钢热处理制成。安装刀片时,螺栓要紧固;刀口要密合(间隙不大于0.5mm);固定刀片与冲切刀片刀口的距离:对直径小于等于20mm的钢筋宜重叠1～2mm,对直径大于20mm的钢筋宜留5mm左右的间距。

(4) 在切断过程中,如发现钢筋有劈裂、缩头或严重的弯头等必须切除;如发现钢筋的硬度与该钢种有较大的出入时,应建议做进一步的检查。钢筋的断口不得有马蹄形或起弯等现象。

3) 弯曲

弯曲成形工序是将已经调直、切断、配制好的钢筋按照配料表中的简图和尺寸,加工成规定的形状。其加工顺序是:先画线,再试弯,最后弯曲成形。弯曲方式可分为机械半自动弯曲和全自动弯箍机两种,后者无论从加工效率和精度方面均大幅优于前者。

(1) 机械弯曲:

开机操作前应对机械各部件进行检查,合乎要求后试运转,确认正常后才能开机作业;每次操作前应经过试弯,以确定弯曲点线与心轴的尺寸关系;弯曲机工作盘的转速、弯曲钢筋直径及每次弯曲根数应符合使用弯曲机的技术性能规定。机械弯曲见图2.3-10。

图2.3-10 钢筋机械弯曲

弯曲机应设专人负责,并严禁在运转过程中更换心轴、成形轴、挡铁轴,加润滑油或保养。弯曲机应设接地装置,电源不能直接接在倒顺开关上,要另设电器闸刀控制。倒顺开关必须按照指示牌上"正转—停—反转"扳动,不准直接扳动"正转—反转",而不在"停"位停留,更不允许频繁地更换工作盘的旋转方向。

(2) 数控弯箍机:

数控弯箍机(图2.3-11)采用计算机数字控制,自动快速完成钢筋调直、定尺、弯箍、切断。该机效率极高,可替代多名钢筋工人,能够连续生产任何形状的产品,而不需要机械上的调整;在修正弯曲角度时也不需要中断加工。因此相对人工机械弯曲而言效率更高,加工质量更好。

3. 钢筋连接

钢筋接头连接方法有人工焊接、绑扎、点焊网片等连接方式。绑扎连接由于需要较长的搭接长度,浪费钢筋且连接不可靠,故宜限制使用;人工焊接效率较低,优点在于灵活方便,可作为自动化焊接的辅助;钢筋网片的焊接点由编程控制,可有效保证焊接的数量与质量。

图 2.3-11　数控弯箍机

1）焊接

钢筋焊接是指通过钢筋端面的承压作用，将一根钢筋中的力传至另一根钢筋的连接方法。

钢筋焊接方法常用的有闪光对焊、电阻电焊、电弧焊、电渣压力焊、气压焊和埋弧压力焊。钢筋的焊接质量与钢材的可焊性、焊接工艺有关。可焊性与含碳、合金元素的数量有关，含碳量、含锰量增加，则可焊性差；含适量的钛，可改善可焊性。焊接工艺也影响焊接质量，即使可焊性差的钢材，若焊接工艺合宜，亦可获得良好的焊接质量。闪光对焊见图 2.3-12。

图 2.3-12　钢筋焊接——闪光对焊

钢筋焊接施工之前，应清除钢筋或钢板焊接部位与电极接触的钢筋表面上的锈斑、油污、杂物等；钢筋端部若有弯折、扭曲时，应予以矫直或切除。焊机应经常维护保养和定期检修，确保正常使用。在工程开工或每批钢筋正式焊接前，应进行现场条件下的焊接性能试验。只有合格后，方可正式生产。

2）绑扎

(1) 绑扎前的准备：

(a) 熟悉施工图，特别是结构布置图及配筋图。

(b) 确定分部、分项工程的绑扎进度和顺序，以便填写钢筋用料表。钢筋用料表作为提取先后安装的钢筋依据，记上某分部分项工程所需钢筋编号和根数。

(2) 绑扎扣样：

(a) 一面顺扣：用于平面扣量很多，不易移动的构件，如底板、墙壁等。

(b) 十字花扣和反十字花扣：用于要求比较结实的地方。

(c) 兜扣：可用于平面，也可用于直筋与钢筋弯曲处的连接，如梁的箍筋转角处与纵向钢筋的连接。

(d) 缠扣：为防止钢筋滑动或脱落，可在扎结时加缠，缠绕方向根据钢筋可能移动的情况确定，缠绕一次或两次均可。缠扣可结合十字花扣、反十字花扣、兜扣等实现。

(e) 套扣：为了利用废料，绑扎用的铁丝也可用钢丝绳破股钢丝代替，这种钢丝较粗，可预先弯折，绑扎时往钢筋交叉点插套即可，操作甚为方便，这就是套扣。

钢筋绑扎扣样见表 2.3-3。

表 2.3-3　钢筋绑扎扣样图示

名称	图示
一面扣顺	
十字花扣	
反十字花扣	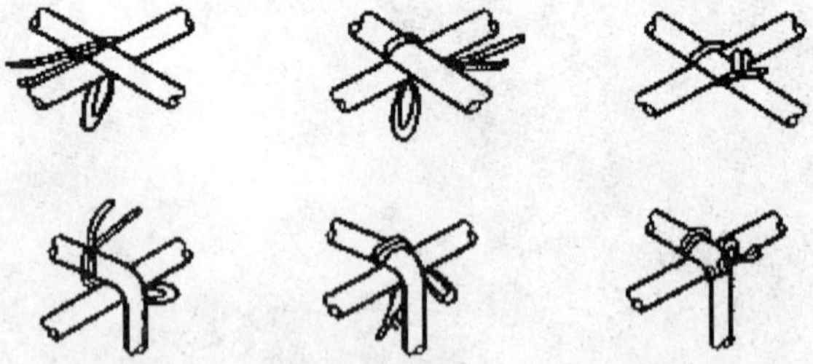
兜扣	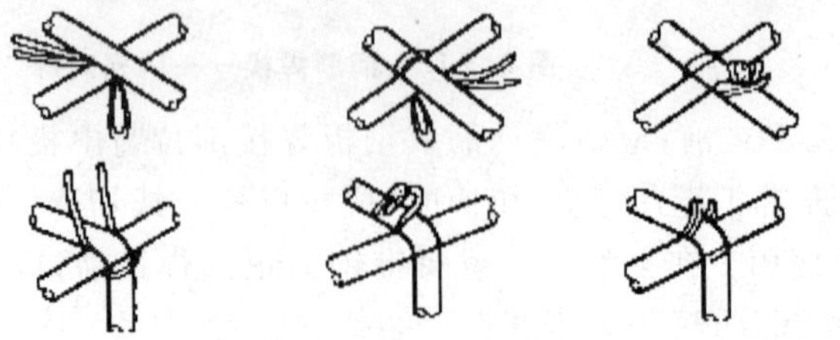

续表

名称	图示
缠扣	
反十字缠扣	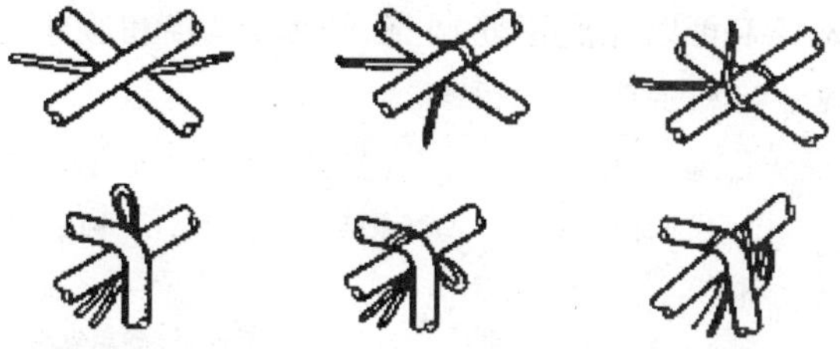
套扣	

（3）钢筋绑扎操作要点：

钢筋的交叉点都应扎牢。除设计有特殊要求之外，箍筋应与受力钢筋保持垂直；箍筋弯钩叠合处，应沿受力钢筋方向错开放置，箍筋弯钩应放在受压区。

绑扎方柱形预制构件的钢筋时，角部钢筋的弯钩应与模板成 45°角；多边形柱为模板内角的平分角；圆形柱应与模板切线垂直，如图 2.3-13 所示。

对于薄板预制构件，应事先核算好弯钩立起后会不会超出板厚，如超出，则将钩斜放，甚至放倒。绑扎基础底面钢筋网时，要防止钢筋弯钩平放，应预先使弯钩朝上；如钢筋带有弯起直段的，绑扎前应将直段立起来，并用细钢筋连上，防止直段斜倒，如图 2.3-14 所示。

图 2.3-13　柱形构件钢筋绑扎

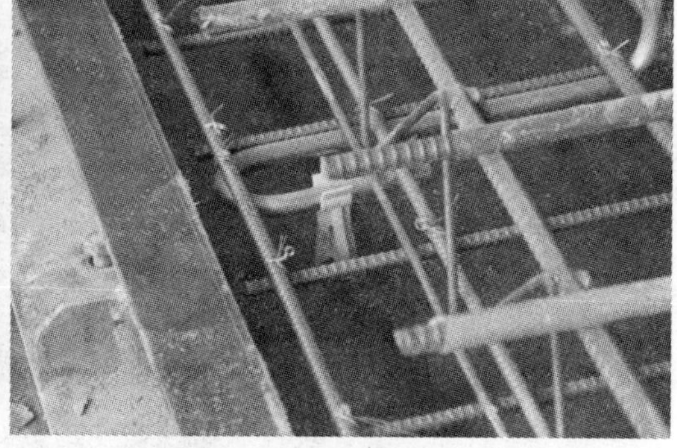

图 2.3-14　薄板预制构件钢筋绑扎

绑扎曲线状钢筋时，应事先检查成形尺寸的准确性，尤其要注意在搬移过程中是否因抬动碰撞而有变形现象。一般情况下，曲线钢筋的形状依靠符合箍筋尺寸和间距的方法控制；数量较多的情况下，应采取特别的模架或样板作为工具胎进行绑扎。

单根钢筋的接头绑扎：钢厂生产的钢筋，直径在 12mm 以下时为盘圆钢筋，而直径在

14mm 以上时，一般为 9～12m 长的直条钢筋。因此，在长度上往往不能满足实际使用的要求，这就是需要把它接起来使用。钢筋接头除了焊接接头以外，当受到条件限制时，也可采用绑扎接头。

3）钢筋网片

采用钢筋焊接网片的形式有利于节省材料、方便施工、提高工程质量。随着建筑工业化的推进，应鼓励推广混凝土构件中配筋采用钢筋专业化加工配送的方式。全自动点焊网片生产线(图 2.3-15)，可以完成钢筋调直、切断、焊接和收集等全系列工作，仅需要 1 名操作人员，可以实现全自动生产。

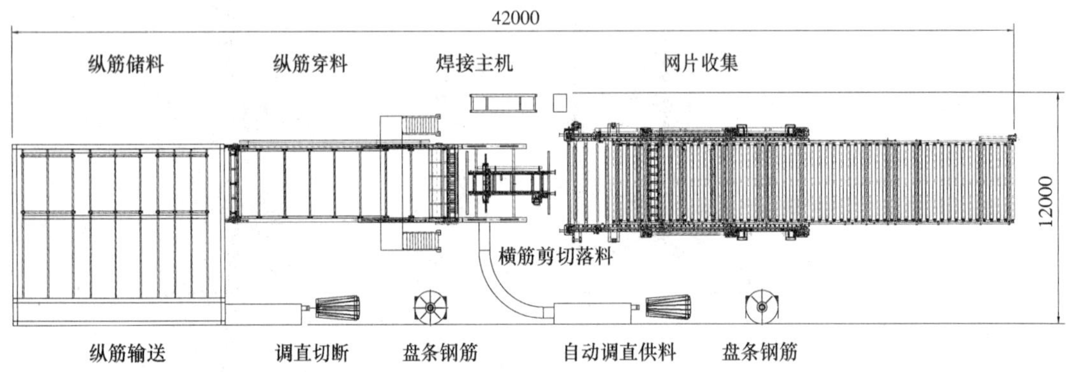

图 2.3-15　钢筋网片自动化生产线

其工作流程如下：

(1) 将钢铁厂生产的盘条钢筋进行除磷及重新收卷成排列规则及无断头的盘条，然后分别放置到纵筋及横筋储料架上。

(2) 纵筋及横筋经过调直及切断成所需要的尺寸，然后自动焊接出来相应的网片(图 2.3-16)。

图 2.3-16　钢筋网片焊接主机及控制系统

(3) 网片焊接完成后可以自动收集。

2.3.4　饰面材料及加工

1. 花岗岩饰材

花岗岩具有结构致密、质地坚硬、耐酸碱、耐腐蚀、耐高温、耐摩擦、吸水率小、抗压强度高、耐日照、抗冻融性好、耐久性好(一般的耐用年限为 75～200 年)的特点。天然花岗岩色彩丰富,晶格花纹均匀细微,经磨光处理后,光亮如镜,具有华丽高贵的装饰效果。

但是某些花岗石含有微量放射性元素,对人体有害,应避免用于室内。根据现行国家标准《建筑材料放射性核素限量》(GB 6566)规定,所有石材均应提供放射性物质含量检测证明。《天然石材产品放射性防护分数控制标准》(JC 518)中,按放射性比活度把石材分为 A,B,C 三类,A 类石材适用范围不受限制;B 类石材不能用于居室内饰面,但可用于宽敞高大且通风良好的房间;C 类石材只可用于建筑物的外饰面。

花岗岩饰面板材按其加工方法分为以下几种:

(1) 磨光板材:经过细磨加工和抛光,表面光亮,结晶裸露,表面具有鲜明的色彩和美丽的花纹。多用于室内外墙面、地面、立柱、纪念碑、基碑等处。但是在北方,由于冬季寒冷,若在室外地面采用磨光花岗石极易打滑,所以不太适用(图 2.3-17)。

(2) 亚光板材:表面经过机械加工,平整细腻,能使光线产生漫射现象,有色泽和花纹。常用于室内墙柱面(图 2.3-18)。

图 2.3-17　磨光板材

图 2.3-18　亚光板材

(3) 烧毛板材:经机械加工成型后,表面用火焰烧蚀,形成不规则粗糙表面,表面呈灰白色,岩体内暴露晶体仍旧闪烁发亮,具有独特装饰效果,多用于外墙面(图 2.3-19)。

(4) 机刨板材:是近几年兴起的新工艺,用机械将石材表面加工成有相互平行的刨纹,替代剁斧石。常用于室外地面、石阶、基座、踏步、檐口等处(图 2.3-20)。

(5) 剁斧板材:经人工剁斧加工,使石材表面有规律的条状斧纹。用于室外台阶、纪念碑座(图 2.3-21)。

(6) 蘑菇石板材:将块材四边基本凿平齐,中部石材自然突出一定高度。使材料更具有自然和厚实感。常用于重要建筑外墙基座(图 2.3-22)。

成品饰面石材的鉴别方法:

一观。即肉眼观察石材的表面结构。一般来说,均匀的细料结构的石材具有细腻的质

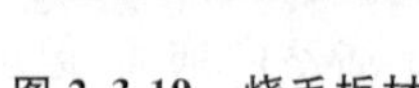

图 2.3-19　烧毛板材

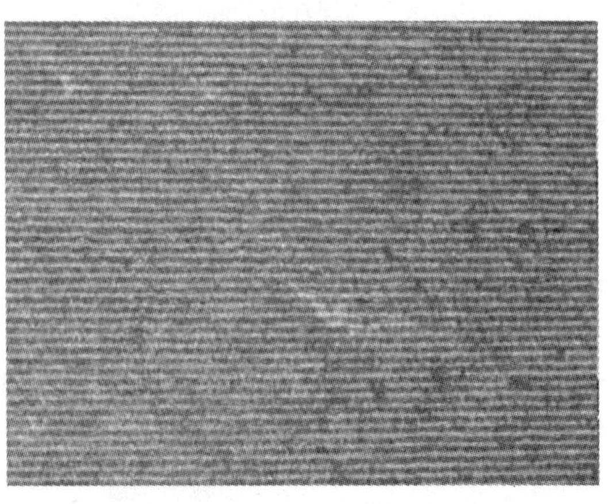

图 2.3-20　机刨板材

图 2.3-21　剁斧板材

图 2.3-22　蘑菇石板材

感，为石材之佳品；粗粒及不等粒结构的石材其外观效果较差。另外，石材由于地质作用的影响常在其中产生一些细微裂缝，石材最易沿这些部位发生破裂，应注意剔除。至于缺棱角更是影响美观，选择时尤应注意。

二量。即量石材的尺寸规格，以免影响拼接，或造成拼接后的图案、花纹、线条变形，影响装饰效果。

三听。即听石材的敲击声音。一般而言，质量好的石材其敲击声清脆悦耳；相反，若石材内部存在轻微裂隙或因风化导致颗粒间接触变松，则敲击声粗哑。

四试。即用简单的试验方法来检验石材的质量好坏。通常在石材的背面滴上一小粒墨水，如墨水很快四处分散浸出，即表明石材内部颗粒松动或存在缝隙，石材质量不好；反之，若墨水滴在原地不动，则说明石材质地好。

2. 陶瓷外墙面砖

陶瓷墙地砖是指应用于建筑物室内外墙面及地面的陶瓷饰面材料。它具有无毒、无味、易清洁、防潮、耐酸碱腐蚀、无有害气体散发、美观耐用等特点。陶瓷墙地砖根据使用部位的不同，大体分为室内墙面砖、室内地砖、室外墙面砖、室外地砖四大类。

本节重点介绍外墙面砖。外墙面砖装饰性强、坚固耐用、色彩鲜艳、防火、易清洗、并对

建筑物有良好的保护作用，故其广泛地应用于大型公用建筑的外墙面、柱面、门窗套等立面装饰，有时也应用于墙面的局部点缀。

1）外墙面砖的分类

外墙面砖根据表面装饰方法的不同，分为无釉和有釉两种。表面不施釉的称为单色砖；表面施釉的称为彩釉砖；表面既有彩釉又有突起的纹饰或图案的，称为立体彩釉砖，亦称为"线砖"；表面施釉并做出花岗岩花纹的面砖，称为仿花岗岩釉面砖。

2）外墙面砖的生产工艺

外墙面砖以优质陶土为原料，再加入其他材料配成生料，经半干压后于 1100℃左右煅烧而成。根据制作时加入的着色剂可制成由浅至深的各种色调。为了与基层墙面能很好地粘结，其背面多带有凹凸不平的条纹。外墙面砖的表面质感多种多样，通过配料和改变制作工艺，可制成平面、麻面、毛面、磨光面、抛光面、纹点面、仿花岗石表面、压花浮雕表面、无光釉面、金属光泽面、防滑面、耐磨面等以及丝网印刷、套花图案、单色、多色等多品种制品。

3）选用要点

外墙面砖使用在露天处，要经受日晒雨淋，且在公共地区，如果瓷砖剥落，会影响行人的生命安全和建筑物的美观，事关重大。因此必须要选用质量符合要求的外墙面砖，一般是瓷质砖。针对不同气候区，应满足表 2.3-4 的要求。

表 2.3-4　　不同气候区的建筑区域面砖要求

建筑区域划分	吸水率	冻融循环	放射性核素限量
Ⅰ、Ⅵ、Ⅶ	≤3%	>50 次	符合《建筑材料放射性核素限量》(GB 6566)要求
Ⅱ	≤6%	>40 次	
Ⅲ、Ⅳ、Ⅴ	≤6%	/	

4）瓷砖套的制作

预制构件的瓷砖饰面宜采用瓷砖套的方式进行铺贴成型，即瓷砖饰面反打。常见的瓷砖铺设方式是在采用水泥砂浆使瓷砖和混凝土表面粘结在一起，但是效率极低而且容易出现脱落、间隙不等的现象。

反打工艺铺设瓷砖是指在模具里放置制作好的瓷砖套，待钢筋入模、预埋件固定等工序完成后，在模具内浇筑混凝土，这样混凝土直接与瓷砖内侧接触，粘结强度远高于水泥砂浆(或瓷砖粘结剂)，而且效率高，质量好。

瓷砖套的制作，是在固定模具里一次布置若干片瓷砖，可有效保证瓷砖的平整度、排列整齐，间隙均匀。由于瓷砖套可事先加工好备用，相比常规铺贴方式，无论从质量上还是效率上都具有明显的优势。图 2.3-23 和图 2.3-24 分别是平板式瓷砖套和直角式瓷砖套。

2.3.5　模具拼装

本小节主要介绍模具拼装工艺，图 2.3-25 为模具拼装工艺流程。

模具系统一般由模板、支撑和紧固件三部分组成。模板的作用主要是保证混凝土按设计的几何形状、尺寸成型；支撑和紧固件的作用主要是承受模板、钢筋、新浇混凝土的质量，运输工具和施工人员的荷载，以及新浇混凝土对模板的压力和机械的振动力，保证模板的

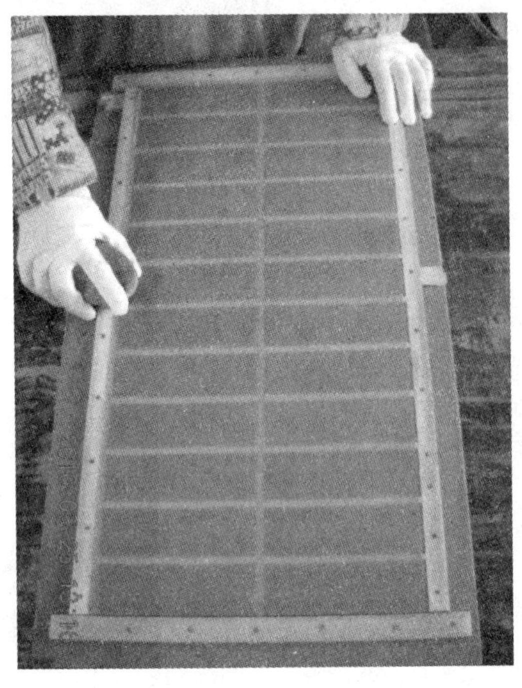

图 2.3-23　平板式瓷砖套

图 2.3-24　直角式瓷砖套

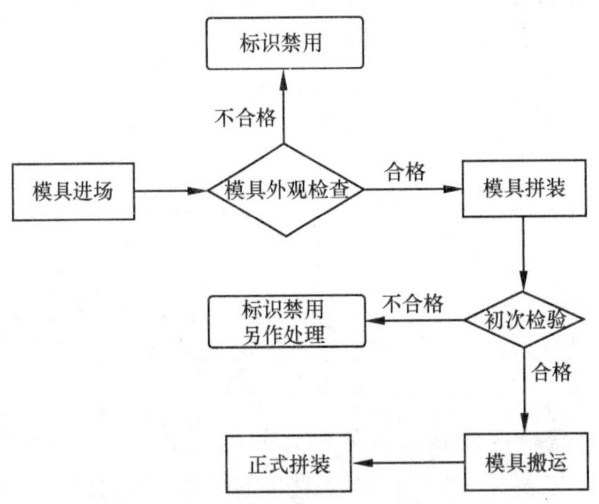

图 2.3-25　模具拼装工艺流程图

位置正确，防止变形、位移和胀模。

预制构件一般多采用钢模和木模两种，其中以钢模为主木模为辅。一般而言，预制构件模板尺寸较大且重，需借助起吊设备放置到特定位置后再由人工拼装完成，如图 2.3-26 和图 2.3-27 所示。而且尺寸固定无法完全适应模数化构件(即以某固定尺寸为单位，如 500mm，构件尺寸可按此单位在一定范围内增减)的生产需要。

随着构件工艺的不断成熟，可调尺寸的组合模具具有更广阔的前景，拼装效率更为高效，通过变换不同模数长度的中段模板，如图 2.3-28 所示，实现一定范围内的尺寸可调，从而满足不同构件的需求。

图 2.3-26　模具吊运

图 2.3-27　模具拼装

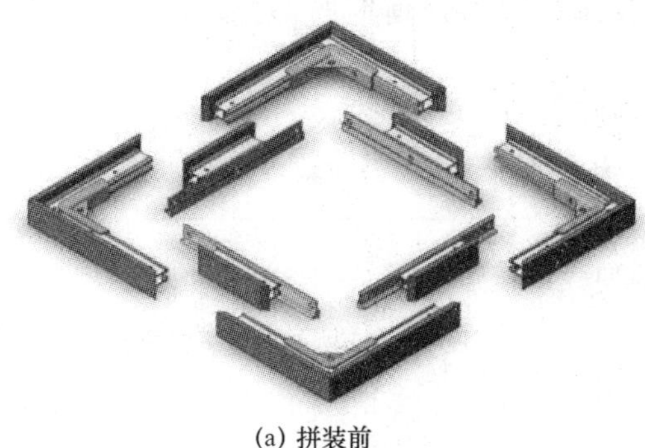

(a) 拼装前

(b) 拼装后

图 2.3-28　组合模具拼装前示意图

组合模具激光定位系统(图 2.3-29)可在生产任务端进行数据输出，在模板底座上以激光方式进行精确定位，使模板拼装工作更为高效和精准。图 2.3-30 为拼装完成的组合模具。

图 2.3-29　激光定位系统

图 2.3-30　组合模具拼装后实物图

2.3.6　饰面材料铺贴

如前文所述，饰面材料的反打工艺是将加工好的饰面材料铺设到模具中，再浇筑混凝土使两者紧密结合。模具拼装后的第一步工序即为饰面材料的铺贴。本小节除介绍石材和瓷砖的铺贴，还将阐述混凝土饰面的制作工艺。

1. 石材的铺贴

石材的铺贴包括背面处理、铺设及缝隙处理三道工序。

1）背面处理

（1）背面处理剂的涂刷：石材背面上，均匀的涂刷背面处理剂，防止泛碱（图 2.3-31）。

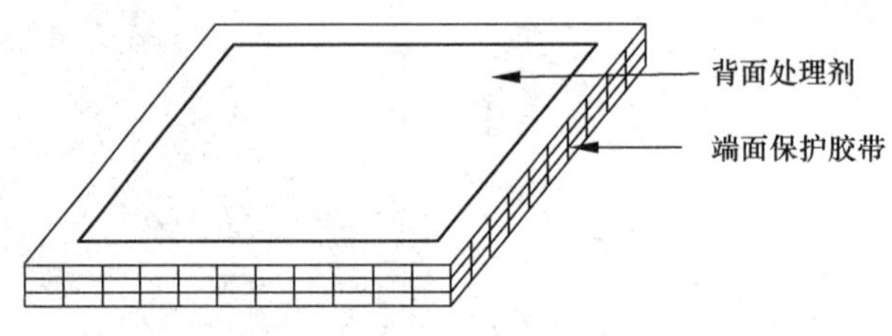

图 2.3-31　石材背面处理剂

（2）石材侧面部位的保护：侧面及背面不应涂刷背面处理剂的部位，应贴胶带进行保护。

（3）防止石材脱落，需用卡钩固定，如图2.3-32所示，通常每平方米石材不应少于 6 个卡钩。卡钩就位后用背面处理剂填充安装孔。根据石材厂家制作的分割图及固定件平面布置图确定卡钩的使用部位、数量、方向。无法安装卡钩的石材作为不良石材，应重新开孔并进行修补，缝隙末端部位根据卡钩和卡钉的分布图来处理。

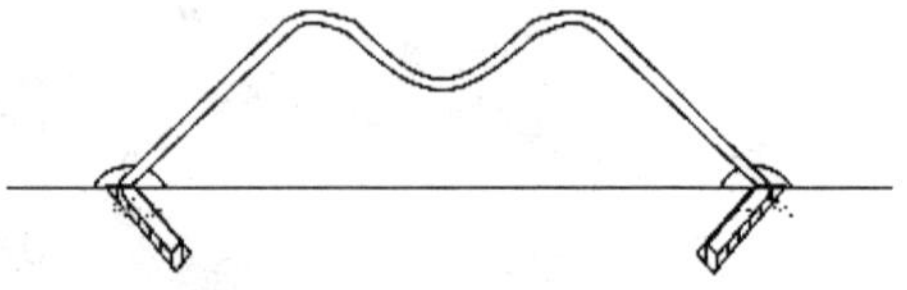

图 2.3-32　卡钩与石材连接

（4）石材的堆放与搬运：待石材背面处理剂干燥后方可移动，全部竖向堆放。

2）铺设

石材的铺设示意图见图 2.3-33。

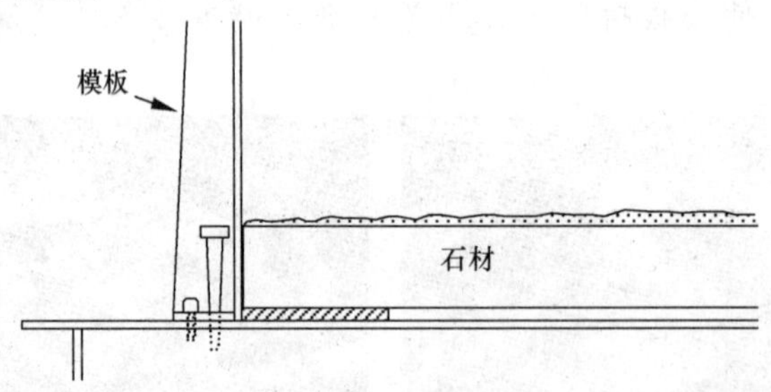

图 2.3-33　石材的铺设

铺设流程如下：

（1）石材的布置：石材根据石材分割图，在指定的位置上确认石材产品编号和 PC 板名，再确认左右方位、固定用埋件的安装状态、石材背面处理状态后铺设。

（2）定位：为确保指定的缝隙宽度，石材间的缝隙应嵌入硬质橡胶进行定位。为了避免石材表面出现段差，底模上所垫的橡胶片要使用统一的厚度。

（3）防漏胶：缝隙内应嵌入两层泡沫条。

（4）防止移动：为防止立面部位石材的移动，在拼角处用石材粘结剂粘结。立面部位的石材上部用卡钩或不锈钢棒和不锈钢丝等固定。

(5) 防止污染：与模板接触部分的石材侧面上，为了防止脱模剂、混凝土等沾污，应贴保护胶带。

(6) 石材背面间缝隙部位的处理：为增加背面缝隙打胶部位的粘结性，需将石材表面污迹、垃圾清理干净，背面缝隙需用密封胶填充，防止混凝土浆液等流到石材表面。

3) 缝隙施工

(1) 缝隙间嵌入的泡沫材料深度应一致。

(2) 填充胶是为了封住石材和石材的间隙而使用，打胶后用铁片压实，如图 2.3-34 所示。

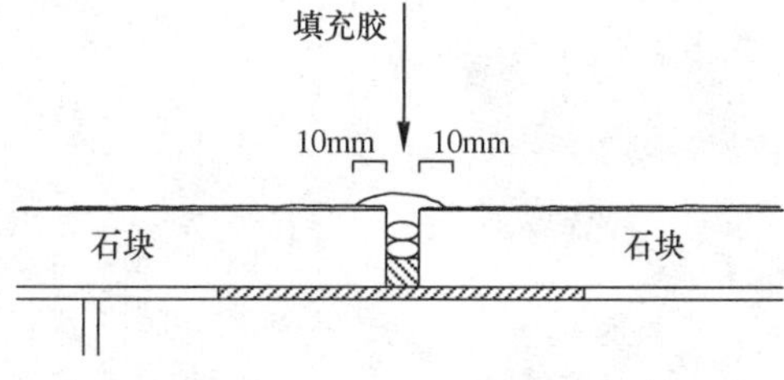

图 2.3-34 石材缝隙的处理

2. 瓷砖的铺设

入模铺设前，应先将单块面砖根据构件加工图的要求分块制成套件，即瓷砖套。其尺寸应根据构件饰面砖的大小、图案、颜色取一个或若干个单元组成，每块套件的尺寸不宜大于 300mm×600mm。

(1) 根据面砖的分割图，在模板底面、侧立面弹墨线，弹线原则是：每两组面砖套件为一个单位格子。

(2) 以弹的墨线为中心，在墨线两侧及模板侧面粘贴双面胶带。

(3) 根据面砖分割图进行面砖铺设。

(4) 面砖套件放置完成后，要检查面砖间的缝是否贯通，缝深度是否一致，面砖是否有损坏，有无缺角掉边等，然后用双面胶带粘贴在模板上，见图 2.3-35。

(5) 铺设完成后，用钢制铁棒沿接缝将嵌缝条压实，见图 2.3-36。

图 2.3-35 瓷砖套铺贴到模具

图 2.3-36 嵌缝条压实

3. 造型模饰面

随着住宅产业化的不断发展，装配式混凝土建筑对饰面的需求越来越高，造型模饰面预制构件逐渐得以应用。尤其在发达国家，造型模饰面建筑比比皆是，且多极具艺术气息。

造型模饰面的制作工序与石材铺贴和瓷砖铺贴是一样的，不同的是需在预制构件模具内侧放置定制加工的硅胶模具(或 3D 雕刻)，随后浇筑混凝土，待混凝土硬化后揭掉饰面模具，则一幅幅生动的图案即刻呈现出来，如图 2.3-37 所示。

造型模饰面构件对饰面模具和混凝土的工作性要求极高，如混凝土拌合物应具有良好的填充性、较低的含气量、优异的黏聚性，不能有泌水；饰面模具的加工质量也会影响到最终饰面的外观。

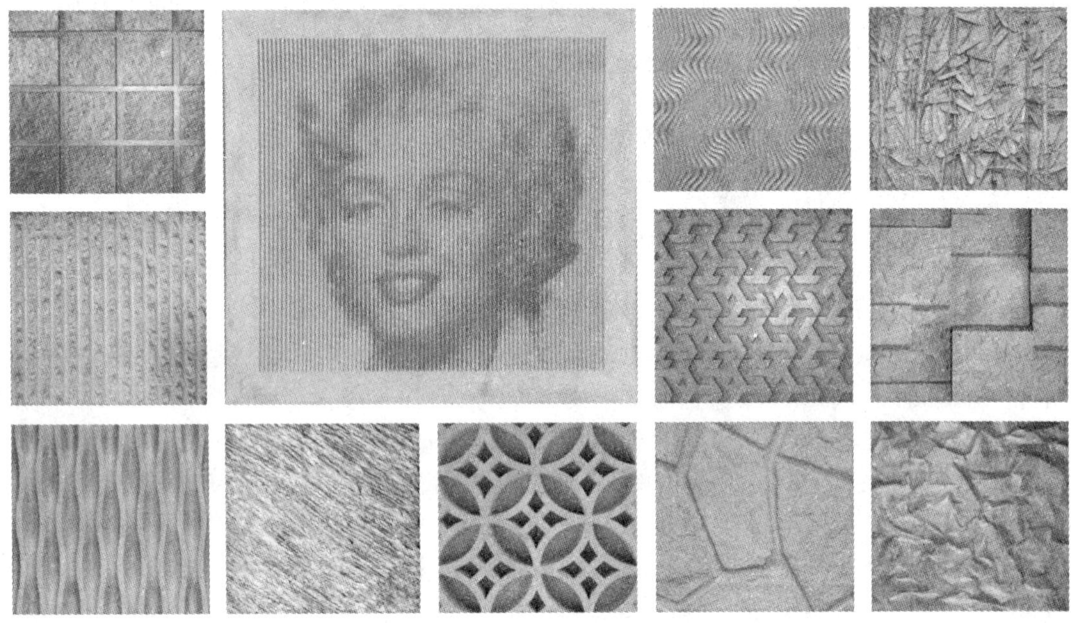

图 2.3-37　饰面混凝土图案

2.3.7　钢筋骨架入模及预埋件固定

1. 钢筋骨架吊运

钢筋网和钢筋骨架在整体装运、吊装就位时，必须防止操作过程中发生扭曲、弯折、歪斜等变形。起吊操作要平稳：钢筋骨架起吊挂钩点要预先根据骨架外形确定；对于重量较大、刚度较差的网和骨架，应采用临时加固（绑钢筋）或利用专用吊架的方法处理，也可采用兜底起吊、多点支垫和起吊的方法。

钢筋网与钢筋骨架的分段（块），应根据构件配筋特点及起重运输能力而定。为防止钢筋网与钢筋骨架在运输和安装过程中发生歪斜变形，应采取临时加固措施，图 2.3-38 是绑扎钢筋网的临时加固情况。

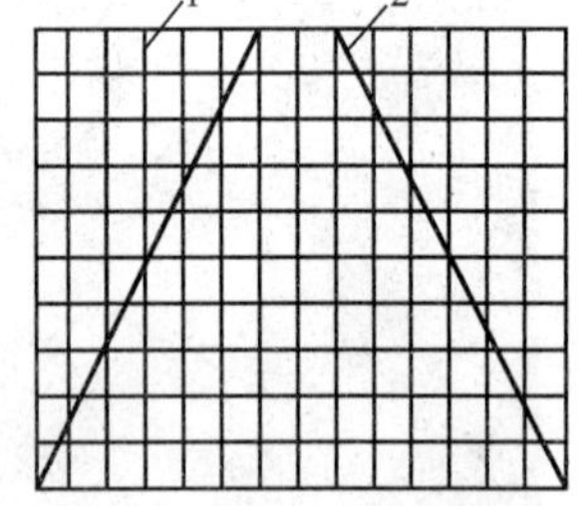

1—钢筋网；2—加固筋

图 2.3-38　绑扎钢筋网的临时加固情况

钢筋网与钢筋骨架的吊点应根据其尺寸、重量和刚度而定。宽度大于 1m 的水平钢筋网宜采用四点起吊；跨度小于 6m 的钢筋骨架宜采用二点起吊；跨度大、刚度差的钢筋骨架宜采用横吊梁（铁扁担）四点起吊。为了防止吊点处钢筋受力变形，可采取兜底吊或加短钢筋加固。

2. 钢筋骨架入模

（1）钢筋骨架入模（图 2.3-39）应轻放，防止变形。

（2）从上部吊起钢筋骨架并用塑料（或混凝土）垫块来确保保护层厚度（图 2.3-40 和图 2.3-41）。为了防止遗漏，垫块数量和间距要最终确认。

钢筋混凝土保护层的处理：钢筋的混凝土保护层厚度应满足相关设计要求。混凝土保

图 2.3-39　钢筋骨架入模

图 2.3-40　塑料飞轮垫片—侧边保护

图 2.3-41　混凝土垫块—底部保护

护层可用塑料或高强砂浆垫块加垫，垫块数量可视钢筋笼刚度来确定，一般垫块间距不大于 600mm，宜呈梅花形布置。竖向钢筋保护层可采用预埋铁丝的垫块绑在钢筋骨架外侧，也可采用飞轮垫片。

为保证预制构件混凝土浇筑面的钢筋保护层，而构件底部因饰面需要或保温材料无法承受钢筋骨架重量时，可用铁丝将钢筋骨架绑吊在模板附件上，或用钢筋架设侧模上用铁丝吊起钢筋骨架，浇捣完毕或混凝土稍硬后抽去铁丝及承托钢筋。

(3) 加强筋：构件连接埋件、开口部位、特别要求配置加强筋的部位，应根据图纸要求配制加强筋，加强筋要有两处以上部位和钢筋骨架绑扎固定（图 2.3-42）。

图 2.3-42　加强筋固定及绑扎丝处理

(4) 绑扎丝:绑扎丝的末梢不应接触模板,应向内侧弯折。

3. 预埋件固定

预制构件中预埋件种类繁多、功能各异,往往一个构件有上百个以上的预埋件。从材质上看,有钢、塑料、混凝土预制品;从种类上看,有门窗框、上下水及其他管道、各种设备的预埋件或连接件、施工现场使用的拉接模板、临时支撑、构件生产起吊预埋件等等。预埋件埋置位置应准确,并具有方向性、密封性、绝缘性和牢固性等要求,在施工时切不可因其小而轻率操作。

预埋件要固定在产品尺寸允许误差以内的位置。预埋件必须全部采用夹具固定(图2.3-43)。

图 2.3-43 预埋件紧固装置

预埋件通常由模板工、钢筋工安装;或是在浇筑过程中由混凝土工安放,并即时用混凝土埋置。不论是哪种方法,在安装时必须达到设计的各种要求。其操作要点如下:

(1) 在混凝土表面平埋的钢板,其短边的长度大于 200mm 时,应在中部加开排气孔。

(2) 带有螺丝牙的预埋件,其外露螺牙部分应先用黄油满涂,再用韧性纸或薄膜包裹保护,用时方可剥除,免致被砂浆涂粘。

2.3.8 门窗及保温材料固定

1. 门窗的相关规定

(1) 门窗框应有产品合格证或出厂检验报告,明确其品种、规格、生产单位等。门窗框质量应符合现行有关标准的规定。

(2) 门窗框的品种、规格、尺寸、性能和开启方向、型材壁厚和连接方式等应符合设计要求。

(3) 门窗框应直接安装在墙板构件的模具中(图 2.3-44),门窗框安装的位置应符合设计要求。生产时应在模具体系上设置限位框或限位件进行固定。

图 2.3-44　窗框预埋

(4) 门窗框在构件制作、驳运、堆放、安装过程中,应进行包裹或遮挡,避免污染、划伤和损坏门窗框。

2. 预制混凝土夹心保温外墙板

预制混凝土夹心保温外墙板(以下简称“夹心外墙板”)作为围护结构构件,同时又具有保温节能功能,它集围护、保温、防水、防火、装饰等多项功能于一体,在我国也得到越来越多的推广。夹心外墙板将建筑节能和工业化生产融合为一体,符合“节能、降耗、减排、环保”的基本国策,是实现资源、能源可持续发展的重要手段。

图 2.3-45　夹心外墙板

夹心外墙板如图 2.3-45 所示,由内外叶墙板、夹心保温层、连接件及饰面层组成,其基本构造见表 2.3-5。

表 2.3-5　夹心外墙板基本构造

基本构造					构造示意图
内叶墙板 ①	夹心保温层 ②	外叶墙板 ③	连接件 ④	饰面层 ⑤	
钢筋 混凝土	保温材料	钢筋 混凝土	A. FRP 连接件 B. 不锈钢连接件	A. 腻子+涂料 B. 饰面砖、石材 C. 无饰面 (清水混凝土)	① ② ③ ④ ⑤

1）保温材料的种类

夹心外墙板可采用有机类保温板和无机类保温板作为夹心保温层材料，有机类保温板燃烧性能等级不应低于B1级，无机类保温板燃烧性能等级应为A级，其他性能尚应符合下列规定：

（1）有机保温材料：

（a）聚苯乙烯板：

（ⅰ）模塑聚苯乙烯板应符合现行国家标准《模塑聚苯板薄抹灰外墙外保温系统材料》（GB/T 29906—2013）中039级产品的有关规定；

（ⅱ）挤塑聚苯乙烯板宜采用不带表皮的毛面板或带表皮的开槽板，性能指标（燃烧性能除外）应符合现行国家标准《挤塑聚苯板（XPS）薄抹灰外墙外保温系统材料》（GB/T 30595）的有关规定；

（ⅲ）改性聚苯乙烯保温板应符合表2.3-6的规定。

表2.3-6　改性聚苯乙烯保温板性能指标

项　目	性能指标	试验方法
表观密度/（kg·m^{-3}）	30～60	GB/T 6343
导热系数/[W·（m·K）$^{-1}$]	≤0.036	GB/T 10294 或 GB/T 10295
垂直板面压缩强度（形变10%）/MPa	≥0.12	GB/T 8813
垂直板面抗拉强度/MPa	≥0.12	GB/T 29906
尺寸稳定性/%	≤0.60	GB/T 8811
体积吸水率/%	≤3.0	GB/T 10801.1
水蒸气透过系数/[ng·（Pa·m·s）$^{-1}$]	≤8.0	GB/T 17146
燃烧性能等级	A（A2）	GB 8624

（b）硬泡聚氨酯板应符合现行国家标准《建筑绝热用硬质聚氨酯泡沫塑料》（GB/T 21558）中对Ⅲ类产品的有关规定。

（c）酚醛泡沫板应符合现行国家标准《绝热用硬质酚醛泡沫制品（PF）》（GB/T 20974）中对Ⅱ类（A）产品的有关规定。

（2）无机保温材料：

（a）发泡水泥板导热系数不应大于0.070 W/（m·K），其他指标应符合现行行业标准《水泥基泡沫保温板》（JC/T 2200—2013）中对Ⅱ类产品的有关规定。

（b）泡沫玻璃板应符合现行行业标准《泡沫玻璃绝热制品》（JC/T 647）中对Ⅱ类产品的有关规定。

（c）膨胀珍珠岩保温板应符合现行国家标准《膨胀珍珠岩绝热制品》（GB/T 10303）中对250号产品的有关规定。

采用无机类保温板作保温层时，用于板材间填缝的水泥基无机保温砂浆性能应符合现行上海市工程建设规范《无机保温砂浆系统应用技术规程》（DG/TJ 08—2088）中对Ⅰ型产品的有关规定。

2）连接材料

连接件是保证夹心外墙板内、外叶墙板可靠连接的重要部件。纤维增强塑料(FRP)连接件和不锈钢连接件是目前工程上应用最普遍的两种连接件。

(1) 纤维增强塑料(FRP)连接件由连接板(杆)和套环组成，宜采用单向粗纱与多向纤维布复合，采用拉挤成型工艺制作。为保证 FRP 连接件具有良好的力学性能，并便于安装和可靠锚固，宜设计成不规则形状，端部带有锚固槽口的形式。由于 FRP 连接件长期处于混凝土碱环境中，其抗拉强度将有所降低，因此其抗拉强度设计值应考虑折减系数(可取 2.0)。其性能指标应符合表 2.3-7 的要求。

表 2.3-7　FRP 连接件性能指标

项　目	指标要求	试验方法
拉伸强度/MPa	≥700	GB/T 1447
拉伸弹模/GPa	≥42	GB/T 1447
层间抗剪强度/MPa	≥40	JC/T 773
纤维体积含量/%	≥40	—

(2) 不锈钢连接件的性能指标应符合表 2.3-8 的要求。

表 2.3-8　不锈钢连接件性能指标

项目	指标要求	试验方法
屈服强度/MPa	≥380	GB/T 228
拉伸强度/MPa	≥500	GB/T 228
拉伸弹模/GPa	≥190	GB/T 228
抗剪强度/MPa	≥300	GB/T 6400

2.3.9　混凝土浇捣、抹面与养护

混凝土的浇捣、抹面和养护是预制构件预制工艺的核心之一，其工艺的成熟度与完成质量最终将直接影响构件的质量，其工艺流程图如图 2.3-46 所示。

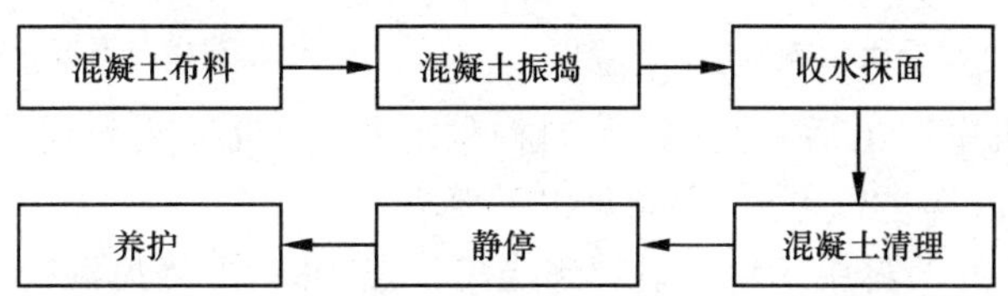

图 2.3-46　混凝土浇捣、抹面与养护工艺流程图

1. 混凝土浇捣与抹面

混凝土浇捣包括浇筑(布料)和振捣两部分，应最大程度保证混凝土的密实度；在振捣后进行一次抹面并于混凝土即将达到初凝状态时进行二次抹面，从而保证预制构件表面的光滑，同时减少裂纹的产生。

1）浇捣前检查

在浇筑混凝土之前，应检查和控制模板、钢筋、保护层和预埋件等的尺寸、规格、数量和位置，其偏差值应符合现行国家标准《混凝土结构工程施工质量验收规范》(GB 50204)的规定。此外，还应检查模板支撑的稳定性以及模板接缝的密合情况。模板和隐蔽工程项目应分别进行预检和隐蔽验收。符合要求时，方可进行浇筑。检查时应注意以下几点：

(1) 模板的标高、位置与构件的截面尺寸是否与设计符合；构件的预留拱度是否正确。

(2) 所安装的支架是否稳定，支柱的支撑和模板的固定是否可靠。

(3) 模板的紧密程度是否符合要求。

(4) 钢筋与预埋件的规格、数量、安装位置及构件接点连接焊缝，是否符合设计要求。

(5) 纵向受力钢筋的混凝土保护层最小厚度符合要求。

此外还需落实以下事项：①模板内的垃圾和钢筋上的油污、脱落的铁皮等杂物应清除干净；②金属模板中的缝隙和孔洞也应予以封闭；③检查安全设施、劳动力配备是否妥当，能否满足浇捣速度的要求。

2）混凝土的运输

通常情况下预制构件混凝土用量较少，运输距离短，混凝土输送多采用卸料后通过短驳运输车辆(图 2.3-47)的方式进行。但是短驳运输车的运输效率可能无法满足生产所需，而且运输过程中的颠簸容易造成混凝土的分层甚至离析。罐式混凝土运输车单次运输量远高于前者，而且自带搅拌功能，可有效保证混凝土的匀质性，对于改善预制构件的质量和提高生产效率均有所帮助(图 2.3-48)。

图 2.3-47　混凝土运输车

图 2.3-48　混凝土罐式运输车

混凝土自搅拌机中卸出后，应根据预制构件的特点、混凝土用量、运输距离和气候条件，以及现有设备情况等进行考虑，应满足以下要求：

(1) 要及时将拌好的料用运输车辆运到浇捣地点，并确保浇捣混凝土的供应要求。

(2) 混凝土的运输工具要求不吸水、不漏浆、内壁平整光洁，且在运输中的全部时间不应超过混凝土的初凝时间。

(3) 运输混凝土时，应保持车速均匀，从而保证混凝土的均一性，防止各种材料分离。

(4) 运输过程中，要根据各种配比、搅拌温度和外界温度等，将其控制在不影响混凝土质量的范围之内。在风雨或暴热天气运送混凝土，容器上应加遮盖，以防进水或水分蒸发。冬季施工应加以保温。夏季最高气温超过 40℃时，应有隔热措施。

车载运输混凝土的最大缺点即为混凝土生产地点与浇筑地点的短驳导致生产效率的降低和拌合物质量损失，无法满足自动化生产线的需求。如图 2.3-49 所示为预制构件自动化生产线的混凝土输料系统。可以实现搅拌楼和生产线的无缝结合，输送效率大大提高，输料罐自带称量系统，可以精确控制浇筑量并随时了解罐体内剩余的混凝土数量，从而有效提高构件的浇筑质量。

图 2.3-49　自动化生产线混凝土输料系统

3）混凝土布料

预制构件的混凝土布料方式一般包括手工布料、人工料斗布料和流水线自动布料几种。混凝土拌合料未入模板前是松散体，粗骨料质量较大，在布料时容易向前抛离，引起离析，将导致混凝土外表面出现蜂窝、露筋等缺陷；内部出现内、外分层现象，造成混凝土强度降低，产生质量隐患。为此，在操作上应避免斜向抛送，勿高距离散落。因此混凝土布料工艺也在很大程度上影响了构件的最终质量和生产效率。

（1）手工布料：

手工布料是混凝土工最基本的技能。在预制构件浇筑过程中，机器无法布料的特殊位置，多采用手工布料的方式。因拌合物是各种粗细不一、软硬不同的几种材料组合而成，其投放应有一定的规律。如贪图方便，在正铲取料后也用正铲投料，则因石子质量大，先行抛出，而且抛的距离较远，而砂浆则滞后，且有部分粘附在工具上，造成人为的离析。如图 2.3-50所示，注意手柄上的操作方向，直投是错误的，正确的方式是旋转后再投料。

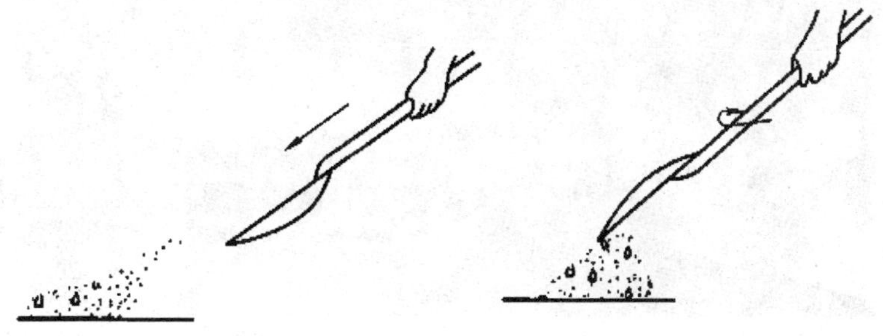

图 2.3-50　手工布料示意

(2) 人工料斗布料：

一般 PC 工厂料斗采用吊车方式，混凝土经运输车运送到目的地后，将料斗水平放置在地面，卸入混凝土后，再由吊车吊运至布料位置，人工开启底部阀门，混凝土即可借助自重落下，见图 2.3-51。料斗布料时，需同时配备振动工，分层布料，均匀振动，确保布料的均匀与密实。

该方法优点在于方便灵活，对生产线需求不高，相对于手工布料效率更高，但是与自动布料机相比效率较低。

图 2.3-51 料斗布料

(3) 自动布料机布料：

随着预制构件生产量的提高，人工布料效率低下限制了生产效率，机械化布料(图 2.3-52)可以扩大混凝土浇筑范围，提高施工机械化水平，对提高施工效率，减轻劳动强度，发挥了重要作用。

图 2.3-52 自动布料机

4）混凝土振捣

混凝土拌合物布料之后，通常不能全部流平，内部有空气，不密实。混凝土的强度、抗冻性、抗渗性、耐久性等都与密实度有关。振捣是在混凝土初凝阶段，使用各种方法和工具进行振捣，并在其初凝前捣实完毕，使之内部密实，外部按模板形状充满模板，达到饱满密实的要求。

当前混凝土拌合物密实成形的途径主要是借助于机械外力（如机械振动）来克服拌合物的剪应力而使之液化。原理是利用偏心轴或偏心块的高速旋转，使振动器因离心力的作用而振动，水泥浆的凝胶结构受到破坏，从而降低了水泥浆的黏结力和骨料之间的摩擦力，使之能很好地填满模板内部，并获得较高的密实度。

机械振动主要包括以下四种振动器：内部振动器（振动棒）、外部振动器（附着式）、表面振动器（平面振动器）、平台振动器（振动台），如图 2.3-53 所示。

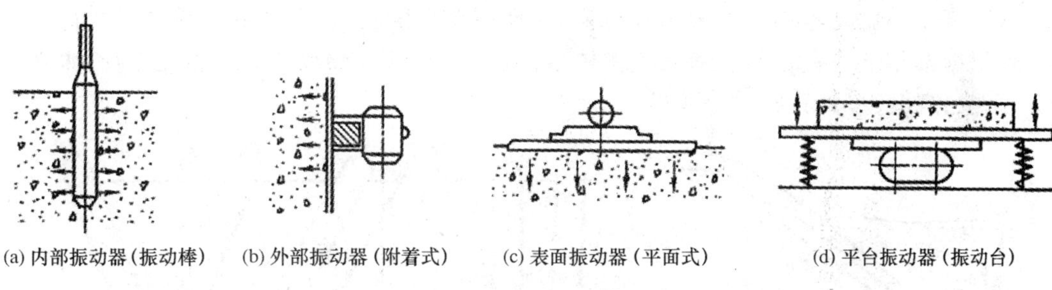

(a) 内部振动器（振动棒）　(b) 外部振动器（附着式）　(c) 表面振动器（平面式）　(d) 平台振动器（振动台）

图 2.3-53　四种振动器图示

（1）内部振动器（振动棒）：

a）构造及工作原理：

插入式振动器又称内部振动器，是插入混凝土内部起振动作用的，是工地用得最多的一种。该种振动器只用 1 人操作，且有振动密实、效率高、结构简单、使用维修方便等优点，但劳动强度大，主要用于梁、柱、墙、厚板和大体积混凝土等结构和构件的振捣。当钢筋十分稠密或结构厚度很薄时，其使用会受到一定的限制。其工作部分是一棒状空心圆柱体，内部装有偏心振子，在电动机带动下高速转动而产生高频微幅的振动。内部振动器分为软轴式、便携式和直联式等，一般采用软轴式振动器居多。

b）操作方法：

（a）正确使用软轴式振动器的方式如图 2.3-54 所示，前手 B（一般为右手）紧握软轴，距振动棒 A 点的距离不宜大于 500mm，用以控制振点。后手 C（一般为左手），距离前手 B 约 400mm，扶顺软轴。软轴的弯曲半径应不大于 500mm，亦不应有两个弯。

（b）软轴式振动器在操作时宜先行起动，但直联式振动器则先插入后起动。

（c）操作直联式振动器时，因重量较大，宜双手同时掌握手把，同时就近操纵电源开关。

（d）插入时应对准工作点，勿在混凝土表面停留。

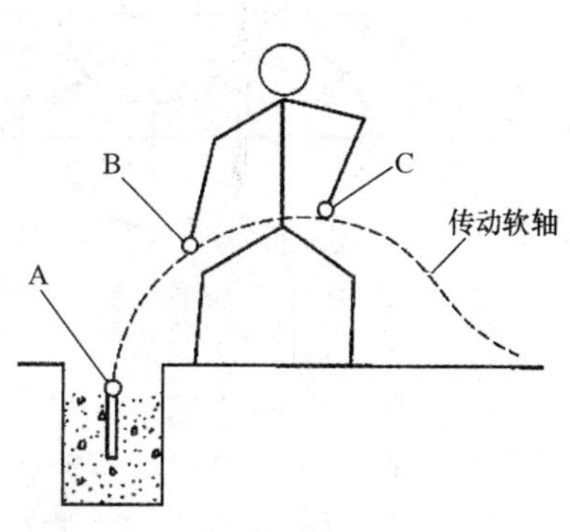

图 2.3-54　操作插入式振动器的方式

振动棒推进的速度按其自然沉入,不宜用力往内推。最后的插入深度应与浇筑层厚度相匹配。也不宜将振动棒全长插入,以免振动棒与软轴连接处被粗骨料卡伤。操作时,要“快插慢拔”。“快插”是为了防止先将混凝土表面振实,与下面混凝土产生分层离析现象;“慢拔”是为了使混凝土填满振动棒抽出时形成的空洞。

(e) 混凝土分层浇筑,由于振动棒下部的振幅比上部大得多,因此在每一插点振捣时应将振动棒上下抽动 50～100mm,使振捣均匀。在振动上层新浇筑混凝土时,可将振动棒伸入仍处于初凝期内的下层混凝土中 20～50mm,使上下层结合密实。

(f) 振动时,应上下抽动,抽动的幅度为 100～200mm。

(g) 振捣器应避免碰撞钢筋、模板、芯管、吊环、预埋件。

(h) 模板上方有横向拉杆或其他情况必须斜插振动时,可以斜插振动,但其水平角 α 不能小于 45°,如图 2.3-55 所示。

(i) 插入式振动器插入的方向有两种,一种是垂直插入,一种是斜向插入。各有其特点,可根据具体情况采用,使用垂直振捣较多。振动器的作用轴线先后应相互平行;如不平行,可能出现漏振,如图 2.3-56 所示。

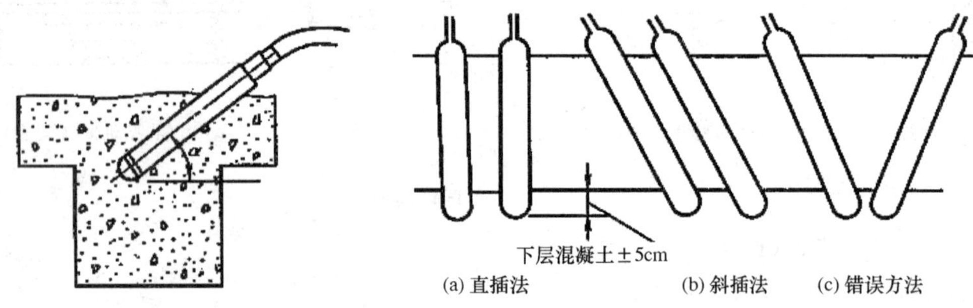

图 2.3-55 振动棒斜插振动时的限制

图 2.3-56 振动棒插入方式

(j) 插点的分布有行列式和交错式两种,如图 2.3-57 所示。各插点的间距要均匀,行列式排列,插点间距不大于1.5R;对轻骨料混凝土,则不大于 1.0R。交错式排列,插点的距离不能大于 1.75R。R 为作用半径,取决于振动棒的性能和混凝土的坍落度,可在现场试验确定。

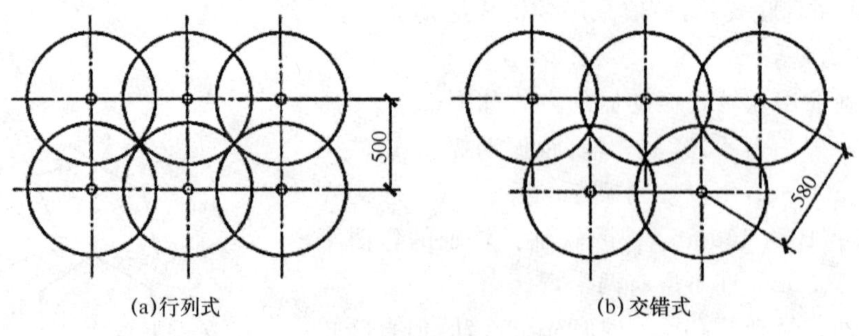

图 2.3-57 振动棒的振点排列

(k) 混凝土振捣时间要掌握好,如振捣时间过短,混凝土不能充分振实,时间过长,有可能使振动棒附近的混凝土发生离析。一般每一插点振动时间 20～30s,从现象上来判断,以混凝土不再显著下沉,基本上不再出现气泡,混凝土表面呈水平并出现水泥浆为宜。

(l) 拔出振动棒的过程宜缓慢，以保证插点外围混凝土能及时填充插点留下的空隙。

(2) 外部振动器(附着式)：

a) 外部振动器的工作原理：

通过螺栓或夹钳等固定在模板外部，利用偏心块旋转时产生的振动力，通过模板将振动传给混凝土拌合物，因而模板应有足够的刚度。其振动效果与模板的重量、刚度、面积以及混凝土结构构件的厚度有关，若配置得当，振实效果好。外部振动器体积小，结构简单，操作方便，劳动强度低，但安装固定较为繁琐，适用于钢筋较密、厚度较小、不宜使用软轴式振动器的结构构件。

b) 外部振动器的操作方法：

(a) 外部振动器的振动作用深度为 250mm 左右。如构件尺寸较厚时，需在构件两侧安设振动器，同时进行振捣。当振捣竖向浇筑的构件时，应分层浇筑混凝土。每层高度不宜超过 1m，每浇筑一层混凝土需振捣一次，振捣时间应不少于 90s，但也不宜过长。待混凝土入模后方可开动振动器，混凝土浇筑高度要高于振动器安装部位。当钢筋较密和构件断面较深较窄时，亦可采取边浇筑、边振动的方法。

(b) 振动时间和有效作用半径由结构形状、模板坚固程度、混凝土坍落度及振动器功率大小等各项因素而定。一般每隔 1～1.5m 距离设置一个振动器。当混凝土表面成水平面并不再出现气泡时，可停止振动。必要时应通过试验确定。

(3) 表面振动器(平板振动器)：

a) 表面振动器的工作原理：

与附着式振动器构造原理相近。其主机为电动机，转子主轴两端带有偏心块。当通电主轴旋转时，即带动电动机产生振动，也就带动安装在电动机底下的底板振动。振动力通过平板传给混凝土，由于其振动作用较小，仅适用于面积大且平整、厚度小的结构或构件，如楼板、地面、屋面等薄型构件，不适用于钢筋稠密、厚度较大的结构构件。

b) 表面振动器的操作方法及要点：

(a) 由两人面对面拉扶表面振动器，并顺着振动器运转的方向拖动。如逆向拖动，则费力且工效低。在每一位置上应连续振动一定时间，正常情况下为 25～40s，以混凝土表面均匀出现浮浆为准。

(b) 移动表面振动器时，应按工程平面形状均匀成排依次平行移动，振捣前进。前后相邻两行应相互搭接 30～50mm，防止漏振。振动倾斜混凝土表面时，应由低处逐渐向高处移动，以保证混凝土振实。

(c) 表面振动器的有效作用深度，在无筋及单筋平板中约为 200mm，在双筋平板中约为 120mm。平板振动器移动时，应同时观察混凝土是否达到密实的要求，达到后方可移动。

(d) 操作时表面振动器不得碰撞模板，边角捣实较为困难，因此采用小口径软轴振动器补振，或用人工顺着模板边缘插捣，务求边角饱满密实，棱角顺宜。

(4) 平台振动器(振动台)：

a) 平台振动器的工作原理：

平台振动器(振动台)主要由台底架、振动器弹簧等部件组成，台面与底架均用钢板和型钢焊接而成，振动台是用电动机加一对相同的偏心轮组成。并通过一对吊架联轴器安装在台面(反面)中心位置，起着振实过程中平稳、垂直方向的作用。较为适合流水线作业。

在使用过程中，可以通过调节振动电机激振力大小来使平台上物料实现理想的形式。

b）平台振动器的操作注意事项：

(a) 振动台使用前需试车，先开车空载 3～5min，停车拧紧全部紧固零件，反复 2～3 次，才能正式投入运转使用。

(b) 振动台在生产使用中，混凝土试件的试模必须牢固地紧固在工作台上，试模的放置必须与台面的中心线相对称，使负载平衡。

(c) 振动电机应有良好的可靠的地线。

(d) 振动台在生产过程中如发现噪音不正常，应立即停止使用，拔去电源全面检查紧固零件是否松动，必要时要检查振动电机内偏心块是否松动或零件损坏，拧紧松动零件，调换损坏零件。

(e) 使用完毕后，关掉电源，将振动台面清洗干净。

5）浇捣的一般要求

(1) 新拌混凝土中水泥与水拌合后，发生水化反应有 4 个阶段：初始反应期、休止期、凝结期和硬化期。各阶段时间的长短，因水泥的品种而异。初始反应期约 30min，休止期约 120min，此段时间内混凝土具有弹性、塑性和黏性及流变性。随后，水泥粒子继续水化，约在拌合后 6～10h，为凝结期。以后为硬化期，一般水泥不迟于 10h。因此在浇筑混凝土时应控制混凝土从搅拌机到浇筑完毕的时间不宜超过表 2.3-9 规定。

表 2.3-9　　混凝土运输、浇筑和间歇的适宜时间

混凝土强度等级	气温	
	≤25℃	＞25℃
≤C30	60min	45min
＞C30	45min	30min

(2) 为保证混凝土的整体性，浇筑工作原则上要求一次完成。但对长柱、深梁或因钢筋或预埋件的影响、振捣工具的性能、混凝土内温度的原因等，必须分层浇筑时，应分层、分段进行，浇筑层的厚度应符合表 2.3-10 的规定。浇筑次层混凝土时，捣固时应深入前层 20～50mm，应在前层混凝土出机未超过表 2.3-9 规定的时间内进行。

表 2.3-10　　混凝土浇筑层的厚度

序号	捣实混凝土的方法		浇筑层厚度/mm
1	插入式振捣器		振捣器作用部分的长度的 1.25 倍
2	表面振捣器		200
3	人工捣固	在基础、无筋混凝土或配筋系数的结构中	250
		在梁、墙板、柱结构中	200
		在配筋密列的结构中	150
4	轻骨料混凝土	插入式振捣	300
		表面振捣(振动时需加荷)	200

(3) 混凝土浇筑要保证混凝土的均匀性和密实性，要保证结构的整体性、尺寸准确和钢筋、预埋件的位置正确，拆模后混凝土表面要平整、光洁。

(4) 由于混凝土工程属于隐蔽工程，所以在预制构件混凝土浇筑前要认真检查核对所有钢筋、预埋件的品种和数量，并加以记录。

(5) 混凝土捣实的观察：用肉眼观察振捣过的混凝土，具有下列情况者，便可认为已达到沉实饱满的要求：

(a) 模板内混凝土不再下沉。

(b) 表面基本形成水平面。

(c) 边角无空隙。

(d) 表面泛浆。

(e) 不再冒出气泡。

(f) 模板的拼缝处，在外部可见有水迹。

6) 浇捣的注意事项

(1) 在浇筑工序中，应控制混凝土的均匀性和密实性。混凝土拌合物运至浇筑地点后，应立即浇筑入模。在浇筑过程中，如发现混凝土拌合物的均匀性和稠度发生较大的变化，应及时处理。

(2) 浇筑混凝土时，应注意防止混凝土的分层离析。混凝土由料斗、漏斗、混凝土输送管、运输车内卸出进行浇筑时，如自由倾落高度过大，由于粗骨料在重力作用下，克服粘着力后的下落动能大，下落速度较砂浆快，因而可能形成混凝土离析。为此，混凝土浇筑自高处倾落的自由高度不应超过 2m，在竖向结构中限制自由倾落不宜超过 3m，否则应沿溜槽、溜管或振动溜管等下料。

(3) 当浇筑混凝土时，应经常观察模板、支架、钢筋、预埋件和预留孔洞的情况，当发现有变形、移位时，应立即停止浇筑，并应在已浇筑的混凝土初凝前修整完好。

(4) 混凝土在浇筑及静置过程中，应采取措施防止产生裂缝。由于混凝土的沉降及干缩产生的非结构性的表面裂缝，应在混凝土终凝前予以修整。

7) 预埋件部位浇捣方法

预埋件部位浇捣尤其重要，一旦出现缺陷则不可修复，轻则会影响使用功能，重则影响结构安全。浇捣时除满足上述介绍的一般要求和注意事项之外，以下是预埋件部位浇捣方法和注意事项：

(1) 混凝土浇捣时严禁振动棒触碰埋件造成埋件移动跑位。

(2) 平板埋件：混凝土浇筑至距预埋钢板底部约 30mm 时，可用混凝土将钢板底部填满，插捣密实，再继续浇筑外围混凝土。此时，应边布料边捣固，直至敲击钢板无空鼓声，说明钢板底已饱满，再将外围混凝土按设计标高面抹平。

(3) 立面埋件：预埋在柱、梁侧面上的钢板埋件，其锚固筋应放在主筋的内部，不应放在混凝土保护层部位，以免锚固筋受力时，将保护层拉离，影响结构的安全。浇捣时振动棒应尽可能避开埋件锚固筋。

(4) 埋置垂直管道的设计有两种，一是直接埋置永久性管道；二是先埋置外套管，以后再安装永久性管道。两者的混凝土浇捣操作方法是相同的。

8）夹心外墙板的制作工艺

夹心外墙板的制作工艺不同于其他预制构件多采用一次浇筑成型，其特别之处在于需多次浇筑。

（1）根据成型次数可分为：

（a）一次成型工艺：先浇筑外叶墙板混凝土、铺装保温板、安装连接件及浇筑内叶墙板混凝土。

（b）二次成型工艺：先进行外叶墙板混凝土浇筑，随即安装连接件，隔天再铺装保温板和内叶墙板混凝土浇筑。

（2）根据模板类型可分为：

（a）平模工艺：生产时应先浇筑外叶混凝土层，再安装保温材料和连接件，最后成型内叶混凝土层。

（b）立模工艺：生产时应同步浇筑内外叶混凝土层，生产时应采取可靠措施保证内外叶混凝土厚度、保温材料及连接件的位置准确。

（3）注意事项：

（a）制作夹心外墙板时，应在边模处设置外叶墙板混凝土、无机类保温板材、外叶墙板混凝土的厚度标记。铺装保温板材前，宜使用震动拖板等工具。

（b）应按设计图纸和施工要求，确认连接件和铺装无机类保温板材满足要求后，方可安放连接件和铺装保温板。当铺装有机类保温板时，板材间的缝隙应挤紧。当铺装无机类保温板时，板材间的缝隙宜用水泥基无机保温砂浆进行填补。连接件应锚固到内、外叶墙板混凝土中。

（c）当保温板材铺装以及板缝处理完成后，方可安放并固定上层钢筋并进行内叶墙板混凝土的浇筑，浇筑时应避免振动器触及保温板和连接件。

（d）上层钢筋宜采用垫块和吊挂结合方式确保钢筋保护层满足设计要求。

（e）采用一次成型工艺时，连接件安装和内叶墙板混凝土浇筑应在外叶墙板混凝土初凝前完成，且不宜超过 2h。

（f）夹心外墙板制作除应符合上述要求外，尚应符合现行国家、行业和上海市相关标准的规定。

9）混凝土抹面

当混凝土振动完成后，用铁抹子或木抹子在混凝土表面反复压抹，直到达到工程所需表面光洁要求，此过程称作混凝土抹面，如图 2.3-58 所示。最佳抹面时间与混凝土的初凝时间关系密切，抹面的好坏，关键在于时间的把握。一般抹面要 2 遍，在振捣完成后收第 1 道面，最重要的是在将要初凝前收第 2 道面，这样收出的混凝土表面比较光滑且不易裂缝。具体做法如下：

图 2.3-58　混凝土抹面

（1）清理：浇捣时多余的混凝土应及时清理。预埋件及固定件表面混凝土应清理干净。

（2）压实：浇捣后用铁板将混凝土面拖平、压实。

(3) 找平：找平分为金属找平和刷毛找平，找平种类和范围根据制作图要求。

(4) 抹面：混凝土表面应及时用泥板抹平提浆，并对混凝土表面进行抹面。

人工抹面质量可控而且较为灵活，不受构件形状和角度的限制，但是需要占用大量的人工，效率较为低下。自动化生产线的振动抹面一体装置可大幅提高抹面效率，但仅局限于平面的抹面，如遇特殊形状和机器无法抹面的部位，可结合人工抹面实现效率与质量的兼顾。表面振捣与抹面一体装置如图2.3-59所示。

图2.3-59 表面振捣与抹平设备

2. 构件养护

混凝土浇捣后，之所以能逐渐凝结硬化，主要是因为水泥水化作用的结果，而水化作用则需要适当的温度和湿度条件。因此，为了保证混凝土有适宜的硬化条件，使其强度不断增长，必须对混凝土进行养护。混凝土养护的目的，一是创造条件使水泥充分水化，加速混凝土硬化；二是防止混凝土成形后因暴晒、风吹、干燥、寒冷等环境因素影响而出现不正常的收缩、裂缝等破损现象。

养护条件对于混凝土强度的增长有重要影响。在施工过程中，应根据原材料、配合比、浇筑部分和季节等具体情况，制定合理的施工技术方案，采取有效的养护措施，保证混凝土强度的正常增长。混凝土的养护方法分为以下几种：

1) *覆盖浇水养护*

利用平均气温高于5℃的自然条件，用适当的材料对混凝土表面加以覆盖并浇水，使混凝土在一定的时间内保持水泥水化作用所需要的适当的温度和湿度。

覆盖养护是最常用的保温保湿养护方法，主要措施是：

(1) 应在初凝后开始覆盖养护，覆盖所用的覆盖物宜就地取材，在终凝后开始浇水。

(2) 浇水方式可随混凝土龄期而变动，首日对覆盖物进行喷淋，保证混凝土表面的完整；次日即可改用胶管浇水。浇水次数应以保证混凝土表面保持湿润为度。混凝土的养护用水宜与拌制水相同。

(3) 养护时间与构件类型、水泥品种和有无掺用外加剂有关，见表2.3-11。

表2.3-11 混凝土浇水养护时间表

分类		浇水养护时间
拌制混凝土的水泥品种	硅酸盐水泥、普通硅酸盐水泥	不小于17d
	火山灰硅酸盐水泥、粉煤灰硅酸盐水泥	不小于14d
	矾土水泥	不小于3d
抗渗混凝土、混凝土中掺缓凝型外加剂		不小于14d

注：(1) 如平均气温低于5℃，不得浇水。

(2) 采用其他品种水泥时，混凝土的养护应根据水泥技术性能确定。

2) 薄膜布养护

在有条件的情况下,可采用不透水气的薄膜布(如塑料薄膜布)养护。用薄膜布把混凝土表面敞露的部分全部严密地覆盖起来,保证混凝土在不失水的情况下得到充足的养护。这种养护方法的优点是不必浇水,操作方便,能重复使用,能提高混凝土的早期强度,加速模具的周转,但应该保持薄膜布内有凝结水。

3) 薄膜养生液养护

混凝土的表面不便浇水或使用塑料薄膜布养护时,可采用涂刷薄膜养生液,防止混凝土内部水分蒸发的方法养护。

薄膜养生液是将可成膜的溶液喷洒在混凝土表面上,溶液挥发后在混凝土表面凝结成一层薄膜,使混凝土表面与空气隔绝,封闭混凝土中的水分不再被蒸发,而完成水化作用。这种养护方法一般使用于表面积大的混凝土施工和缺水地区,但应注意薄膜的保护。

混凝土在养护过程中,如发现覆盖不好,浇水不足,以致表面泛白或出现干缩细小裂缝时,要立即仔细加水覆盖,加强养护工作,充分浇水,并延长浇水日期,加以补救。

4) 蒸汽养护

蒸汽养护是缩短养护时间的方法之一,一般宜用50℃左右的温度蒸养。混凝土在较高湿度和温度条件下,可迅速达到要求的强度。施工现场由于条件限制,现浇预制构件一般可采用临时性地面或地下的养护坑,上盖养护罩或用简易的帆布、油布覆盖。

根据场地条件及预制工艺的不同,蒸汽养护可分为:平台养护窑、长线养护窑和立体养护窑等,分别见图2.3-60—图2.3-62。其中长线养护窑多用于机组流水线生产组织方式,立体养护窑占地面积小,而且单位产品能耗较低。当气温条件合适,也可不蒸养。上海地区一般6—9月份可不蒸养。

蒸汽养护分四个阶段,它们分别为:

(1) 静停阶段:就是指混凝土浇捣完毕至升温前在室温下先放置一段时间。这主要是为了增强混凝土对升温阶段结构破坏作用的抵抗能力,一般需2~6h。

(2) 升温阶段:就是混凝土原始温度上升到恒温阶段。温度急速上升会使混凝土表面因体积膨胀太快而产生裂缝,因而必须控制升温速度,一般为10~25℃/h。

(3) 恒温阶段:是混凝土强度增长最快的阶段。恒温的温度应随水泥品种不同而异,普通硅酸盐水泥的养护温度不得超过60℃,恒温加热阶段应保持90%~100%的相对湿度。

图2.3-60 平台养护窑

图 2.3-61　长线养护窑

图 2.3-62　立体养护窑

(4) 降温阶段：在降温阶段内，混凝土已经硬化，如降温过快，混凝土会产生表面裂缝，因此降温速度应加控制。一般情况下，构件厚度在 100mm 左右时，降温速度每小时不大于 20℃。在上海地区，各月份的蒸汽养护曲线可参考图 2.3-63—图 2.3-65。

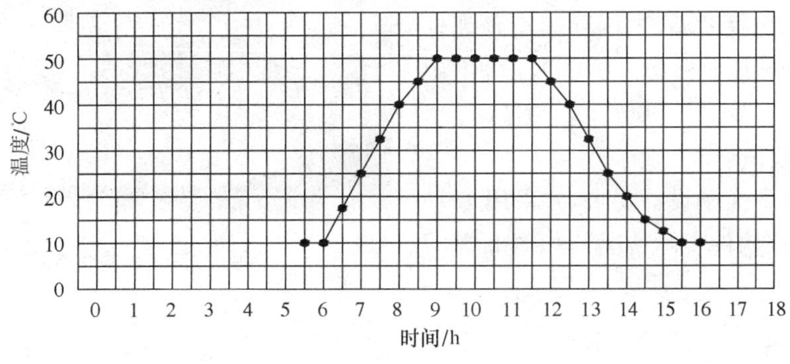

图 2.3-63　1—3 月和 12 月蒸养温度曲线

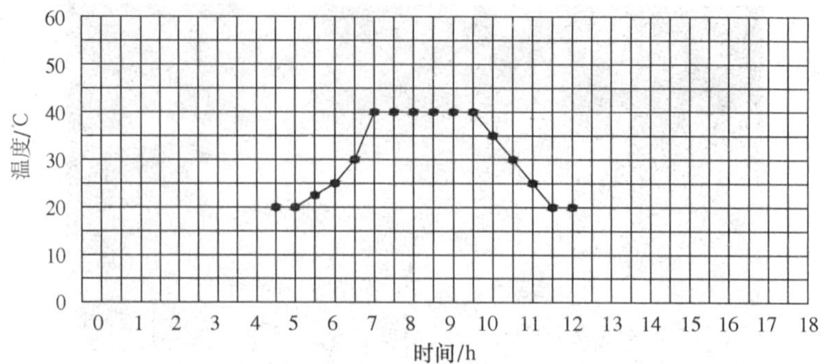

图 2.3-64　4 月和 11 月蒸养温度曲线

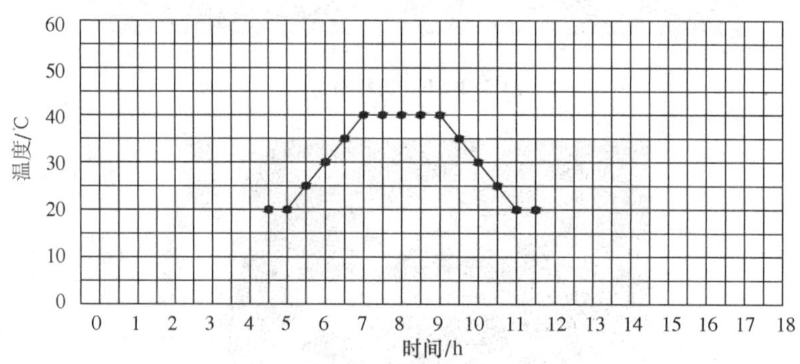

图 2.3-65　5 月和 10 月蒸养温度曲线

2.3.10　脱模与起吊

1. 构件脱模

1）养护罩脱除

脱除养护罩时，为了避免由于蒸汽温度骤然升降而引起混凝土构件产生裂缝变形，必须严格控制升温和降温的速度。出槽的构件温度与环境温度相差不得大于 20℃。

2）拆模

拆模先从侧模开始，先拆除固定预埋件的夹具，再打开其他模板。拆侧模时，不应损伤预制构件，见图 2.3-66。

图 2.3-66　构件拆模

2. 构件起吊

脱模强度要大于设计要求，并采用 4～6 个点起吊（根据构件实际情况），如图 2.3-67 所示。

图 2.3-67 构件起吊

当检查产品的外观尺寸，需临时放置的时候，为了防止产品产生翘曲、划痕、掉角、裂纹，底部要垫垫木，饰面要用保护薄片。

2.3.11 产品清理

1. 石材构件的清理

表面铺贴石材的预制构件成品的清理步骤如下：

1) 埋件的清扫

临时放置的产品，埋件上的混凝土浆要用刷子等工具去除。

2) 翻转

浇捣面的检查及清扫作业结束之后，迅速用翻转机或脱模用埋件、吊钩等工具进行翻转(图 2.3-68)，饰面要向上。

3) 石材表面清洗

对石块间缝隙部位里放进去的封条及胶带要去除，石块表面要进行清洗，清洗时用刷子水洗，在平放状态下进行工作(图 2.3-69)。

图 2.3-68 构件翻转

图 2.3-69 石材表面清洗

4）石材表面检查

（1）用目测确认石间缝隙的贯通。

（2）确认石材的裂纹、开裂、掉角情况。

（3）有开裂、裂纹、掉角的石材要根据石材修补方法及时修补。

5）打胶

（1）基层处理：

基层处理时要把油污、污迹、垃圾等去除并擦拭之后用溶剂进行清洗。

（a）泡沫材料的填充。

（b）粘贴养护胶带时应防止胶带嵌入。

（c）涂刷粘结剂用毛刷均匀涂刷，防止飞溅、溢出。

（2）搅拌材料：

硬化剂和颜料同时混入母材中，用机器充分搅拌至均匀。搅拌时按正转→反转→正转的顺序反复进行，罐壁，罐底，搅拌片上留下的材料要在中途用铁片刮下后再均匀搅拌。

（3）打胶处理：

（a）搅拌过的胶材要填充在胶枪里，防止气泡进入。

（b）枪口使用符合缝宽尺寸，充分施加压力，填充到石缝底部。

（c）从封条的交叉部位开始打胶，断胶要避免在交叉部位，如图 2.3-70 所示。

图 2.3-70　打胶处理

（4）整修：

（a）胶材填充工作中硬化前为了防止材料中混进垃圾及尘埃要进行保护。

（b）胶材填充之后要迅速用铁片进行整修。

（c）整修时胶材要比表面低于 3mm，按压要充分、平滑。

（d）胶材整修后迅速揭掉养护胶带，并注意胶带的粘结剂不应残留。

2. 瓷砖构件的清理

表面铺贴瓷砖的预制构件成品的清理如图 2.3-71 所示，步骤如下：

（1）面砖表面清理及接缝除污。

（2）注意瓷砖的掉角，清除灰浆后，用水清洗。

（3）使用配制浓度为 1%～2%的酸液清洗，再用清水洗干净。

（4）清理后检查面砖的裂缝、掉角、起浮（用敲锤）。肉眼观察面砖的接缝，确认缝隙无错缝。

（5）转角板的角部（立部）要由质检人员全数检查瓷砖的浮起。

图 2.3-71　瓷砖的检查与清洗

2.3.12 密封条粘贴

密封条粘贴工序如下：

(1) 确认密封条位置是否欠缺失和存在气泡。

(2) 确认粘结面是否干燥状态。

(3) 为了防止密封条尺寸过长或过短，切断时要与实物对照，确认无误后进行粘贴。

(4) 密封条的粘结位置要根据图纸施工。

(5) 粘结剂要在混凝土和密封条两面涂刷，涂刷时应保持均匀。

(6) 安装时从两端至中央开始，贴密封条时不能过度张拉或压缩。

2.3.13 质量检查

1. 原材料质量检查

(1) 水泥进场时应对其品种、级别、包装或散装仓号、出厂日期等进行检查，并应对其强度、安定性及其他必要的性能指标进行复验，其质量必须符合现行国家标准《硅酸盐水泥、普通硅酸盐水泥》(GB 175)的规定。

(2) 当在使用中对水泥质量有怀疑或水泥出厂超过 3 个月(快硬性水泥超过 1 个月)时，应进行复验，并按复验结果使用。

(3) 钢筋混凝土结构、预应力混凝土结构中，严禁使用含氯化物的水泥。

(4) 混凝土用的粗骨料，其最大颗粒粒径不得超过构件截面最小尺寸的 1/4，且不得超过钢筋最小净间距的 3/4；对混凝土实心板，骨料的最大粒径不宜超过板厚的 1/3，且不得超过 40mm。

2. 混凝土的质量检查

混凝土质量检查包括施工过程中的质量检查和养护后的质量检查。施工过程中的质量检查，即在混凝土制备和浇捣过程中对原材料的质量、配合比、坍落度等的检查，每一工作班至少检查 2 次，如遇特殊情况还应及时进行检查。混凝土的搅拌时间应随时检查。

混凝土养护后的质量检查主要指混凝土的立方体抗压强度检查。混凝土的抗压强度应以标准立方体试件(边长 150mm)，在标准条件下(温度 20℃±2℃ 、相对湿度 95%以上)养护 28d 后测得的抗压强度，试块尺寸和换算系数见表 2.3-12。

表 2.3-12　　混凝土试件尺寸及其强度换算系数

骨料最大粒径/mm	试件边长/mm	强度的尺寸换算
≤31.5	100	0.95
≤40	150	1.00
≤63	200	1.05

注：对强度等级为 C60 及以上的混凝土试件，其强度的尺寸换算系数可通过实验确定。

质量检查的一般要求：

(1) 混凝土的强度等级必须符合设计要求。用于检查混凝土强度的试件，应在浇捣地点随机抽样留置，不得挑选。

如果对混凝土试件强度的代表性有怀疑，可采用非破损检验方法或从结构、构件中钻芯取样的方法，按有关标准的规定对结构构件中的混凝土强度进行推定，作为是否应进行处理的依据。混凝土现场检测抽样有回弹法、超声波回弹综合法及钻芯取样法等检测混凝土抗压强度。

(2) 对采用蒸汽法养护的混凝土结构构件，其混凝土试件应先随同结构构件同条件蒸汽养护，再转入标准条件下养护 28d。

(3) 当混凝土中掺用矿物掺和料时，确定混凝土强度时的龄期可按现行国家标准《粉煤灰混凝土应用技术规范》(GBJ 146)等的规定取值。

(4) 检验评定混凝土强度用的混凝土试件的尺寸及强度的尺寸换算系数应按表 2.3-12 取用，其标准形成方法、标准养护条件及强度试验方法应符合普通混凝土力学性能试验方法标准的规定。

(5) 构件拆模、出池、出厂、吊装、张拉、放张及施工期间负荷时混凝土的强度，应根据同条件养护的标准尺寸试件的混凝土强度确定。

3. 构件的质量检查

预制构件需进行尺寸检验和目测检验，两项检验合格为合格品。具体检查内容及方法见“第 4 章 装配式混凝土建筑施工质量检验与验收”的有关规定。

2.3.14 产品标识

储存、发货时要在构件显眼的地方标识上生产公司名称、工厂名称、工程名称、构件型号、生产日期、检查合格标志等。

2.4 构件质量通病产生的原因及防治

2.4.1 构件表面缺陷

1. 麻面(图 2.4-1)

1) 产生原因

(1) 模板表面粗糙或清理不干净，粘有干硬水泥砂浆等杂物，拆模时混凝土表面被粘损，出现麻面。

(2) 模板在浇筑混凝土前没有浇水湿润或湿润不够，浇筑混凝土时，与模板接触部分的混凝土，水分被模板吸去，致使混凝土表面失水过多，出现麻面。

(3) 模板脱模剂涂刷不均匀或局部漏刷，拆模时混凝土表面粘结模板，引起麻面。

(4) 模板接缝拼装不严密，浇捣混凝土时缝隙漏浆使混凝土表面沿模板缝位置出现麻面。

图 2.4-1 麻面

(5) 混凝土振捣不密实,混凝土中的气泡未排出,一部分气泡停留在模板表面,成麻点。

2) 预防措施

(1) 模板清理干净,不得粘有干硬水泥等杂物。

(2) 模板表面要均匀涂刷隔离剂,不得漏刷。

(3) 混凝土必须分层均匀振捣密实,严防漏振;每层混凝土应振捣至气泡排出为止。

3) 处理办法

(1) 结构表面做粉刷的,可不处理。

(2) 表面无粉刷的,应在麻面部位浇水充分湿润后,用水泥 1∶2 水泥砂浆抹平压光。

2. 露筋(图 2.4-2)

1) 产生原因

(1) 在浇筑混凝土时,钢筋保护层垫块发生移位或垫块太少,漏放或被压碎均有可能导致露筋。

(2) 钢筋混凝土构件截面小,钢筋过密,石子卡在钢筋上,使水泥砂浆不能充满钢筋周围,造成露筋。

(3) 混凝土配合比不当,产生离析时,靠近模板部位缺浆或模板漏浆。

(4) 混凝土保护层太薄,或保护层处混凝土漏振或振捣不密实,或漏振棒撞击钢筋或踩踏钢筋,使钢筋移位,造成露筋。

图 2.4-2　露筋

2) 预防措施

(1) 浇筑混凝土前,应保证钢筋位置和保护层厚度正确,并加强检查和修正,可采用专用塑料或混凝土垫块。

(2) 当钢筋绑扎过密时,应选用适当粒径的石子,保证混凝土配合比正确和良好的和易性。

(3) 浇筑高度超过 1m 应采用溜槽进行浇筑混凝土,防止离析。

(4) 模板应充分湿润并认真堵好缝隙。

(5) 混凝土振捣过程中严禁撞击钢筋,以防止钢筋移位,在钢筋密集处,可采用刀片或振动棒进行振捣。

(6) 操作时,避免踩踏钢筋,如有钢筋被踩弯或绑扎脱扣等现象应及时调直修正。

(7) 保护层混凝土要振捣密实,正确掌握脱模时间,防止过早拆模,碰坏构件棱角。

3) 处理办法

(1) 表面露筋:刷洗干净后,在表面抹 1∶2 或 1∶2.5 水泥砂浆,将露筋部位抹平。

(2) 露筋较深:凿去薄弱混凝土和突出颗粒,洗刷干净后,用比原来高一等级标号的细石混凝土填塞压实,并认真养护。

3. 蜂窝(图 2.4-3)

1) 产生原因

(1) 混凝土配合比不当或砂、石子、水泥材料、加水量计量不准,造成砂浆少、石子多。

(2) 混凝土搅拌时间不够,未拌合均匀,和易性差,振捣不密实。

(3) 未按操作规程浇筑混凝土,下料不当,未设溜槽造成石子砂浆离析,或混凝土振捣不实,或漏振,或振捣时间不够。

(4) 模板有缝隙未堵严,水泥浆流失。

(5) 钢筋较密,或使用的石子粒径过大或坍落度过小。

图 2.4-3　蜂窝

2) 预防措施

(1) 严格控制混凝土的配合比,按规定时间或批次检查,做到计量准确。

(2) 混凝土拌合均匀,坍落度符合设计要求。

(3) 混凝土下料高度超过 1m 应设溜槽,浇灌应分层下料,分层振捣,防止漏振。

(4) 模板缝隙应堵塞严密,在浇筑过程中,应随时检查模板支撑情况,防止滑浆。

3) 处理方法

(1) 小蜂窝:洗刷干净后,用 1∶2 或 1∶2.5 水泥砂浆抹平压实。

(2) 大蜂窝:将松动石子和突出骨料颗粒剔除,刷洗干净后,用高强度等级细石混凝土仔细填塞捣实,加强养护。

(3) 较深蜂窝:如清除困难,可埋压浆管、排气管、表面抹砂浆或浇筑混凝土封闭后,进行水泥压浆处理。

4. 空洞(图 2.4-4)

1) 产生原因

由于混凝土掏空,砂浆严重分离,石子成堆,砂子和水泥分离而产生。另外,混凝土受冻、泥块杂物掺入等,都会形成空洞。

2) 预防措施

(1) 在钢筋密集处及复杂部位,采用细石混凝土浇筑,使混凝土充满模板,并认真分层振捣密实。

(2) 预留孔洞应在两侧同时下料,侧面加开浇筑口。

(3) 采用正确的振捣方法,防止漏振。

(4) 若砂石中混有黏土块,模板工具等杂物掉入混凝土内,应及时清除干净。

图 2.4-4　空洞

3) 处理方法

(1) 对混凝土孔洞的处理,通常要经有关单位共同研究,制定修补方案,经批准后方可处理。

(2) 一般是将孔洞周围的松散混凝土和松软的浆膜凿除,用压力水冲洗,支设带托盒的

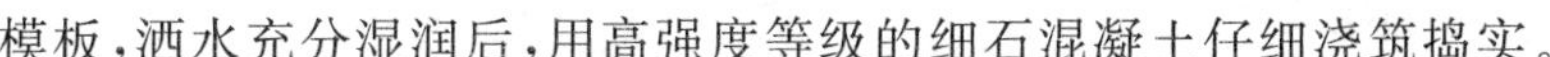

模板，洒水充分湿润后，用高强度等级的细石混凝土仔细浇筑捣实。

(3) 对现浇混凝土梁柱的孔洞，可在梁底用支撑支牢，将孔洞处不密实的混凝土和突出的石子凿除，然后用比原混凝土标号高一等级的细石混凝土浇筑。

5. 缺棱掉角(图 2.4-5)

1) 产生原因

(1) 混凝土浇筑前模板未充分湿润，造成棱角处混凝土中水分被模板吸去，水化不充分，强度降低，拆模时棱角损坏。

(2) 常温施工时，拆模过早或拆模后保护不好造成棱角损坏。

图 2.4-5　缺棱掉角

2) 预防措施

拆模时混凝土应达到足够的强度，且用力不要过猛，避免表面和棱角破坏。

3) 处理方法

(1) 缺棱掉角较小时，可将该处用钢丝刷刷净，清水冲洗充分湿润后，用 1∶2 或 1∶2.5的水泥砂浆抹补修正。

(2) 掉角较大时，将松动石子和突出颗粒剔除，刷洗干净后，然后支模用高一等级标号细石混凝土仔细填塞振捣，加强养护。

6. 堵孔(图 2.4-6)

1) 产生原因

(1) 在浇筑混凝土前没有认真处理施工表面，或浇筑时振捣不够。

(2) 施工处锯屑、泥土、砖块等杂物未清除或未清除干净。

(3) 混凝土浇灌高度过大，未设串筒、溜槽，造成混凝土离析。

图 2.4-6　堵孔

2) 预防措施

(1) 认真按施工验收规范要求处理施工缝及变形缝表面；接缝处锯屑、泥土、砖块等杂物应清理干净并洗净。

(2) 浇灌前应先浇 5～10mm 厚原配合比无石子砂浆，或 10～15mm 厚减半石子混凝土，以利结合良好，并加强接缝处混凝土的振捣密实。

3) 处理方法

(1) 缝隙夹层不深时，可将松散混凝土凿去，洗刷干净后，用 1∶2 或 1∶2.5 水泥砂浆强力填嵌密实。

(2) 缝隙夹层较深时，应清除松散部分和内部夹杂物，用压力水冲洗干净后支模，强力灌细石混凝土或将表面封闭后进行压浆处理。

7. 色差(图 2.4-7)

1) 产生原因

不同批次的原料甚至不同锅料均有可能导致色差;而且振动时间与振动部位深度的差别也会造成一定程度的色差。

2) 预防措施

对构件表面颜色均匀度有一定要求时,应尽可能确保混凝土原料为同一批次,最好计算好方量,确保一模一锅,避免材料的浪费及不同锅料导致的色差;尽量由固定操作人员进行均匀振捣,避免部分过振部分欠振的现象。

图 2.4-7　色差

3) 处理方法

若构件需做饰面或粉刷处理,则色差可忽视;否则需用水泥浆或同色颜料均匀涂刷表面后晾干;色差严重无法修饰的构件作不合格品处理。

8. 饰面损伤(图 2.4-8)

1) 产生原因

混凝土浇筑前饰面部件未充分固定,造成饰面部件移动;混凝土浇筑时振动棒影响饰面部件,造成饰面部件损坏。

2) 预防措施

饰面部件应稳定牢固,拼接严密,无松动;尺寸应符合要求,并应检查、核对,以防止浇筑过程中发生位移;混凝土浇筑时振动棒切勿直接接触饰面层,以免造成饰面部件损坏。

3) 处理方法

饰面部件较小时,可将该处刷净后,用专用抹补材料修正;较大时,将损坏饰面部件剔除并更换,加强新饰面部件的养护。

图 2.4-8　饰面损伤

2.4.2　构件尺寸位置偏差

1. 位移

1) 现象

中心线对定位轴线的位移以及预埋件等的位移超过允许偏差值。

2) 原因分析

(1) 模板支撑不牢固,混凝土振捣时产生位移。放线误差大,没有认真校正和核对,或没有及时调整,累积误差过大。

(2) 门洞口模板及预埋件固定不牢靠，混凝土浇筑、振捣方法不当，造成门洞口和预埋件产生较大位移。

3) 预防措施

(1) 模板固定要牢靠，以控制模板在混凝土浇筑时不致产生较大水平位移。

(2) 位置线要准确，要及时调正误差，并及时检查、核对，保证施工误差不超过允许偏差值。

(3) 模板应稳定牢固，拼接严密，无松动。螺栓紧固可靠、尺寸应符合要求，并应检查、核对，以防止施工过程中发生位移。

(4) 模板及各种预埋件位置和标高应符合设计要求，做到位置准确，固定牢固，检查合格后，方能浇筑混凝土。

(5) 防止混凝土浇筑时冲击入料口模板和预埋件，入料口两侧混凝土必须均匀进行浇筑和振捣。

(6) 振捣混凝土时，不得振动钢筋、模板及预埋件，以免模板变形或预埋件位移或脱落。

4) 处理方法

(1) 偏差值不影响结构施工质量要求时，可不进行处理；如只需进行少量局部剔凿和修补处理时，应适时整修。用1∶1∶2(普通硅酸盐白水泥∶粉煤灰∶普通硅酸盐水泥)混合水泥砂浆掺入适量专用建筑胶修补，修补颜色须与原混凝土颜色保持一致。

(2) 偏差值影响结构安全要求时，应按相关程序确定处理方案后再处理。

2. 板面不平整

1) 现象

混凝土的厚度不均匀，表面不平整。

2) 产生原因

振捣方式和表面处理不当，以及模板变形或模板支撑不牢所致。另外，混凝土未达到一定强度就上人操作或运料，使板面出现凹坑和印迹。

3) 预防措施

(1) 浇筑混凝土板应采用平板式振动器振捣，其有效振动深度约200～300mm，相邻两段之间应搭接振捣3～5cm。

(2) 混凝土浇筑后12h以内，应进行覆盖浇水养护(如气温低于5℃时不得浇水)。

(3) 混凝土模板应有足够的强度、刚度和稳定性。

(4) 在浇筑混凝土过程中，要注意观察模板和支撑，如有变形应立即停止浇筑，并在混凝土初凝前修整加固好。

3. 变形

1) 现象

外形竖向变形和表面平整度超过允许偏差值。

2) 产生原因

模板的安装和支撑不好，或模板本身的强度和刚度不够，此外，混凝土浇筑时不按操作规程浇筑，也会造成跑模或较大的变形。

3) 预防措施

支架的支撑部分和大型竖向模板必须安装坚实；混凝土浇筑前应仔细检查模板尺寸和

位置是否正确，支撑是否牢度，发现问题，及时处理；浇筑时，应由外向内对称顺序进行，不得由一端向另一端推进，防止构件模板倾斜；浇筑混凝土应按要求进行浇筑。

4）处理办法

当竖向偏差、表面平整度超过允许值较小，不影响结构工程质量，缺陷通过后续施工可以补救；当竖向偏差值超过允许值较多，影响结构工程质量要求时，应在拆模检查后，根据具体情况把偏差值较大的混凝土部分剔除，返工重做。

2.4.3 构件内部缺陷

1. 混凝土强度不足

当同一批混凝土试块的抗压强度平均值低于设计要求的强度等级，3个试件中的最大或最小的强度值与中间值相比超过15%，即为强度不足。

1）产生原因

（1）混凝土原材料问题：水泥过期或受潮结块，活性降低；砂、石骨料级配不好，空隙大，含泥量大，杂物多；外加剂使用不当，掺量不准等原因造成混凝土强度不足。

（2）配合比设计问题：不用试验室规定的申请配合比，随便套用混凝土配合比；计量工具陈旧或维修管理不好，精度不合格；砂、石、水泥不认真过磅，计量不准确等有可能导致混凝土强度不足。

（3）搅拌操作问题：施工中随意加水，使水灰比增大；配合比以重量折合体积比，造成配合比称料不准；混凝土加料顺序颠倒，搅拌时间不够，拌合不匀，以上均能导致混凝土强度的降低。

（4）浇捣问题：主要是施工中振捣不实及发现混凝土有离析现象时，未能及时采取有效措施来纠正。

（5）养护问题：养护管理不善，或养护条件不符合要求，在同条件养护时，早期脱水或外力破坏；冬期施工，拆模过早或早起受冻，以上均能造成混凝土强度低落。

2）预防措施

（1）水泥应有出厂合格证，并应对其品种、等级、包装、出厂日期等进行检查验收；过期水泥经试验合格方可使用。

（2）砂、石子粒径、级配、含泥量等应符合要求，严格控制混凝土配合比，保证计量准确。

（3）混凝土应按顺序拌制，保证搅拌时间和均匀。

（4）防止混凝土早期受冻，冬季施工用普通水泥配制的混凝土，在遭受冻结前，应达到设计强度30%以上。

（5）按要求认真制作混凝土试块，并加强对试块的养护。

3）处理办法

（1）当混凝土强度偏低，可用非破坏检验方法（如回弹仪法、超声波法等）来测定混凝土的实际强度。

（2）当混凝土强度偏低，不能满足要求时，可按实际强度校核结构的安全度，研究处理方案，采用相应的加固或补强措施。

2. 预埋部件移位

1）原因分析

（1）预埋件固定不牢靠，混凝土振捣时使其产生位移。

（2）混凝土振捣不当，造成门洞口和预埋件产生较大位移。

2）预防措施

（1）预埋件固定要牢靠，以控制模板在混凝土浇筑时不致产生较大水平位移。

（2）预埋件位置线要准确，要及时调整误差，并及时检查、核对。

（3）防止混凝土浇筑时冲击门洞口预埋件，门洞口两侧混凝土必须均匀进行浇筑和振捣。

（4）振捣混凝土时，不得振动钢筋、模板及预埋件，以免预埋件位移或脱落。

3）处理方法

（1）位移值不影响结构施工质量的可不进行处理。

（2）位移值影响结构安全要求时，应按相关程序确定处理方案后，再按照方案处理。

3. 保护层性能不良

当混凝土的保护层被破坏或混凝土的保护性能不良时，钢筋会发生锈蚀、铁锈膨胀硬气混凝土开裂。

1）产生原因

（1）钢筋混凝土保护层严重不足，或在施工时形成的表面缺陷如掉角、露筋、蜂窝、孔洞、裂缝等没有处理或处理不当，在外界条件下使钢筋锈蚀。

（2）混凝土内掺入了过量的氯盐外加剂，造成钢筋锈蚀，导致混凝土沿钢筋位置产生裂缝，锈蚀的发展使混凝土剥落而露筋。

2）预防措施

（1）混凝土表面缺陷应及时进行修补，并应保证修补质量。

（2）不宜采用蒸汽加热养护。

（3）混凝土裂缝可用环氧树脂灌缝。

（4）对锈蚀钢筋，应彻底清除铁锈，凿除不良混凝土，用清水冲洗，再用比原混凝土高一等级标号的细石混凝土浇捣，并养护。

2.5　预制构件的运输与存放

2.5.1　预制构件运输

1. 场内驳运

预制构件的场内运输应符合下列规定：

（1）应根据构件尺寸及重量要求选择运输车辆，装卸及运输过程应考虑车体平衡。

（2）运输过程应采取防止构件移动或倾覆的可靠固定措施。

（3）运输竖向薄壁构件时，宜设置临时支架。

（4）构件边角部及构件与捆绑、支撑接触处，宜采用柔性垫衬加以保护。

（5）预制柱、梁、叠合楼板、阳台板、楼梯、空调板宜采用平放运输；预制墙板宜采用竖直立放运输。

(6) 现场运输道路应平整,并应满足承载力要求。

预制构件场内的平放驳运(图 2.5-1)与竖放驳运(图 2.5-2),可根据构件形式和运输状况选用。各种构件的运输,可根据运输车辆和构件类型的尺寸,采用合理、最佳组合运输方法,提高运输效率和节约成本。

图 2.5-1　构件场内平放驳运

图 2.5-2　构件场内竖放驳运

2. 运输路线的选择

(1) 运输车辆的进入及退出路线。

(2) 运输车辆必须停放在指定地点,按指定路线行驶。

(3) 运输应根据运输内容确定运输路线,事先得到各有关部门许可。

(4) 运输应遵守有关交通法规及以下内容:

(a) 出发前对车辆及箱体进行检查。

(b) 驾照、送货单、安全帽的配备。

(c) 根据运输计划严守运行路线。

(d) 严禁超速、避免急刹车。

(e) 工地周边停车必须停放指定地点。

(f) 工地及指定地点内车辆要熄火、刹车、固定防止遛车。

(g) 遵守交通法规及工厂内其他规定。

3. 装卸设备与运输车辆

1) 构件装卸设备(图 2.5-3)

构件单件有大小之分,过大、过宽、过重的构件,采用多点起吊方式,选用横吊梁可分解、均衡吊车两点起点问题。单件构件吊具吊点设置在构件重心位置,可保证吊钩竖直受力和构件平稳。吊具应根据计算选用,取最大单体构件重量,即不利状况的荷载取值应确保预埋件与吊具的安全使用。构件预埋

图 2.5-3　构件装卸设备—行车

吊点形式多样，有吊钩、吊环、可拆卸埋置式以及型钢等形式，吊点可按构件具体状况选用。

2）构件运输车辆

重型、中型载货汽车，半挂车载物，高度从地面起不得超过 4m，载运集装箱的车辆不得超过 4.2m。构件竖放运输高度选用低平板车，可使构件上限高度低于限高高度。

4. 运输放置方式

运输时为了防止构件发生裂缝、破损和变形等，选择运输车辆和运输台架时要注意以下事项：

（1）选择适合构件运输的运输车辆和运输台架。

（2）装车和卸货时要小心谨慎。

（3）运输台架和车斗之间要放置缓冲材料，长距离或者船上运输时，需对构件进行包框处理，防止造成边角的缺损，见图 2.5-4 和图 2.5-5。

（4）运输过程中为了防止构件发生摇晃或移动，要用钢丝或夹具对构件进行充分固定。

（5）按运输计划中规定的道路运行，并在运输过程中安全驾驶，防止超速或急刹车现象。

图 2.5-4　梁的保护

图 2.5-5　楼梯码放及保护

横向装车（图 2.5-6）时，要采取措施防止构件中途散落。竖向装车（图 2.5-7）时，要事先确认所经路径的高度限制，确认不会出现问题。另外，还应采取措施防止运输过程中构件倒塌。选择构件装车方式有：

图 2.5-6　构件横向装车

图 2.5-7　构件竖向装车

(a) 柱构件与储存时相同,采用横向装车方式或竖向装车方式。

(b) 梁构件通常采用横向装车方式,也要采取措施防止运输过程中构件散落。要根据构件配筋决定台木的放置位置,防止构件运输过程中产生裂缝。

(c) 墙和楼面板构件在运输时,一般采用竖向装车方式或横向装车方式。墙和楼面板构件采用横向装车方式时,要注意台木的位置,还要采取措施防止构件出现裂缝、破损等现象。

(d) 其他构件包括楼梯构件、阳台构件和各种半预制构件等。因为各种构件的形状和配筋各不相同,所以要分别考虑不同的装车方式。选择装车方式时,要注意运输时的安全,根据断面和配筋方式采取不同的措施防止出现裂缝等现象,还需要考虑搬运到现场之后的施工性能等。

5. 装车状况检查

操作要点如下:

(1) 依照要求进行装车。

(2) 根据公司制作的产品、现场安装的施工顺序和构件的形状、数量、装卸时的机械能力以及道路状况、交通规则等来决定使用车辆。

(3) 装车时要避免构件扭曲、损伤,避免损伤产品。

(4) 垫块(支撑点)上应放置垫片,如图 2.5-8 所示,并保持清洁。

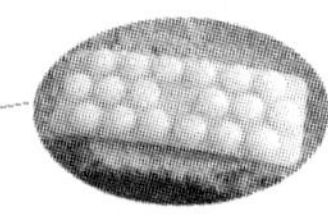

图 2.5-8 构件之间的垫块及垫片保护

(5) 装车要考虑运输时外力影响,防止货物倾塌。

(6) 装车应尽量采用便于现场卸货的方法。

(7) 装车完毕后,按表 2.5-1 进行最终检查确认。

(8) 车辆在行驶过程中要注意平稳。

表 2.5-1 装箱确认表

检查项目	判定标准
产品的外观	没有破损
垫块位置	放在指定位置
固定方法	放入的预制构件位置稳定
密封条	粘贴部位无脱胶或破损

2.5.2 构件存放

1. 注意事项

预制构件的存放要防止外力造成倾倒或落下,注意事项如下:

(1) 不要进行急剧干燥,以防止影响混凝土强度的增长。

(2) 采取保护措施保证构件不会发生变形。

(3) 做好成品保护工作，防止构件被污染及外观受损。

(4) 成品应按合格、待修和不合格区分类堆放，并标识如工程名称、构件符号、生产日期、检查合格标志等。

(5) 堆放构件时应使构件与地面之间留有空隙，堆垛之间宜设置通道。必要时应设置防止构件倾覆的支撑架。

(6) 预制构件堆放应避免与地面直接接触，须乘坐在木头或软性材料上(如塑料垫片)，堆放构件的支垫应坚实。

(7) 连接止水条、高低口、墙体转角等薄弱部位，应采用定型保护垫块或专用式套件作加强保护。

(8) 预制构件重叠堆放构件时，每层构件间的垫木或垫块应在同一垂直线上。

(9) 预制外挂墙板宜采用插放或靠放，堆放架应有足够的刚度，并应支垫稳固；对采用靠放架立放的构件，宜对称靠放与地面倾斜角度宜大于 80°；宜将相邻堆放架连成整体。

(10) 预制构件的堆放应预埋吊件向上，标志向外；垫木或垫块在构件下的位置宜与脱模、吊装时的起吊位置一致。

(11) 应根据构件自身荷载、地坪、垫木或垫块的承载能力及堆垛的稳定性确定堆垛层数。

(12) 储存时间很长时，要对结合用金属配件和钢筋等进行防锈处理。

2. 堆放场地

存放场地应为钢筋混凝土地坪，并应有排水措施。

(1) 预制构件的堆放要符合吊装位置的要求，要事先规划好不同区位的构件的堆放地点。尽量放置能吊装区域，避免吊车移位，造成工期的耽误。

(2) 堆放构件的场地应保持排水良好，以免雨天积水后不能及时排泄，导致预制构件浸泡在水中，污染预制构件。

(3) 堆放构件的场地应平整坚实并避免地面凹凸不平。

(4) 在规划储存场地的地基承载力时要根据不同预制构件堆垛层数和构件的重量。

(5) 按照文明施工要求，现场裸露的土体(含脚手架区域)场地需进行场地硬化处理；对于预制构件堆放场地，路基压实度不小于 90%，面层建议采用 15cmC30 钢筋混凝土，钢筋采用 Φ12@150 双向布置。

3. 存放方式

构件存放方法有平放和竖放两种，原则上墙板采用竖放方式，楼面板、屋顶板和柱构件采用平放或竖放方式，梁构件采用平放方式。

1) 平放时的注意事项(图 2.5-9)

(1) 在水平地基上并列放置 2 根木材或钢材制作的垫木，放上构件后可在上面放置同样的垫木，一般不宜超过 6 层。

(2) 垫木上下位置之间如果存在错位，构件除了承受垂直荷载，还要承受弯曲应力和剪切力，所以必须放置在同一条线上。

图 2.5-9 构件平放

2）竖放时的注意事项（图 2.5-10）

（1）要将地面压实并铺上混凝土等，铺设路面要整修为粗糙面，防止脚手架滑动。

（2）使用脚手架搭台存放预制构件时，要固定构件两端。

（3）要保持构件的垂直或一定角度，并且使其保持平衡状态。

（4）柱和梁等立体构件要根据各自的形状和配筋选择合适的储存方法。

图 2.5-10 构件竖放

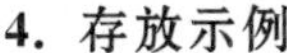

4. 存放示例

1）柱子堆放

柱子堆置时，高度不宜超过 2 层，且高度不宜超过 2.0m。且须于两端 0.2L～0.25L 间垫上木头，若柱子有装饰石材时，预制构件与木头连接处需采用塑料垫块进行支承。上层柱子起吊前仍须水平平移至地面上，方可起吊，不可直接于上层就起吊，见图 2.5-11。

图 2.5-11　柱子堆放示例

2）大小梁堆放

大小梁堆置时，高度不宜超过 2 层，且高度不宜超过 2.0m，实心梁须于两端 0.2L～0.25L间垫上木头，若为薄壳梁，则须将木头垫于实心处，不可让薄壳端受力，见图 2.5-12。

图 2.5-12　预制梁堆放示例

3）KT 板堆放

KT 板则不可超过 5 片高，堆置时于两端 $0.2L \sim 0.25L$ 间垫上木头，且地坪必须坚硬，板片堆置不可倾斜。预制板的堆放可以叠层堆放，但叠层数小于 5 层。层与层之间通过枕木隔开，但枕木放置的位置要上下在一条垂直线上。其中最下层板与枕木之间用塑胶垫片隔开，避免地面的水渍通过枕木吸收后污染构件表面，见图 2.5-13。

图 2.5-13　KT 板堆放示例

4）外墙板堆放

墙板平放时不应超过三层，每层支点须于两端 $0.2L \sim 0.25L$ 间，且需保持上下支点位于同一线上；垂直立放时，以 A 字架堆置时，长期储放时必须加安全塑料带捆绑（安全荷重 5t）或钢索固定。墙板直立储放时必须考虑上下左右不得摇晃，且须考虑地震时是否稳固。预制外挂墙板可以平放，但表面有石材和造型模不能叠层放置。如果施工现场空间有限，可采用钢支架将预制外墙版立放，节约现场施工的空间。板材外饰面朝外，墙板搁支尽量避免与刚性支架直接接触，以枕木或者软性垫片加以隔开避免碰坏墙板，并将墙板底部垫枕木或者软性的垫片，见图 2.5-14。

图 2.5-14　预制外挂墙板堆放示例

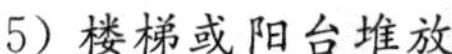

5）楼梯或阳台堆放

楼梯或异型构件若须堆置两层时，必须考虑支撑是否会不稳，且不可堆置过高，必要时应设计堆置工作架以保障堆置安全。

2.6　BIM 技术在构件制造中的应用

2.6.1　基于 BIM 的构件生产管理流程

装配式混凝土建筑工程的 BIM 模型中心数据库用于存放具体工程建造生命周期的 BIM 模型数据。在深化设计阶段，将构件深化设计所有相关数据传输到 BIM 中心数据库中，并完成构件编码的设定；在预制构件生产阶段，生产信息管理子系统从中心数据库读取构件深化设计的相关数据以及用于构件生产的基础信息，同时将每个预制构件的生产过程信息、质量检测信息返回记录在中心数据库中；在现场施工阶段，基于 BIM 模型对施工方案进行仿真优化，通过读取中心数据库的数据，可以了解预制构件的具体信息（重量、安装位置等），方便施工，同时在构件安装完成后，将构件的安装情况返回记录在中心数据库中。考虑到工程管理的需要，也为了方便构件信息的采集和跟踪管理，在每个预制构件中都安装了 RFID 芯片，芯片的编码与构件编码一致。同时将芯片的信息记录入 BIM 模型，通过读写设备实现了装配式混凝土建筑在构件制造、现场施工阶段的数据采集和数据传输。整个平台的信息流程如图 2.6-1 所示，生产管理过程如图 2.6-2 所示。

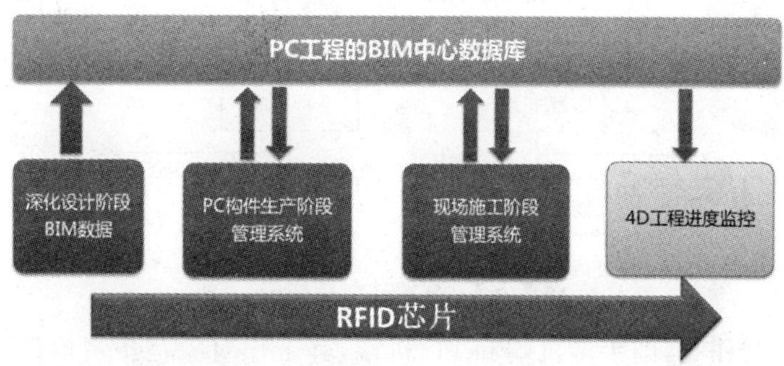

图 2.6-1　基于 BIM 的装配式混凝土建筑构件生产管理总体流程

2.6.2　基于 BIM 的构件生产过程信息管理

构件生产信息管理系统涉及构件生产过程信息的采集，需要配合读写器等设备才能完成，因此根据信息管理系统的需要开发了相应的读写器系统，以便快捷有效地采集构件的信息以及与管理系统进行信息交互。

1. 系统功能及组织流程

1）功能结构

该系统是装配式住宅信息管理平台的基础环节，通过 RFID 技术的引入，使整个预制构件的生产规范化，也为整个管理体系搭建起基础的信息平台。根据实际生产的需要，规划系统的功能结构如图 2.6-3 所示。

(a) 模具检测　　(b) 钢筋笼绑扎

(c) 入模及埋件检测

(d) 混凝土浇筑

(e) 构件成品检测

图 2.6-2　基于 BIM 及 RFID 的装配式混凝土建筑构件生产管理过程

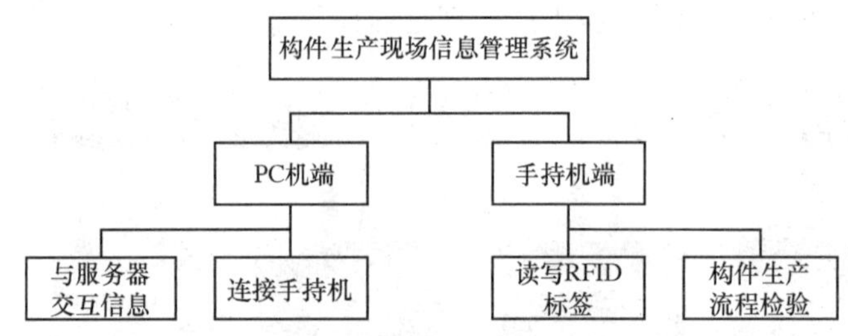

图 2.6-3　系统功能结构图

系统分为两个工作端，即手持机端和 PC 机端，其工作对象是预制构件的生产过程，通过与后台服务器的连接，初步构建整个体系的框架，为后续更加细致化的信息化管理手段打下基础。

手持机端主要完成两个工作：一是作为 RFID 读写器，完成对构件中预埋标签的读写工作；二是通过平台下的生产检验程序来控制构件生产的整个流程。

PC 机端通过自主开发的软件系统与读写器和服务器进行信息交互，也分两部分工作，一是按照生产需要从服务器端下载近期的生产计划并将生产计划导入到手持机中；二是在每日生产工作结束后将手持机中的生产信息上传到服务器。

2）系统组织流程

系统的组织流程如图 2.6-4 所示，上班前构件厂 PC 机链接系统服务器下载构件生产计划表，然后手持机连接 PC 机下载生产计划，生产过程中通过手持机对 RFID 芯片进行读写操作并作记录，下班后将构件生产信息储存到 PC 机，再通过网络上传到服务器中。

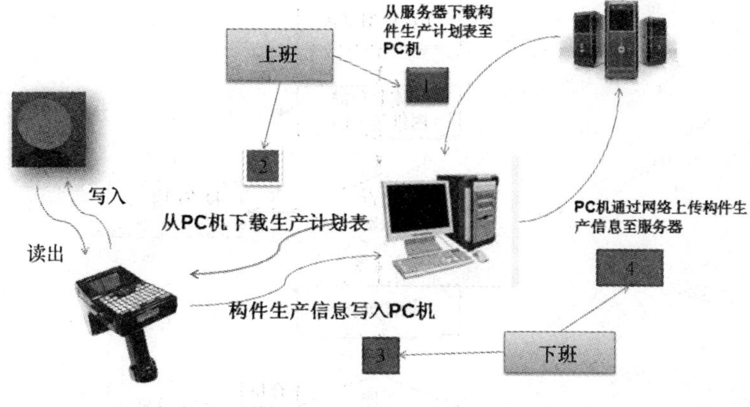

图 2.6-4　系统组织流程

2. 手持机工作流程设计

通过手持机系统检验构件的生产工序并对生产过程进行记录，保证生产流程的规范化。预制构件详细的生产流程如图 2.6-5 所示。根据生产流程设计手持机系统的应用流程。

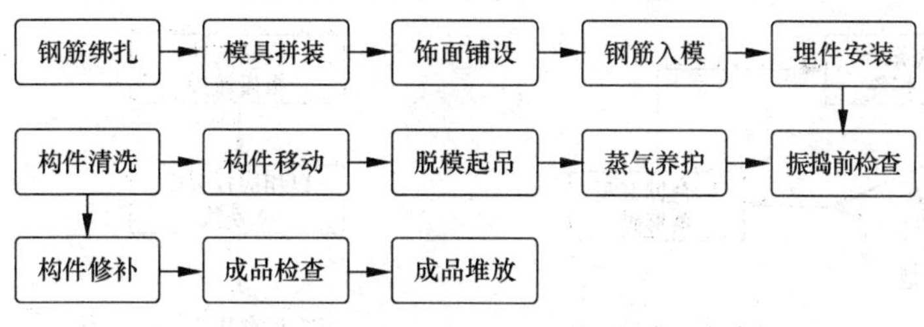

图 2.6-5　预制构件生产流程

首先是手持机初始化工作，包括生产计划的更新，手持机的数据同步，质检员身份确认等过程。

钢筋绑扎是第一道工序，该工序完成后会将每个构件与对应的 RFID 芯片绑定。施工人员用手持机在生产车间扫描构件深化设计图纸上的条形码，正确识别后，进行钢筋绑扎的工作，绑扎完毕后由质检员进行钢筋绑扎质量的检查，当所有项目检查合格后扫描构件的 RFID 标签，完成在标签中写入构件编码，并写入工序信息，即工序号、检查结果、施工人员编号、检查人员编号、完成时间等具体信息。具体流程见图 2.6-6。

构件生产过程每个工序必须进行检查和记录，如图 2.6-7 所示，某项特定工序完成后可通过扫描标签或扫描图纸条形码的方式进入系统相应的检查项目，按照系统界面进行相关操作，手持机系统会记录每个完成工序的信息，当天完工后，需将手持机记录的构件工序信息通过同步的方式上传到平台生产管理系统中。构件生产完成后如果检查不合格，在根据相关的规定必须要报废的情况下，则质检员对该构件进行报废管理，构件的报废流程如图 2.6-8 所示。

构件生产检验合格后系统更新构件的信息并安排堆场存放。构件进场堆放时要登记检查，即用阅读器扫描构件标签，确认并记录构件入库时间。数据上传到系统后，系统会更新堆场构件信息。

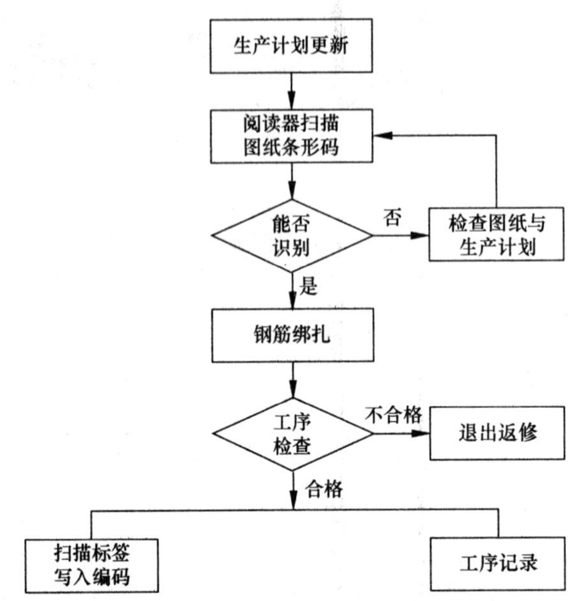

图 2.6-6 手持机钢筋绑扎流程

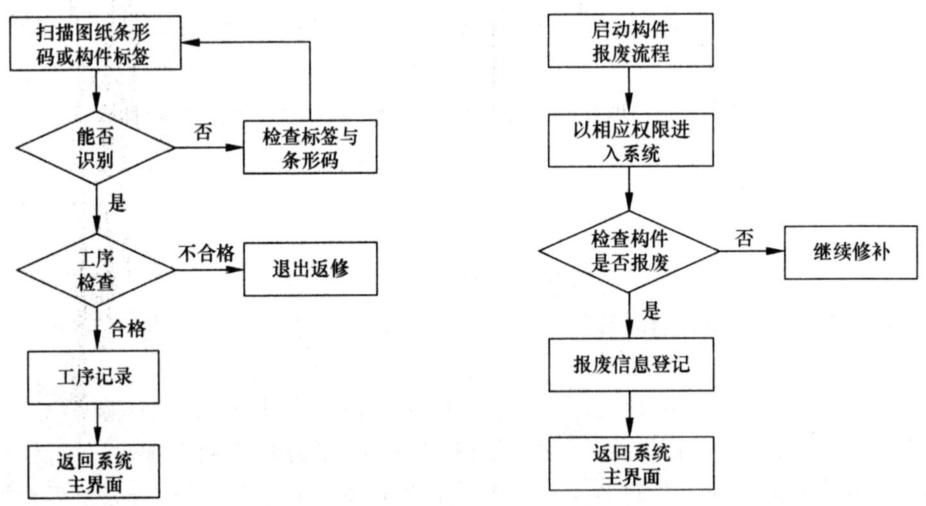

图 2.6-7 工序检查流程

图 2.6-8 构件报废流程

本章小结

对预制构件生产实施方案的确定、模具制作和拼装、钢筋加工及绑扎、饰面材料及加工、混凝土材料及拌合、钢筋骨架入模、预埋件和门窗及保温材料的固定、混凝土浇捣与养护、构件脱模与起吊等进行的论述；介绍了装配式混凝土建筑预制构件制作工程中出现的质量问题及其防治措施；阐述了构件存放与储运的方式及操作要点。

复习思考题

1. 简述装配式混凝土建筑预制构件制作的基本知识。
2. 确定构件生产实施方案应符合哪几项原则?
3. 请用图例表示装配式混凝土建筑预制构件制作的过程。
4. 简述装配式混凝土建筑预制构件的质量检查和验收要求。
5. 如何解决装配式混凝土建筑预制构件制作工程中出现的通病?

第3章　装配式混凝土建筑施工

3.1　概要

内容提要

本章主要对装配式混凝土建筑施工的预制构件进场、现场施工场地布置、不同结构体系预制混凝土构件的吊装、节点构造、接缝处理方式以及相应的质量、安全控制措施做了具体阐述。其中，预制混凝土构件因建筑结构体系和连接方式的不同，其吊装施工工艺存在较大的差异，需结合工程实际情况灵活运用。

学习要求

(1) 了解预制构件进场检查内容、堆放要求。

(2) 掌握装配式混凝土建筑施工专项方案的编制。

(3) 了解起重机械选择、场地布置要求。

(4) 熟悉不同结构体系预制构件吊装流程。

(5) 了解节点构造要求、接缝处理方式及检查。

(6) 了解成品保护、施工质量、安全控制措施及现场管理。

3.2　构件进场检查

3.2.1　检查内容

(1) 预制构件的进场要进行验收工作，验收内容包括构件的外观、尺寸、预埋件、特殊部位处理等方面。

(2) 预制构件的验收和检查应由质量管理员或者预制构件接收负责人完成，检查频率为100%。可以使用构件发货时检查单等材料对构件进行接收检查，也可以施工单位根据项目计划书编写的质量控制要求制定检查表。

(3) 运输车辆运抵现场卸货前要进行预制构件质量验收。对特殊形状的构件或特别要注意的构件，要放置在专用台架上认真进行检查。

(4) 如果构件产生影响结构、防水和外观的裂缝、破损、变形等状况时，要与原设计单位商量是否继续使用这些构件或者直接废弃。

(5) 通过目测对全部构件进行进场接收检查时的主要检查项目如下：

(a) 构件名称。

(b) 构件编号。

(c) 生产日期。

(d) 构件上的预埋件位置、数量。

(e) 构件裂缝、破损、变形等情况。

(f) 预埋构配件、构件突出的钢筋等状况。

(g) 预制构件的进场验收检查表的参考样式见附表 1～附表 6。

近年来，信息化技术在建筑行业中得到了广泛应用，国内很多装配式混凝土建筑施工采用了 BIM 技术。对带有芯片的预制构件，现场质量管理员或预制构件接收负责人采用专用设备对其芯片进行扫描，以确认预制构件信息是否相符。

3.2.2 检查方法

预制构件运至施工现场时的检查内容包括外观检查和几何尺寸检查两大方面。其中，外观检查项目包括：预制构件的裂缝、破损、变形等，应进行全数检查。其检查方法一般可通过目视进行检查，必要时可采用相应的专用仪器设备进行检测。预制构件几何尺寸检查项目包括：构件的长度、宽度和高度或厚度以及预制构件对角线等。此外，尚应对预制构件的预留出筋和预埋件，一体化预制的窗户等构配件进行检测，其检查的方法一般采用钢尺量测。外观检查和几何尺寸检查的检查频率以及合格与否的判断标准详见“第 4 章 装配式混凝土建筑施工质量检验与验收”中的相关章节。

3.3 装配式混凝土建筑施工方案

在编制预制构架结构施工方案之前，编制人员应仔细阅读设计单位提供的相关设计资料，正确理解深化设计图纸和设计说明所规定的结构性能和质量要求等相关内容，并根据“第 1 章 装配式混凝土建筑施工总体筹划”中明确的施工组织设计大纲的要求，针对不同建筑结构体系预制构件的吊装施工工艺和流程的基本要求进行编制，并应符合国家和地方等相关施工质量验收标准和规范的要求。

施工方案中应包括：预制构件吊装总体流程及工期、单个标准层吊装施工的流程及工期、施工场地的总体布置、预制构件的运输和方法、吊装起重设备和吊装专用器具及管理、作业班组的构成、构件吊装顺序及注意事项、施工吊装注意事项及吊装精度、安全注意事项等相关内容。施工方案编制时，尚应考虑与传统现浇混凝土施工之间的作业交叉，在施工方案编制时尽可能做到两种施工工艺之间的相互协调和匹配。

3.3.1 预制构件吊装总体流程及工期

装配式混凝土建筑的主要预制构件包括：预制柱、预制梁、预制楼板、预制楼梯、预制阳台、预制外墙板等。根据建筑结构形式的不同可分为装配整体式框架结构、装配整体式剪力墙结构、装配整体式框架-现浇剪力墙结构三种结构体系。此外，预制外墙板体系又可分为全预制外墙板(含预制夹心保温外墙板)和部分预制部分现浇的 PCF 外墙板两种结构形式。不同的建筑结构体系和外墙板体系在吊装施工阶段其工艺流程既存在着共性，又有一定的区别。施工实施主体在制定预制构件吊装总体流程时，应正确领会各类结构体系预制构件的吊装顺序和吊装要领，合理安排工期，做到预制构件吊装均衡化施工，实现现场施工设备和劳动力等资源的合理分配和优化利用。

预制构件吊装施工的总体流程及工期的制定主要基于单个标准层楼面预制构件施工流程为基础进行循环往复的作业。单个标准层楼面的规划应重点考虑以下几个方面的内容：

(1) 预制构件的数量、重量和吊装施工所需要的时间。

(2) 构件湿式连接部分现浇混凝土的方量及先后顺序。

(3) 构件干式连接部分节点的接头形式和施工要求。

(4) 预制构件吊装时的配合工种和作业人员的配置。

(5) 各类施工机械设备和器具的性能和使用数量等。

1. 预制框架体系标准层楼面施工流程

框架体系装配式混凝土结构的主要预制构件有预制柱、预制大小梁、预制叠合楼板、预制楼梯、预制阳台、空调板和预制外墙等。其标准层楼面的主要工艺流程示例如图 3.3-1 所示，主要预制构件的吊装施工场景示例如图 3.3-2 所示。值得注意的是，预制构件在吊装前、吊装就位后以及预制构件节点灌浆连接均需要对该环节的施工完成情况进行检查，在验收合格后方可进行下一个工序施工。

预制构件吊装前的检查内容主要针对预制构件在施工现场驳运过程中是否产生二次裂缝、破损和变形等外观质量进行检查；预制构件吊装就位后主要针对吊装精度进行检查；预制柱连接节点灌浆施工环节是整个预制构件施工过程中最为关键的工序，除了在灌浆前应对灌浆材料的相关指标性能是否满足设计要求进行检查之外，灌浆过程中应采取旁站等方式对其工艺是否符合规定的要求进行严格检查，完成灌浆后尚应对节点灌浆是否密实进行检查，必要时可采取无声检测仪器等设备对填充效果进行检测；此外，对于现浇节点以及预制叠合部分的模板安装完成后的模板安装精度和接缝密封性等应进行检查。现场施工质量管理员和监理人员等应重点针对上述“四种施工关键环节”进行检查和现场监管。具体的检查方法和质量标准详见“第 4 章 装配式混凝土建筑施工质量检验与验收”中的相关章节。

2. 预制剪力墙体系标准层楼面施工流程

预制剪力墙体系主要预制构件为预制剪力墙、预制楼梯、预制楼板、预制空调、阳台板。其标准层楼面地主要工艺流程如图 3.3-3 所示，主要预制构件的吊装施工场景如图 3.3-4 所示。值得注意的是预制构件在吊装前、吊装就位后以及预制构件的节点灌浆连接等施工环节均需进行检查，在验收合格后，方可进入下一道工序的施工。具体检查或验收的要求和内容同预制框架体系。

这里，预制剪力墙的吊装流程基本上与框架体系中湿式节点墙板吊装流程相同，同样也是通过预留钢筋锚固到现浇楼板中，但预制剪力墙底部通过留孔或预埋套筒进行灌浆与预留钢筋进行结构连接，如图 3.3-5 所示。

与此同时，预制剪力墙体系中预制与现浇混凝土部分采用叠合连接方式施工，如图 3.3-6所示。该节点处施工时应重点要注意钢筋的搭接处理，施工顺序是先吊装预制剪力墙板，然后进行钢筋绑扎作业，现浇模板的安装以及现浇的施工环节。

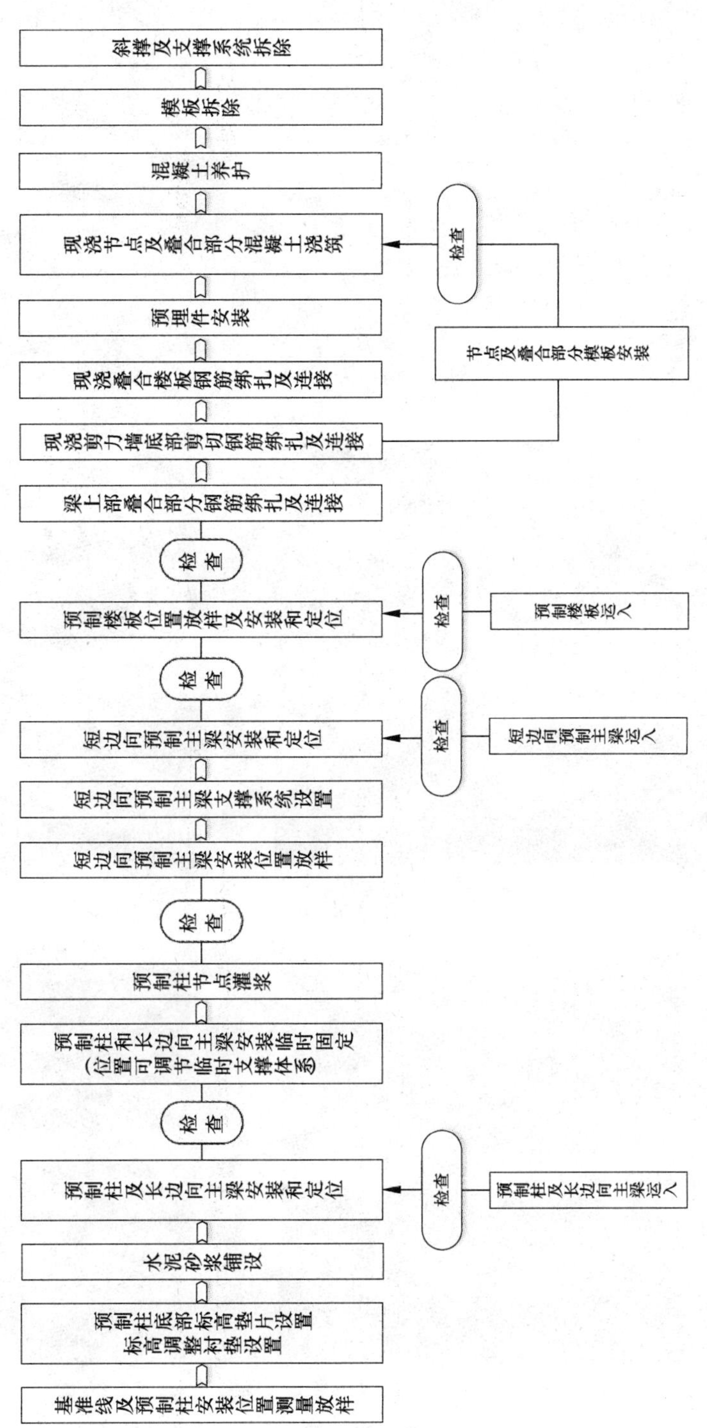

图 3.3-1　框架体系装配式混凝土结构标准层施工流程示例

(a) 施工场景(1)

(b) 施工场景(2)

(c) 施工场景(3)

图 3.3-2　预制框架体系主要工序施工场景

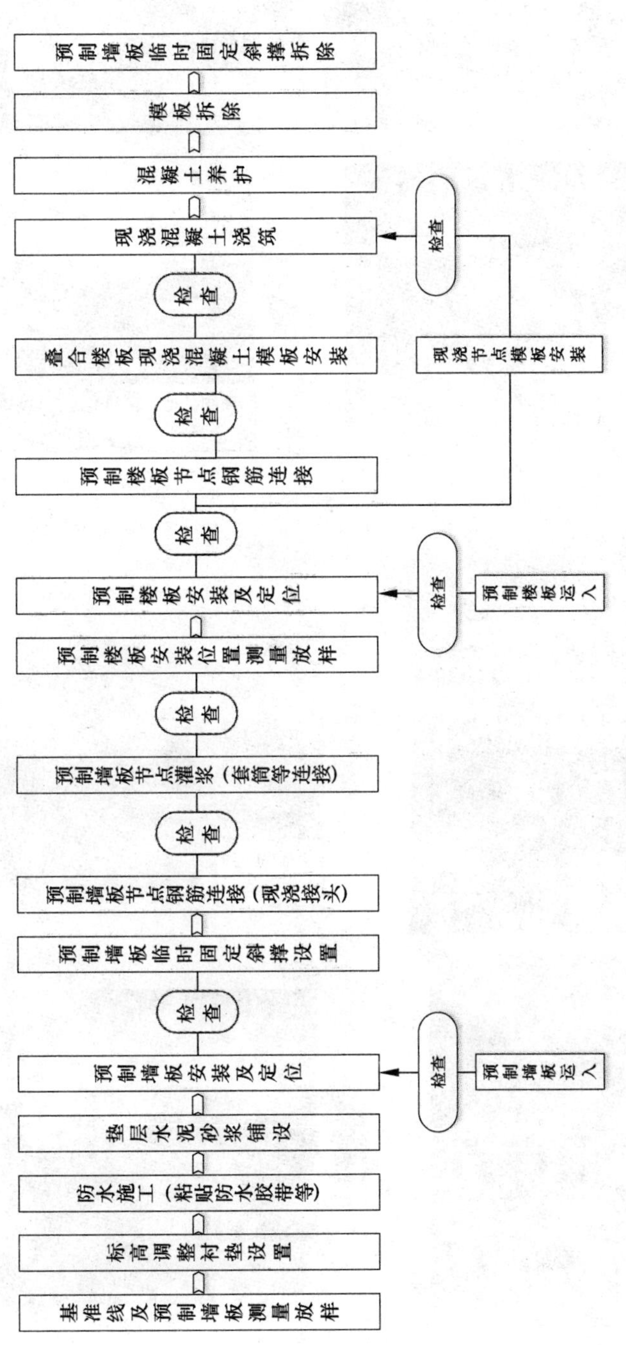

图 3.3-3 预制剪力墙体系标准层施工流程示例

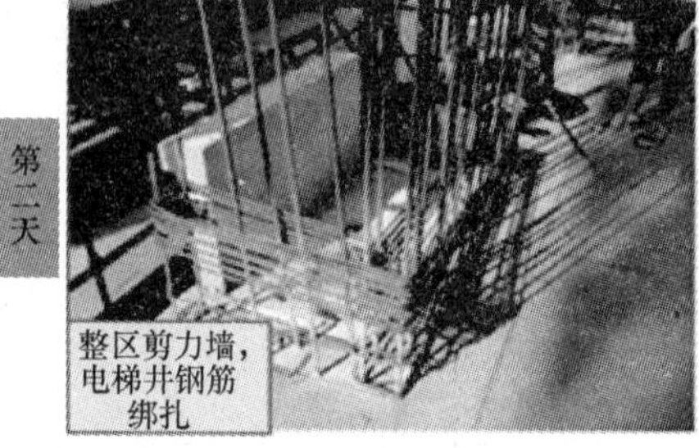

(a) 施工场景(1)

(b) 施工场景(2)

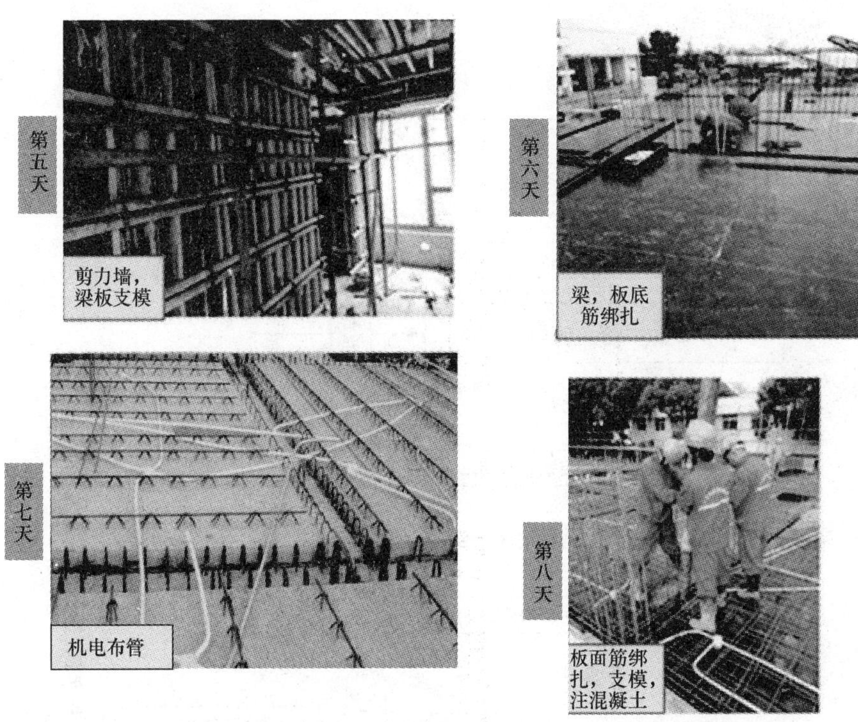

(c) 施工场景(3)

图 3.3-4 预制剪力墙体系主要工序施工场景

图 3.3-5 预制剪力墙现场吊装

图 3.3-6 预制剪力墙底部连接处钢筋

3. 预制框架-剪力墙体系标准层楼面施工流程

预制框架-剪力墙体系主要预制构件为预制柱、预制主次梁、预制剪力墙(或现浇)、预制楼梯、预制楼板、预制空调、阳台板等。其标准层楼面地主要施工工艺流程示例如图 3.3-7 所示，图中给出的剪力墙是采用预制构件的示例。与其他建筑结构体系同样，预制构件在吊装前、吊装就位后以及预制构件的节点灌浆连接均需要进行检查，验收合格后方可进入下一道工序的施工。

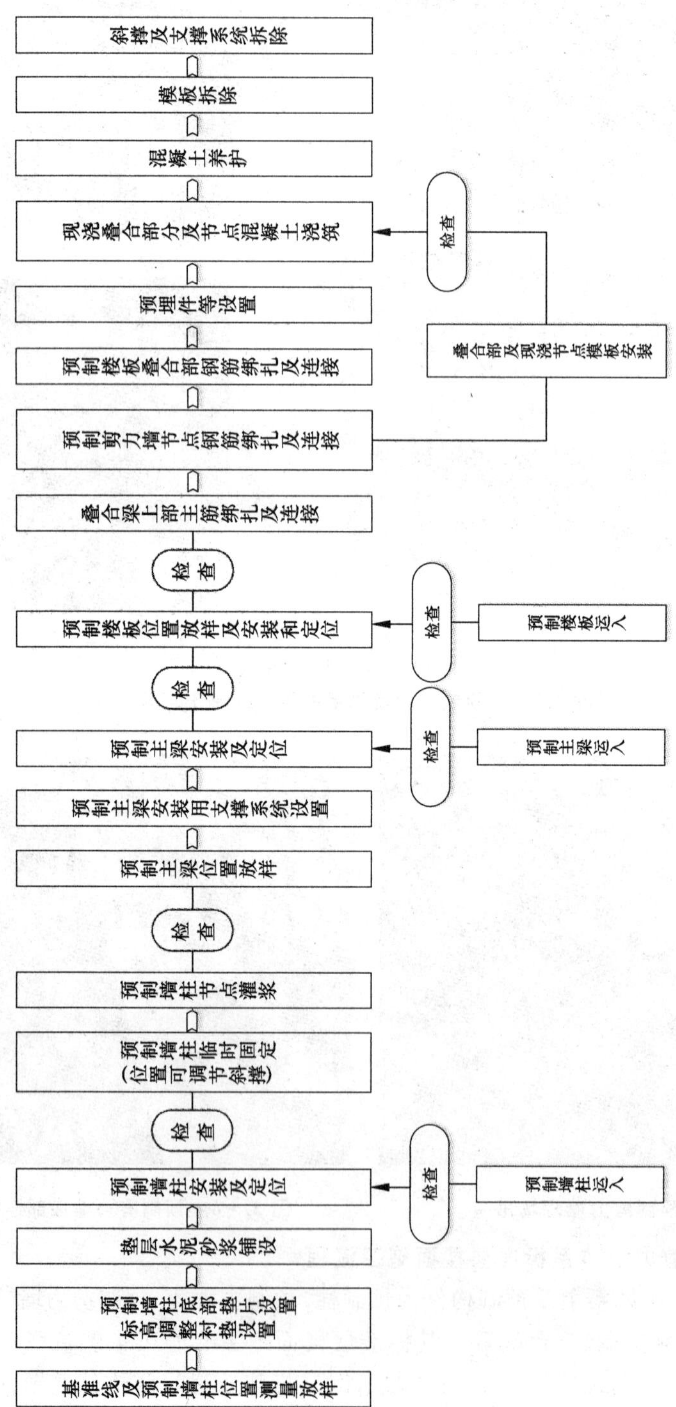

图 3.3-7 预制框架-剪力墙体系标准层施工流程示例(剪力墙预制的示例)

4. 预制外挂墙板施工流程

预制外挂墙板根据其施工工艺的不同可分为干式墙板和湿式墙板两种类型。干式墙板为包括预制夹心保温墙板在内的全预制外墙板，也叫全预制外挂墙板。湿式墙板采用半预制半现浇的施工方式施工，即为 PCF 外墙板。

1）干式外墙板的施工

图 3.3-8 给出了全预制外墙板的节点连接采用干式连接施工的场景图。干式节点预制外墙板通常在预制梁的外侧预留挂靠件，在预制墙板上预留挂板，然后通过挂靠件上设置垫片调整，控制预制外墙板的标高。干式外挂墙板的吊装可选择标准层楼面所有的预制构件吊装完成后进行。

图 3.3-8　干式节点预制外墙连接形式现场施工场景及模型

2）湿式外墙板的施工

湿式外墙板的施工如图 3.3-9 所示。图中，湿式预制外墙通常在预制部分的墙板上部预留锚筋，锚筋伸入叠合现浇层内。湿式预制外墙吊装顺序：放样→预制柱吊装→预制大梁吊装→预制小梁吊装→楼板吊装→外墙吊装→阳台版吊装→楼梯吊装→现浇结构工程及机电配管→最后楼板灌浆。由此可见，湿式墙板吊装是在楼板连接灌浆之前。湿式预制外墙的施工工艺为：在墙板上部预留锚筋，锚筋须伸入叠合现浇层内。在外墙板上部与叠合楼板的现浇部分用混凝土现浇的方式形成整体。下部用铁件连接,并应严格按照设计的要求留有一定的缓冲空间,以免在地震等外力作用下产生位移时,墙体结构不至于受到挤压而破坏。

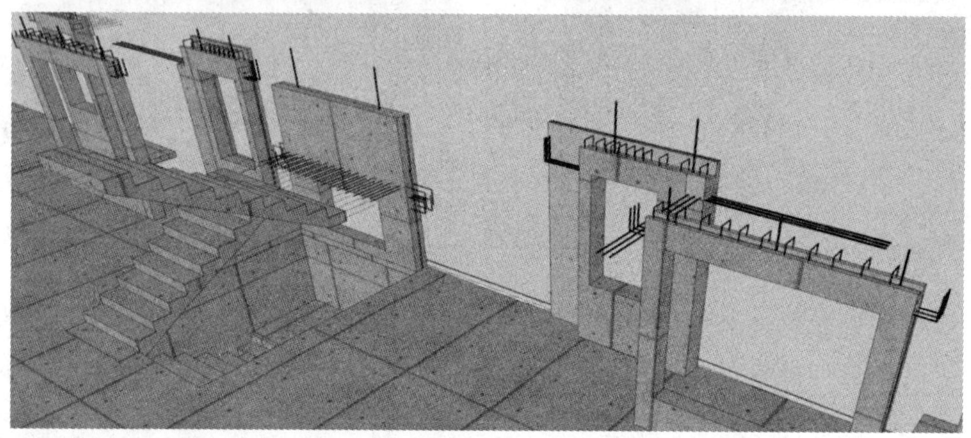

图 3.3-9 湿式预制外墙板连接形式现场施工图、BIM 模型图

3.3.2 预制构件吊装施工作业时间

预制构件吊装计划应根据总体进度计划进行分解,并制定吊装施工环节的施工计划。由于预制构件吊装计划又直接影响了总体施工进度,两者之间相互关联又相互制约,合理安排、科学编制预制构件吊装计划对于装配式混凝土建筑的施工有着重要的意义。尤其是当前国内装配式混凝土建筑的装配率普遍处于30%~40%的情况下,与传统现浇施工工艺的有机衔接是确保预制构件吊装施工工期的重要保障。影响预制构件吊装施工工效的因素有:

(1) 起重设备资源的配置是否能充分满足吊装的需求。

(2) 构件堆放场地的规划,吊装机械设备的使用效率,场地内二次驳运等。

(3) 预制构件的运输和进场的安排是否合理,是否能保证连续吊装作业。

(4) 上一道工序的准备工作是否到位。

(5) 与其他工序的施工的衔接如钢筋绑扎与预制构件吊装顺序相配合,传统现浇施工工艺的交叉作业等。

通常,预制构件吊装所需要的时间可参考表 3.3-1。

表 3.3-1　预制构件吊装用时表

构件名称	吊装用时/min	备注
预制柱	30	包括垫片标高测设、垂直度调整
预制梁	40	包括临时支撑搭设、定位调整
预制楼板	20	包括单管支撑搭设、标高调整
预制楼梯	40	包括楼梯支撑架搭设、定位调整
预制阳台、空调板	20	包括单管支撑搭设、标高调整
预制剪力墙板	30	包括垫片标高测设、垂直度调整
预制外挂墙板	40	包括挂点标高测设、垂直度调整

3.3.3　施工场地的总体布置

临时设施规划包括：施工场地的总体布置、临时施工便道、起重设备及外部脚手架等相关内容。

图 3.3-10 给出了装配式混凝土建筑施工场地的布置的示例。如图所示，施工场地的总体布置至少应考虑以下几个方面的内容：

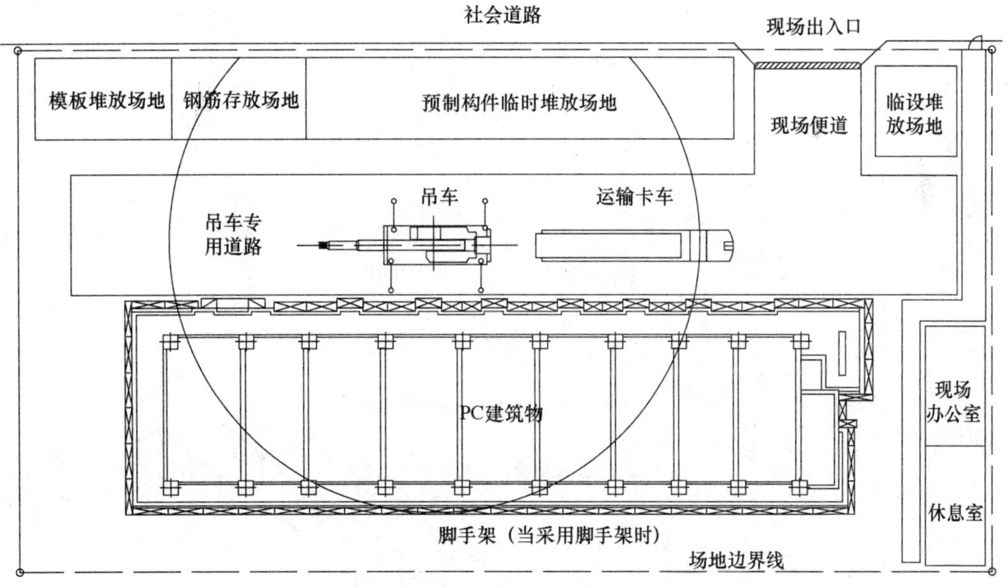

图 3.3-10　装配式混凝土建筑施工现场总体布置示例

(1) 现场出入口与社会道路的衔接、场内施工便道的硬化、汽车吊或履带吊等起重设备的专用道路设计。

(2) 预制构件、钢筋加工、模板、临时材料等的堆场。

(3) 起重设备的停放位置及作业半径、临时脚手架、塔吊。

(4) 其他必要的设施和设备等。

3.3.4 预制构件临时支撑系统

预制构件吊装时所需要的临时支撑系统应根据预制构件的种类及受力情况进行合理规划与设计。临时支撑系统设计时，应根据预制构件种类和重量尽可能做到标准化、重复利用和拆装简便为原则。预制柱和预制墙板等竖向构件的吊装一般采用斜撑系统，预制主次梁和预制楼板等水平向构件吊装一般采用竖向支撑系统。无论是斜撑系统还是竖向支撑系统均应根据其施工荷载进行专项的设计和承载力和稳定性的验算，以确保施工期结构安装的质量和安全。

图 3.3-11 和图 3.3-12 给出了主要预制构件的临时支撑系统的示意图。如图所示，斜撑系统中，在斜撑的中下侧设有构件垂直度调节装置，在其端部设有锁定装置。竖向支撑系统也应考虑具有一定高度微调功能的调节装置和锁定装置。

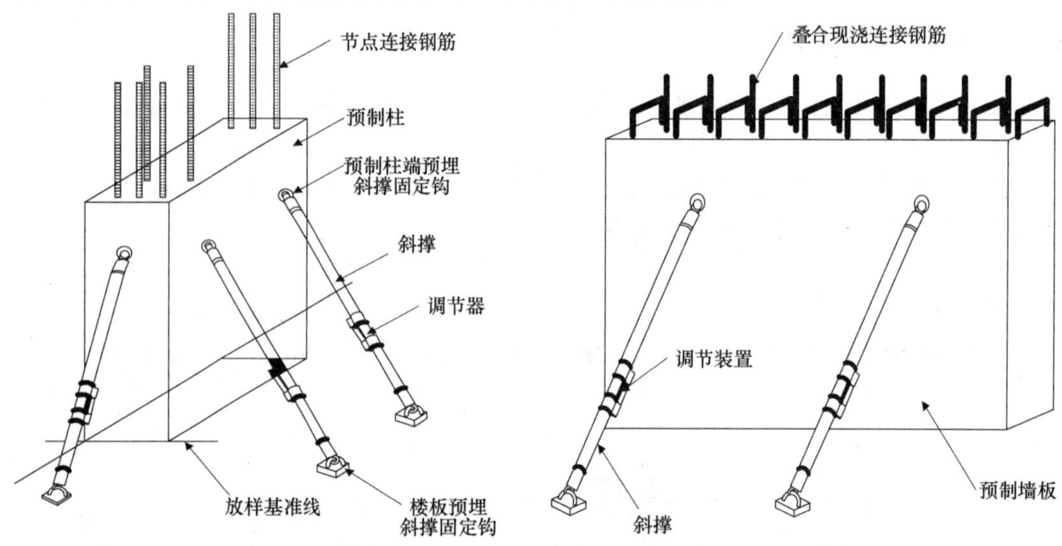

图 3.3-11 预制构件的支撑系统示意图(斜撑系统)

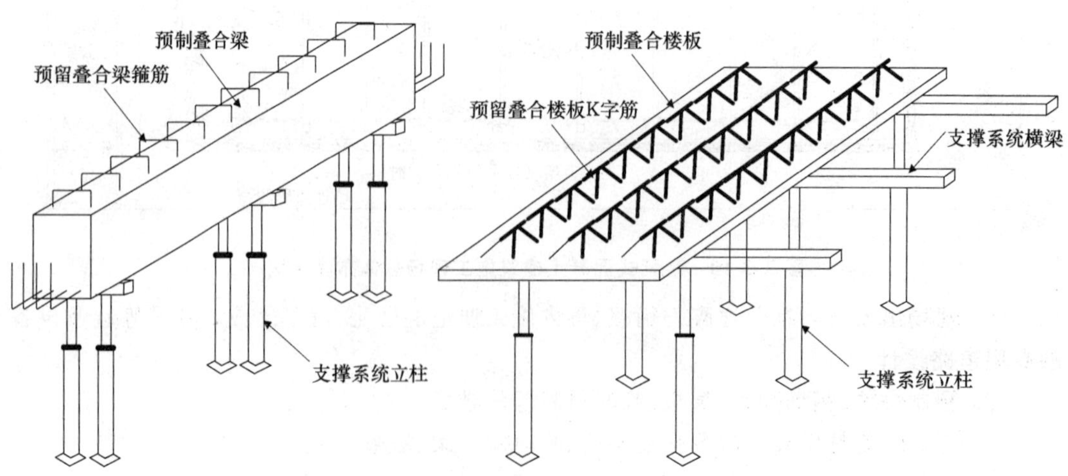

图 3.3-12 预制构件的支撑系统示意图(竖向支撑系统)

1. 斜撑系统的设计

斜撑系统的主要功能是将预制柱和预制墙板等构件吊装就位后起到临时固定的作用，同时，通过设置在斜撑上的调节装置对其垂直度进行微调。当预制构件的吊装达到设计要求精度后，对调节装置实施锁定。斜撑系统应按照以下几个原则进行设计。

(1) 预制柱吊装时的斜撑的设置数量应根据其施工工艺和预制柱所处的位置不同，一般采用3点支撑，也可采用4点支撑。预制剪力墙或预制外墙板的斜撑数量应根据安装工艺进行计算确定。

(2) 在预制柱吊装时，柱底应设置专用的铁制垫片拥有调整立柱的底标高。铁制垫片的厚度可采用2mm、3mm、5mm、10mm等不同规格，垫片的平面尺寸应根据预制柱的重量及底部封底水泥砂浆的强度计算确定，设置数量一般可采用每根预制柱4片垫片。

(3) 铁制垫片的设置位置既要考虑预制柱就位后的稳定性，又要考虑垂直度调节装置的可调性。因此，其设置位置应根据预制柱的重量，斜撑的支撑高度和倾角等参数计算确定。

(4) 斜撑的表面应采取热浸镀锌防锈处理。斜撑和楼面板之间的倾角一般为45°～60°之间，通常采用55°，在斜撑两端应设置带有螺纹的锁定装置。

(5) 在楼面板上设置斜向支撑的固定位置时，应综合考虑与其他预制构件吊装的交叉施工，预制构件的稳定性和平衡性以及对后续工序施工等的影响。

图3.3-13分别给出了斜撑系统在吊装预制立柱和预制外墙板时的现场施工场景的示例。

(a) 预制立柱

(b) 预制墙板

图3.3-13 斜撑系统示例

2. 竖向支撑系统的设计

竖向支撑系统的主要功能是用于预制主次梁和预制楼板等水平承载构件在吊装就位后起到垂直荷载的临时支撑，与斜撑相比，竖向支撑不仅要承担预制构件的自重荷载，还要承担此类叠合构件现浇混凝土等的荷载。因此，竖向系统应根据其施工过程中的各种施工荷载进行专门的设计和强度及稳定性的验算。同时，通过设置在竖向支撑上的调节装置对预制构件的设置标高进行微调。当预制构件的吊装精度达到设计要求后对调节装置实施锁定。竖向支撑系统的设计应按照以下几个原则进行：

(1) 根据施工荷载和跨度等现场施工条件进行支撑系统的设计。为便于支撑系统的现场安装和重复利用，每个支撑系统可由多组支撑架组合应用，单个支撑架可由大、中、小三种类型的框架的组合而成。

(2) 每个支撑架的设计允许承受的竖向荷载一般可设定为10t，并根据预制构件施工时需承担的施工荷载进行支撑架的组合。

(3) 当预制梁下面有非承重墙时，在决定位置和支撑方法时，必须考虑合理的连接方式。

(4) 支撑架一般采用碳钢钢管，其表面应采取热浸镀锌防锈处理(13μm)。

(5) 在规定位置和水平面上事先安装操作架。在操作架的顶端设置方型枕木或H型钢等。操作架的设计应根据施工条件，重点考虑杆件的承载能力和变形。对于悬臂楼面板构件，还要考虑悬臂长度及其偏心荷载的作用等影响。

图3.3-14分别给出了竖向支撑系统在安装预制梁和预制阳台板时的现场施工场景的示例。图3.3-15给出了组成单榀支撑架的组件示例。

(a) 预制梁

(b) 阳台板

图3.3-14 竖向支撑系统示例

3.3.5 起重设备和专用吊具的选型

起重设备的选型应充分考虑现场的用地条件和装配式混凝土建筑物的形状和建筑高度等因素。装配式混凝土建筑施工时需采用的起重设备包括移动式和固定式两种吊车。其中，移动式吊车包括汽车吊、履带吊和轮胎吊等，固定式吊车主要指的是塔吊。移动式吊车主要用于预制构件进场验收合格后的卸货以及场内的驳运等，对于底层装配式混凝土建筑或高层建筑的底层区而言，移动式吊车尚可用于预制构件的吊装施工。塔吊是专门用于中高层装配式混凝土建筑预制构件的吊装施工，同时也可作为工程施工时其他材料的垂直运输等的使用。

构件起吊时必备的专用吊具和钢丝绳等的强度和形状应事先进行规划和合理地选择。钢丝绳种类的选择应根据预制构件的大小、重量以及起吊角度等参数来确定其长度和直

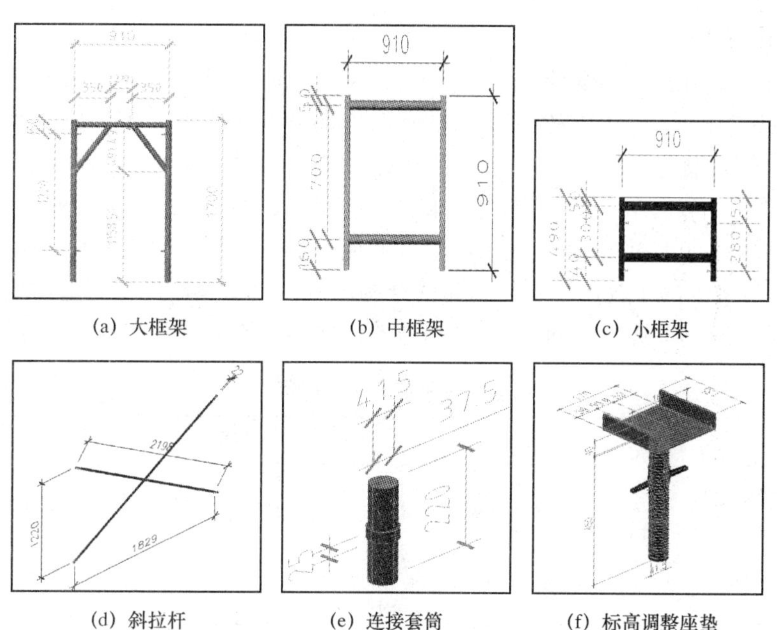

图 3.3-15　竖向支撑系统单榀支撑架组件示例

径，并严格按照有关规范和标准进行使用和日常管理。

1. 移动式吊车的规划

1）站立和旋转空间

移动式吊车起吊时应具有足够的站立和旋转的空间，并保证地面具有足够的承载力和平整度，以确保起吊时受力均衡和起重设备的稳定性。图 3.3-16 给出了 400t 汽车轮胎吊在伸展开支撑脚时所需站立空间的示例。

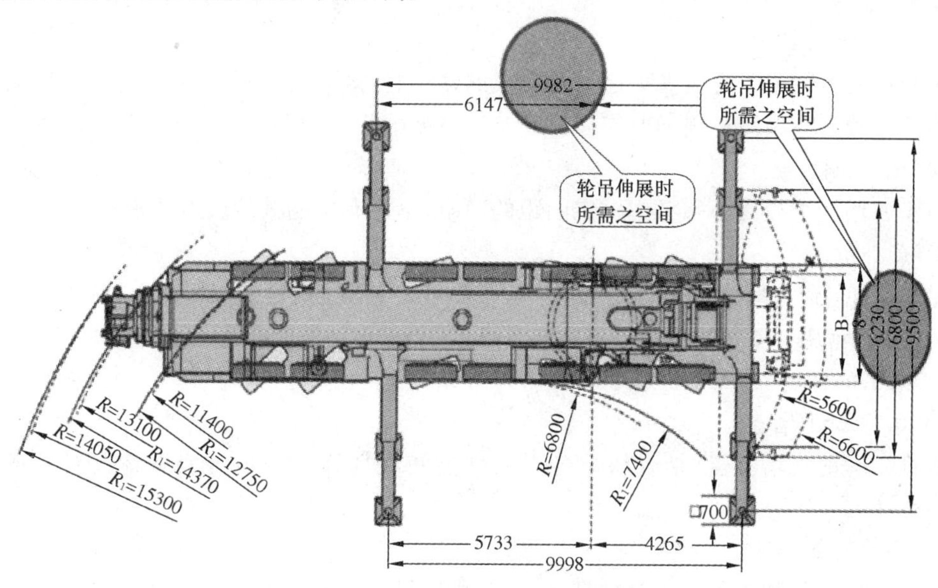

图 3.3-16　400t 的汽车轮胎吊在伸展开支撑脚时所需站立空间示例

2）吊车专用道路

移动式吊车专用道路的设计除了应考虑吊车的自重和预制构件等的荷载及其偏心作用外，尚应考虑起吊时受自然条件等因素的动力附加荷载的影响。由于装载构件的运输车辆频繁地使用起重设备专用通道，所以施工管理方应采取必要的技术措施以防止专用道路出现车辙和坑槽。同时，吊车专用道路要求较高的平整度、且无坡度。此外，还需要采取措施保证道路结构的排水通畅，防止雨水浸泡降低地基承载力和局部塌陷。

表3.3-2给出了汽车轮胎吊专用道路的结构示例。汽车轮胎吊专用道路的结构类型应根据原状地基条件合理选择。同时，应考虑道路的使用频率和使用周期等因素的影响。

表3.3-2　汽车吊专用道路的结构示例

吊车专用道路结构类型	适用地基	使用时间	备注
铺设钢板 （平整地基＋山砂＋钢板）	普通地基	中层建筑物吊装期间	必要时铺设砂石
铺设砂石 （平整地基＋铺设地基）	同上	同上	必要时铺设砂石
铺设钢板或覆工板 （平整地基＋土木薄板＋铺设砂石层＋砂石＋钢板或覆工板）	柔软地基	同上及高层建筑物吊装期间	必要时可设置排水设备
铺设钢板或覆工板 （平整地基＋排水处理＋铺设砂石层＋山砂＋钢板或覆工板）	渗水地基	同上	U字形排水沟、排水管等排水设施

3）建筑物高度

预制构件吊装施工时应考虑已吊装完成的建筑物影响，防止吊车碰到建筑物而无法吊装到指定位置。在做吊车规划时应考虑建筑物高度（图3.3-17）。

4）旋转碰撞

吊车的回转半径内必须考虑一定间距的净空，不能有影响其旋转的建筑物。

5）最小吊装半径

吊车除了对最大吊装半径的规定以外，对最小吊装半径也有限制。因此在吊装设备规划时需要注意最小吊装半径的要求，在最小吊装半径范围内的预制构件将无法吊装（图3.3-18）。

2. 塔吊的规划

1）塔吊选型

根据工程的现场特点，结合塔吊各方面性能和现场施工场地等实际情况对塔吊进行选型。

2）塔吊的负荷性能

根据预制构件的重量和起吊伸转半径，分析塔吊负荷性能在最大吊装半径或最小吊装半径内是否能够安全起吊。表3.3-3给出了采用主臂30m的外置水平臂架小车变幅塔吊型号T6515（30m-5.95t）的负荷性能的示例。

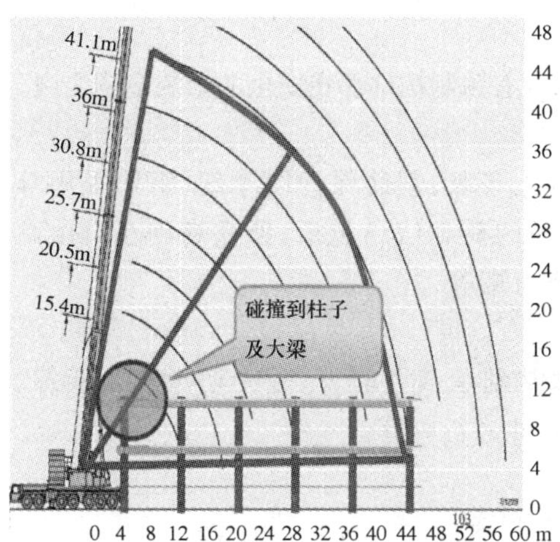

图 3.3-17　预制构件吊装碰撞示例

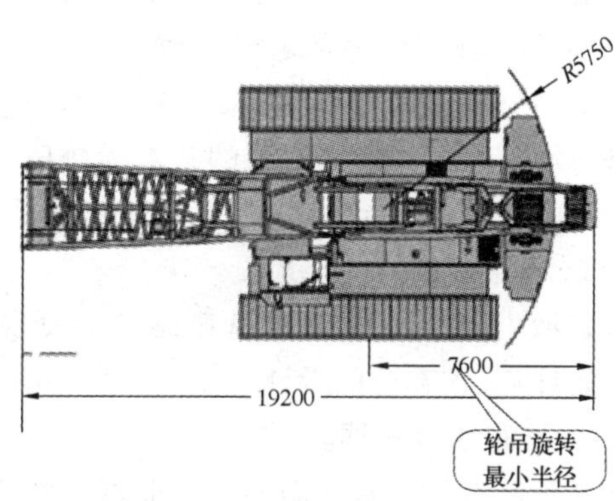

图 3.3-18　吊车旋转最小半径

表 3.3-3　　TC6515(30m-5.95t)负荷性能示例表

起重特性

R(m)		Max.Capacity m/t	12.5	15.0	17.5	20.0	22.5	25.0	27.5	30.0	32.5	35.0	37.5	40.0	42.5	45.0	47.5	50.0	52.5	55.0	57.5	60.0	62.5	65.0
65m (R=66.75)		2.5–23.7m 6t	6.00					5.64	5.02	4.50	4.07	3.70	3.38	3.10	2.85	2.63	2.44	2.26	2.11	1.96	1.83	1.71	1.60	1.50
		2.5–13.1m 12t	12.0	10.25	8.49	7.23	6.26	5.49	4.87	4.35	3.92	3.55	3.23	2.95	2.70	2.48	2.29	2.11	1.96	1.81	1.68	1.56	1.45	1.35
60m (R=61.75)		2.5–24.5m 6t	6.00					5.86	5.22	4.66	4.23	3.85	3.52	3.23	2.98	2.75	2.55	2.37	2.21	2.06	1.92	1.80		
		2.5–13.5m 12t	12.0	10.57	8.81	7.5	6.5	5.71	5.07	4.53	4.08	3.7	3.37	3.08	2.83	2.6	2.4	2.22	2.06	1.91	1.77	1.65		
55m (R=56.75)		2.5–25.6m 6t	6.00						5.50	4.95	4.48	4.08	3.73	3.43	3.16	2.93	2.71	2.53	2.35	2.20				
		2.5–14.0m 12t	12.0	11.11	9.27	7.90	6.86	6.03	5.35	4.80	4.33	3.93	3.58	3.28	3.01	2.78	2.56	2.38	2.21	2.05				
50m (R=51.75)		2.5–27.2m 6t	6.00						5.92	5.32	4.82	4.40	4.03	3.71	3.43	3.17	2.95	2.75						
		2.5–14.8m 12t	12.0	11.89	9.93	8.48	7.37	6.40	5.77	5.17	4.67	4.25	3.88	3.56	3.28	3.02	2.80	2.60						
45m (R=46.75)		2.5–28.6m 6t	6.00							5.67	5.14	4.69	4.30	3.96	3.66	3.40								
		2.5–15.6m 12t	12.00		10.53	9.00	7.83	6.90	6.14	5.52	4.99	4.54	4.15	3.81	3.51	3.25								
40m (R=41.75)		2.5–29.1m 6t	6.00							5.78	5.25	4.79	4.39	4.05										
		2.5–15.9m 12t	12.00		10.73	9.18	7.99	7.04	6.27	5.63	5.10	4.64	4.24	3.90										
35m (R=36.75)		2.5–29.3m 6t	6.00							5.85	5.31	4.85												
		2.5–16.0m 12t	12.00		10.86	9.29	8.09	7.12	6.35	5.70	5.16	4.70												
30m (R=31.75)		2.5–29.8m 6t	6.00							5.95														
		2.5–16.2m 12t	12.00		11.02	9.43	8.21	7.34	6.45	5.80														

3）塔吊布置

根据塔吊吊装半径合理布置塔吊位置及数量，确保所有预制构件都在安全的吊装范围之内。

4）塔吊基础设计参数

塔吊的基础设计参数包括：承台基础、承台混凝土等级、钢筋保护层厚度、钢筋采用等级。塔吊承台面标高所选塔吊的基本参数信息。塔吊的荷载信息包括：独立基础在自由高度（吊装高度）时需满足荷载设计值，垂直荷载和倾覆力矩等。

5）塔吊基础验算

基础最小尺寸计算、塔吊基础承载力计算、地基基础承载力验算、受冲切承载力验算、承台配筋计算、该部分的设计可采用 PKPM CMIS 软件进行验算。

3. 主要吊装作业器具

主要预制构件吊装所需要的作业器具如表 3.3-4 所示。

表 3.3-4　　主要吊装作业器具一览表

序号	名称	图例	用途
1	吊车（塔吊）		吊装预制构件，具体吨位根据规划
2	吊索	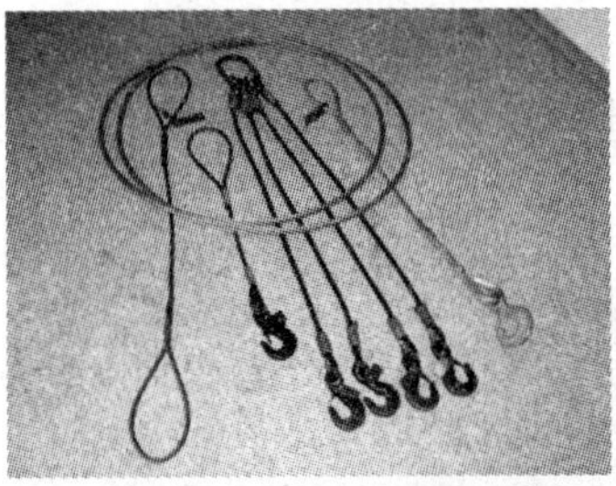	吊装预制构件
3	吊具		吊装构件时吊具

续表

序号	名称	图例	用途
4	无收缩水泥搅拌机		无收缩水泥搅拌
5	无收缩水泥灌浆机		无收缩水泥灌浆
6	手拉葫芦		吊装预制构件
7	手板葫芦		调整预制构件位置
8	千斤顶		调整预制构件位置

4. 主要预埋件和支撑铁件

主要预制构件吊装所需要的预埋件和支撑铁件如表 3.3-5 所示。值得注意的是，表中给出的临时铁件仅供参考，具体选用需根据工程实际需求进行合理配置。

表 3.3-5　　预制吊装用临时铁件一览表

序号	名称	图例	用途
1	蜡烛台		柱主筋位置固定
2	格网箍	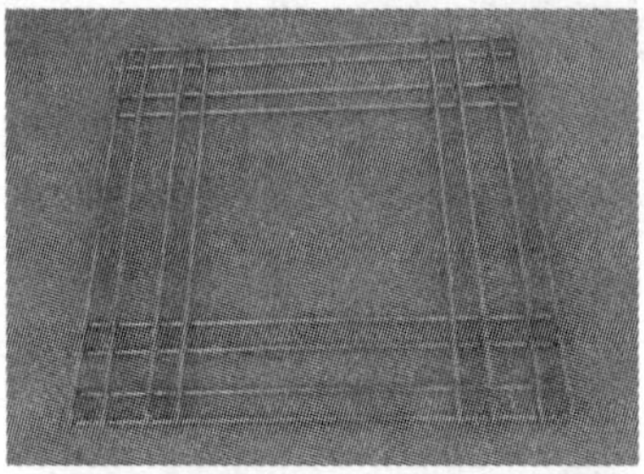	柱主筋位置间距控制
3	定位木板		定位柱主筋，矫正柱主筋
4	固定式套筒		保护柱主筋不受混凝土污染
5	可调式套筒	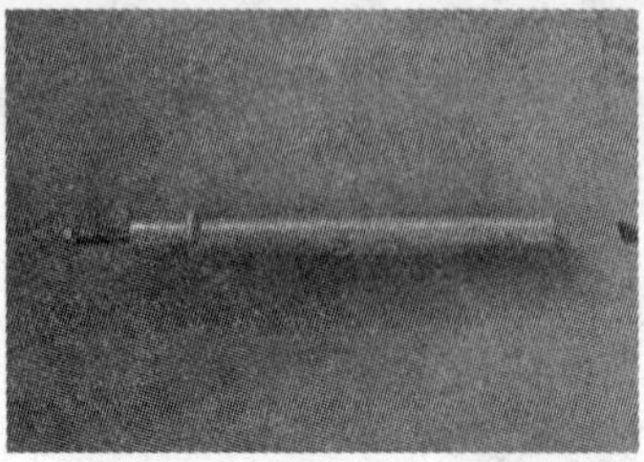	调整套筒和定位木板的高度，保护柱主筋不受混凝土污染

续表

序号	名称	图例	用途
6	斜撑托座预埋件	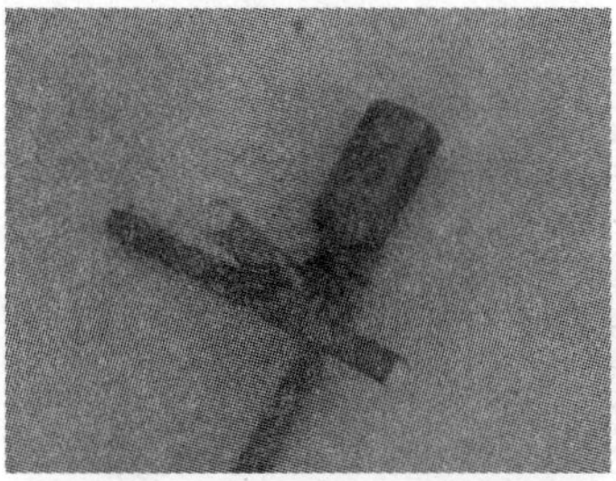	锁定柱斜撑托座
7	斜撑托座		支承斜撑
8	柱斜撑		调整柱的垂直度
9	墙板连接件		连接相邻预制墙板
10	高程调整铁件		调整墙板的高程

续表

序号	名称	图例	用途
11	大梁托座		梁端承载
12	墙板转接层预埋件	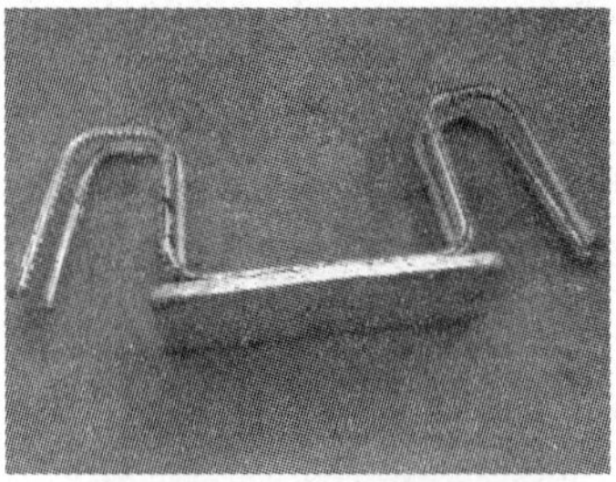	墙板转接层连接铁件
13	支撑架（鹰架）		梁板等构架的的支撑架
14	单管支撑		主要用于梁的支撑架
15	H 型钢		支撑作用

续表

序号	名称	图例	用途
16	Q座		承载固定墙板上调整铁件
17	边梁安全栏杆	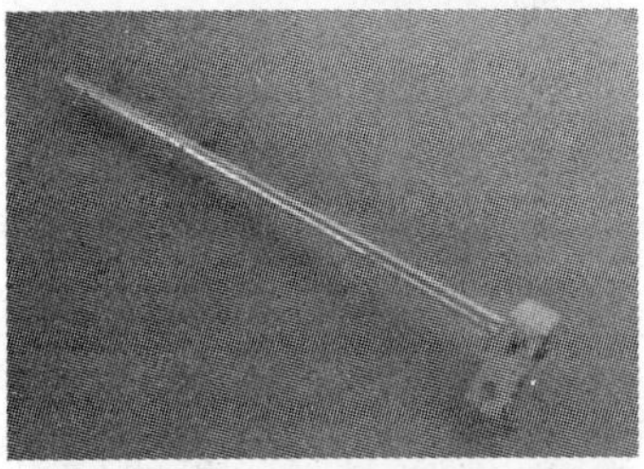	安全栏杆
18	安全网挂钩	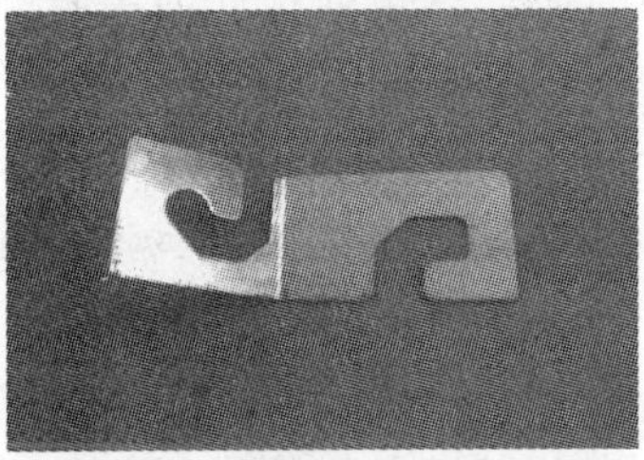	固定安全网
19	锚定头		钢筋头锚定，代替钢筋弯锚
20	调整垫片		调整柱，墙板等构件高程

3.4 预制构件吊装前准备

3.4.1 基本要求

预制构件吊装施工流程主要包括构件起吊、就位、调整、脱钩等主要环节。通常在楼面混凝土浇筑完成后开始准备工作。准备工作有测量放样、临时支撑就位、斜撑连接件安放、止水胶条粘贴等。然后开始预制构件吊装施工，期间尚需要与其他作业工序之间的协调和配合工作。为确保吊装施工顺利和有序高效的实施，预制构件吊装前应做好以下几方面的准备工作。

1. 预制构件堆放区域

构件堆放位置的确定原则如下：

(1) 构件堆放位置相对于吊装位置正确，避免后续的构件移位。

(2) 不影响轮胎吊或其他运输车辆的通行。

(3) 在轮胎吊或塔吊吊装半径内。

2. 吊装构件吊装顺序

不同的预制构件其吊装顺序各不相同。除了柱、梁、板的吊装顺序和方向以外，同一种构件中也存在不同的吊装顺序。吊装前应详细规划构件的吊装顺序，防止构件钢筋错位。对于吊装顺序可依据深化设计图纸吊装施工顺序图执行。

3. 确认吊装所用的预制构件

确认目前吊装所用的预制构件是否按计划要求进场、验收、堆放位置和吊车吊装动线是否正确合理。

4. 机械器具的检查

(1) 对主要吊装用机械器具，检查确认其必要数量及安全性。

(2) 构件吊起用器材，吊具等。

(3) 吊装用斜向支撑和支撑架准备。

(4) 焊接器具及焊接用器材。

(5) 临时连接铁件准备。

5. 确认从业人员资格及施工指挥人员

(1) 在进行吊装施工之前，要确认吊装从业人员资格以及施工指挥人员。

(2) 现场办公室要备齐指挥人员的资格证书复印件和吊装人员名单，并制成一览表贴在会议室等地方。

6. 指示信号等的确认

吊装应设置专门信号指挥者确认信号指示方法，确保吊装施工的顺利进行。

7. 吊装施工前的确认

(1) 建筑物总长、纵向和横向的尺寸以及标高。

(2) 结合用钢筋以及结合用铁件的位置及高度。

(3) 用于吊装精度测量的基准线位置。

8. 预制构件吊点、吊具及吊装设备

(1) 预制构件起吊时的吊点合力应与构件重心一致，可采用可调式平衡横梁进行起吊

和就位。

(2) 预制构件吊装宜采用标准吊具,吊具可采用预埋吊环或内置式连接钢套筒的形式。

(3) 吊装设备应在安全操作状态下进行吊装。

9. 预制构件吊装

(1) 预制构件应按施工方案的要求吊装,起吊时绳索与构件水平面的夹角不宜小于60°,且不应小于45°。

(2) 预制构件吊装应采用慢起、快升、缓放的操作方式。预制墙板就位宜采用由上而下插入式吊装形式。

(3) 预制构件吊装过程不宜偏斜和摇摆,严禁吊装构件长时间悬挂在空中。

(4) 预制构件吊装时,构件上应设置缆风绳,保证构件就位平稳。

(5) 预制构件的混凝土强度应符合设计要求。当设计无具体要求时,混凝土同条件立方体抗压强度不宜小于混凝土强度等级值的75%。

10. 预制构件吊装临时固定措施

应严格按照施工方案的要求实施。

3.4.2　测量放样

装配式混凝土建筑工程的测量放样作业分为预制构件的定位和预留定位钢筋的放样,预制构件定位的测量放样与传统工艺放样相似,在此不作详述,本小节以预制柱的预留钢筋定位为例介绍预留定位钢筋的放样流程。以下以基础柱主筋定位为案例对测量放样过程作系统的介绍。

1. 前期工具准备

预制立柱吊装前需要准备的铁件包括蜡烛台、格网箍、固定套筒、可调式套筒和定位木板等。其主要用途和图例参见表3.3-5预制吊装用临时铁件一览表。

2. 柱主筋定位施工流程

柱主筋定位施工流程见图3.4-1。

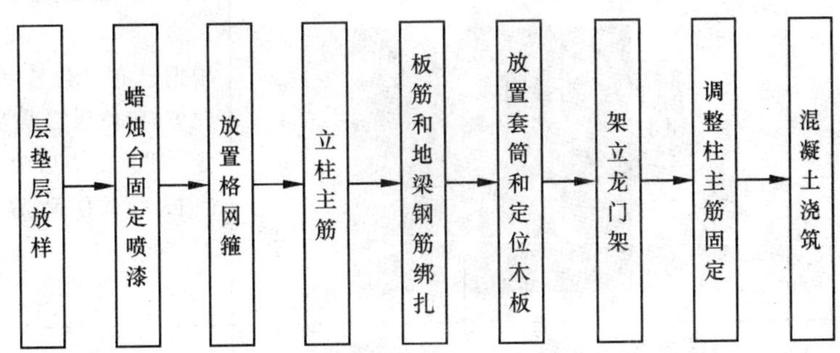

图3.4-1　柱筋定位流程

3. 基础柱主筋定位施工作业流程详解

1) 测量定位方式

一般施工现场的测量放样采用传统测量方式,其主要步骤包括:基础施工轴线控制,直接采用基坑外控制桩两点通视直线投测法,向基坑内投测轴线(采用三点成一线及转直角复测),再按投测控制线引放其他细部控制线,且每次控制轴线的放样必须独立施测两次,经校核无误后方可使用。土方开挖时，高程控制在基底打入小木桩，将水准仪架在基坑边，通过塔尺将基坑上口的标高传递到基坑内的小木桩桩顶。在基坑内按 2000mm 左右的间距打入小竹桩，将小木桩上的标高传递到小竹桩上，以此控制整个基坑土方和垫层面的标高。

装配式混凝土建筑宜采用测量速度快、精度高的 GPS 测量定位方式。其主要步骤包括：每层楼板（或垫层）浇筑完成后使用四台双频 GPS 分别架设在通过引进场内已知坐标和楼板面布置的两个点，同时进行静态观测，计算出楼层浇筑完成后布置的两点平面坐标。将全站仪架设在已知控制点上，采用另外一个已知点作为参考方向进行设站。待全站仪设站完毕之后，进行楼层放样，采用极坐标放样方法将需要放样点的坐标导入到全站仪内，全站仪将自动照准设计放样坐标方向，只需要进行距离测量，便可以精确地寻找到放样点。完成后在混凝土层面弹墨线，再测放出各分轴线及构件位置。

2）施工步骤与施工要点

表 3.4-1 为预制柱主筋定位的施工步骤与施工要点示例。预制构件吊装施工时，为了使吊装位置与设计图纸中规定的位置保持一致，同时也为了与施工中要求的建筑物种类、用途、结构施工方法和构件的种类、部位、结合方法、防水及整修方法等保持一致，应该制定吊装精确度管理标准，并制定检查项目、方法、时间和管理体制等。

表 3.4-1　　预制柱主筋定位施工步骤与施工要点示例

序号	步骤名称	图例	施工要点
1	柱位放样		根据垫层上放样的轴线采用钢尺和墨线弹放出所有柱的中心轴线和柱的位置线，误差控制在 8mm 以内，以方便基础柱主筋定位
2	蜡烛台定位	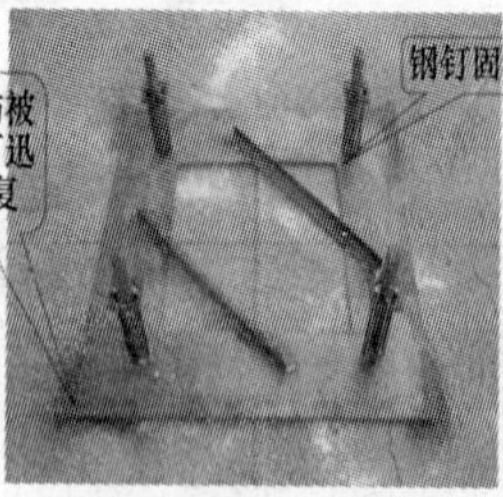 喷漆防被移动可迅速恢复 钢钉固定	根据已有柱位置线定位蜡烛台位置，定位后需要及时用铁钉固定，固定完毕后喷漆，防止蜡烛台被无意移动后可迅速恢复原位
3	放置格网箍（俗称烤肉架）		（1）格网箍需要电镀。目的：去除圆棒上面的油渍，防止污染到基础柱柱主筋从而影响基础柱的强度； （2）放置在蜡烛台上的格网箍为开放式的格网箍

续表

序号	步骤名称	图例	施工要点
4	基础柱主筋设置		(1) 基础柱主筋定位的精准控制分为总体测量控制柱心，钢琴线等。局部蜡烛台，格网箍(烤肉架)； (2) 立柱基础主筋的加工长度多预留 10cm，确保足够的续接长度； (3) 柱主筋的位置通过格网箍进行精确定位
5	底板钢筋绑扎		布置工序不可错乱，底板钢筋在下，格网箍在上
6	格网箍放置		封闭式格网箍应放置在柱主筋上部，一般上下设置两道；当柱基础二次浇筑，需安放三道格网箍。格网箍主要是为了固定立柱外露钢筋的位置
7	地梁钢筋绑扎		按设计要求执行

续表

序号	步骤名称	图例	施工要点
8	套筒及定位木板摆放		(1) 固定套筒用于定位木板的支托及基础混凝土浇筑时污染立柱预留主筋； (2) 四个角点上分别放置一个可调式套筒，用于调整外露钢筋高度，防止柱预留钢筋被埋在混凝土里
9	立龙门架及基准钢丝线拉设		(1) 龙门架用于柱子位置的精确总体定位； (2)在龙门架上拉一根钢丝线，钢丝线与柱中心轴线上下平行且共面。用经纬仪对钢丝线代替柱主筋位置进行精确测量和调整； (3)柱主筋调整精度控制在5mm以内
10	柱主筋定位		基础柱主筋调整完毕后，将立柱的主筋与地梁钢筋焊接固定
11	柱斜撑铁件预埋件预埋		按设计要求执行

续表

序号	步骤名称	图例	施工要点
12	墙板斜撑预埋铁件预埋		按设计要求执行
13	基础混凝土浇筑		按设计要求执行

4. 测量放样精度要求

测量放样的精度要求按照现行国家标准《工程测量规范》(GB 50026)的要求执行。装配式混凝土建筑在构件吊装时,应重点关注预制构件的标高和平面位置两项指标。表3.4-2和表 3.4-3 分别给出了标高传递的竖向误差精度、建筑平面测量精度要求的各项指标。

表 3.4-2　　标高竖向传递精度

项　　目		允许偏差/mm
每　　层		±3
总 高 H/m	$H \leqslant 30$	±5
	$30 < H \leqslant 60$	±10
	$60 < H \leqslant 90$	±15

表 3.4-3　　建筑平面测量精度

测量项目		测量精度要求
控制点闭合差	高程闭合差	<1mm
	距离闭合差	<2mm
	角度闭合差	<20″

续表

测量项目		测量精度要求
测量控制线	控制点位置	结构体外围 1m 线
	放样线闭合差	小于控制点闭合差 2 倍
平面控制网	测角中误差	≤±2.5″
	最弱点点位中误差	≤±15mm
	相邻点的相对中误差	±8mm
	导线全长相对闭合差	1/35 000

3.5 预制构件的吊装施工

预制构件的吊装施工应严格按照事先编制的装配式混凝土建筑施工方案的要求组织实施。预制构件卸货时一般直接堆放在可直接吊装区域，避免出现二次搬运情况。这样不仅能降低机械使用费用，同时也减少预制构件在搬运过程中出现的破损情况。如果因为场地条件限制，无法一次性堆放到位，可根据现场实际情况，选择塔吊或汽车吊在场地内进行二次搬运。

本节重点针对预制柱、预制梁、预制剪力墙板、预制外挂墙板、预制叠合楼板、预制楼梯、预制阳台板和预制空调板等八种主要预制构件的吊装流程以及施工要点等内容逐一介绍。预制构件吊装的一般流程如图 3.5-1 所示。图中，预制构件吊装准备工作的主要留意点如下。

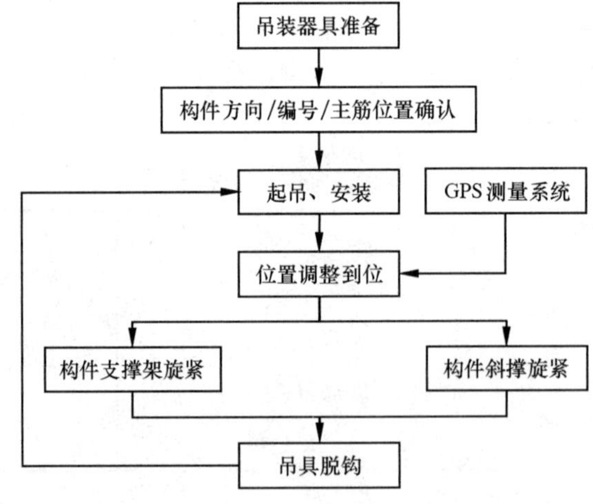

图 3.5-1 预制构件吊装一般流程

(1) 预制构件吊装位置的混凝土层应提前清理干净，不能存在颗粒状物质，以免影响预制构件的节点的连接性能。

(2) 吊装前需要对楼层混凝土浇筑前埋设的预埋件进行位置数量的确认，避免因不能及时找到预埋件而影响支撑及时性，从而影响整个吊装进度和工期。

(3) 构件吊装之前，应根据事先高程测量的结果，必要时需要设置楼面预制构件高程控制垫片，以控制预制构件的底标高。

(4) 楼面预制构件外侧边缘预先黏贴止水泡棉条，用于封堵水平接缝外侧，为后续灌浆施工作业做准备。

3.5.1 预制柱吊装

1. 吊装准备

(1) 柱续接下层钢筋位置、高程复核，底部混凝土面清理干净，预制柱吊装位置测量放样及弹线(图3.5-2和图3.5-3)。

图3.5-2 柱续接下层钢筋高程复核

图3.5-3 柱吊装位置测量弹线

(2) 吊装前应对预制柱进行外观质量检查，尤其要对主筋续接套筒质量进行检查及预制立柱预留孔内部的清理(图3.5-4)。

图3.5-4 吊装前用高压空气对连接套筒内进行清理

(3) 吊装前应备齐安装所需的设备和器具,如斜撑、固定用铁件、螺栓、柱底高程调整铁片(10mm,5mm,3mm,2mm 四种基本规格进行组合)、起吊工具、垂直度测定杆、铝或木梯等。

图 3.5-5 为预制立柱吊装前柱底高程调整铁片安放的施工场景。铁片安装时应考虑以完成立柱吊装后立柱的稳定性以及垂直度可调为原则。

图 3.5-5　立柱底标高调整用铁垫片设置

(4) 在预制立柱顶部架设预制主梁的位置应进行放样和做明晰的标识,并放置柱头第一片箍筋,避免因预制梁安装时与预制立柱的预留钢筋发生碰撞而无法吊装(图 3.5-6)。

图 3.5-6　立柱顶部放置第一片箍筋及标注架梁位置

(5) 应事先确认预制立柱的吊装方向、构件编号、水电预埋管、吊点与构件重量等内容。

2. 吊装流程

预制柱的吊装流程如图 3.5-7 所示。首先预制立柱吊装前应做好外观质量,钢筋垂直度、注浆孔清理等准备工作;就绪后,应对立柱吊装位置进行标高复核与调整;然后进行预制立柱吊装和精度调整;最后锁定斜撑位置,并送吊车的吊钩进入下一根立柱的吊装施工。如此循环往复。值得注意的是,预制立柱和后续的预制梁吊装存在密切的关系,吊装时应注意两者之间的协调施工。

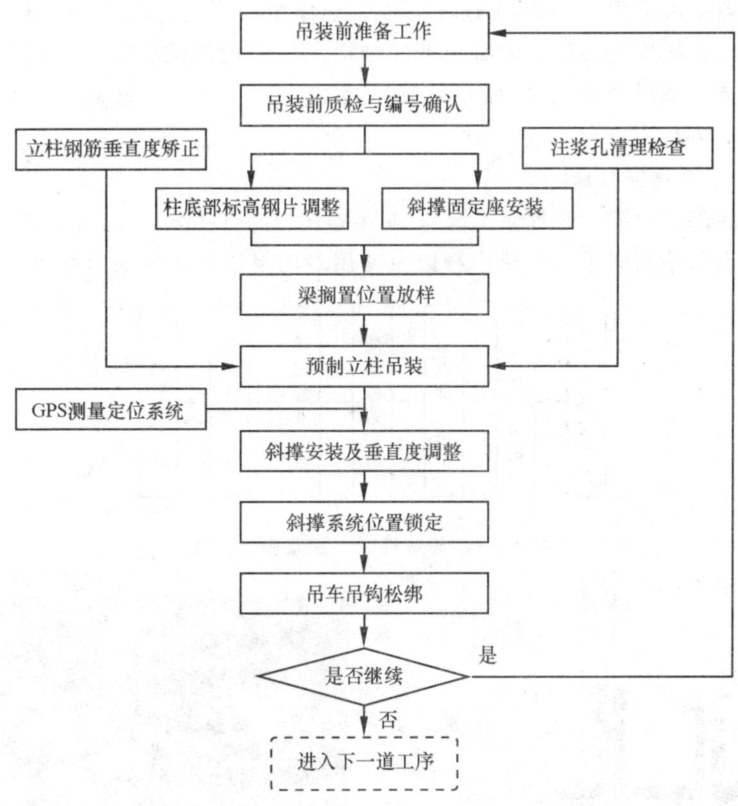

图 3.5-7　预制柱吊装施工流程

3. 垂直度调整

柱吊装到位后应及时将斜撑固定到预埋在预制柱上方和楼板的预埋件上，每根预制立柱的固定至少在不同三个侧面设置斜撑，通过可调节装置进行垂直度调整(图 3.5-8)，直至垂直度满足规定的要求后进行锁定。

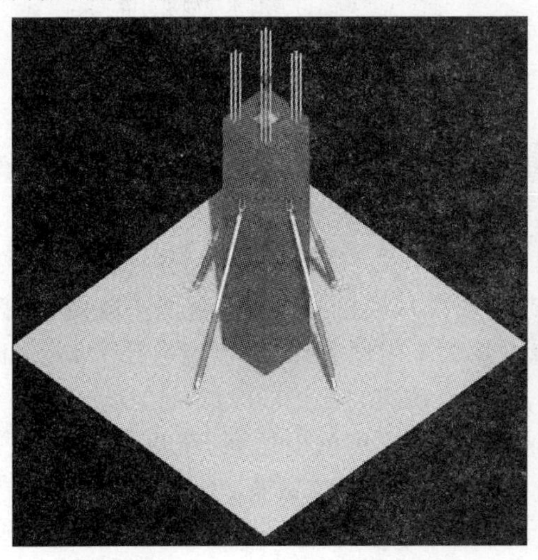

图 3.5-8　立柱垂直度调整

4. 柱底无收缩砂浆灌浆施工

预制柱节点一般采用预埋套筒与该层楼面上预留的主筋进行灌浆连接。连接节点的灌浆质量好坏将直接影响装配式混凝土框架结构主体结构的抗震安全，是整个施工吊装过程中的关键环节。现场施工人员、质量管理人员和监理人员应引起高度重视，并严格按照相关规定的要求进行检查和验收。

1）施工步骤及接缝封堵

预制立柱底部无收缩砂浆灌浆的施工步骤如图 3.5-9 所示。图 3.5-10 分别给出了预制立柱底部节点灌浆封堵采用封堵模板以及使用专用封堵砂浆填塞两种构造的示意图。

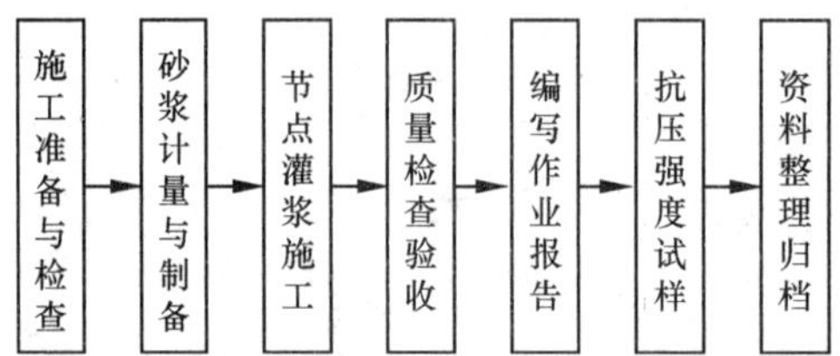

图 3.5-9　无收缩砂浆灌浆施工步骤

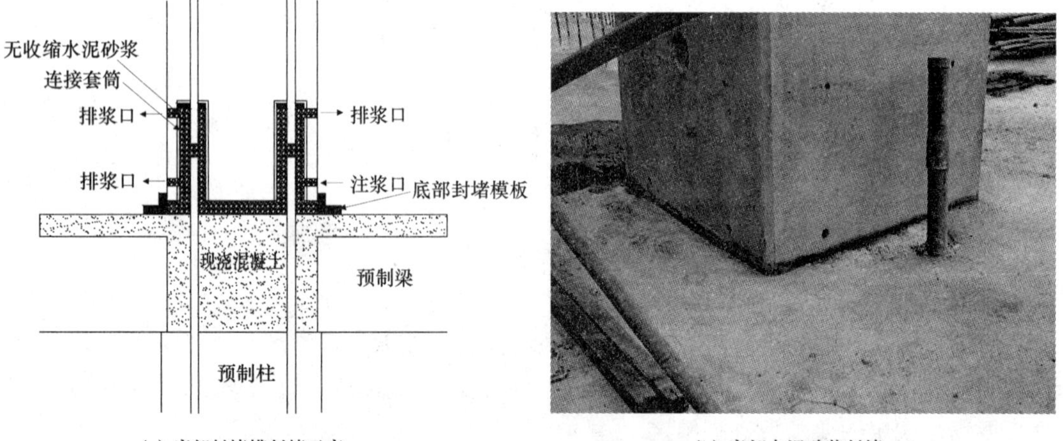

(a) 底部封堵模封堵示意　　(b) 底部水泥砂浆封堵

图 3.5-10　柱底接缝无收缩砂浆灌浆封堵示意图

2）质量控制

先检查无收缩水泥是否在有效期内，无收缩水泥的使用期限一般为 6 个月，6 个月以上的禁止使用，3～6 个月的需用 8# 筛去除水泥结块后方可使用。

每批次灌浆前需要测试砂浆的流度（图 3.5-11），按流度仪的标准流程执行。流度一般应保证在 20～30cm 之间（具体按照使用灌浆料要求），若超过该数值范围不能使用，必须查明原因处理后，确定流度符合要求才能实施灌浆。流度试验环，为上端内径 75mm、下端内径 85mm、高 40mm 不锈钢材质，于搅拌混合后倒入测定。

无收缩砂浆需做抗压强度试块（图 3.5-12），试验强度值应达到 550kgf/cm^2 以上，试块为 7.07cm×7.07cm×7.07cm 立方体，需作 7d 及 28d 的强度试验。

无收缩水泥进场时，每批需附原厂质量保证书以保证质量。水质应取用对收缩水泥砂浆无害的水源，如自来水等。对于采用地下水或井水等的，则需进行氯离子含量检测。

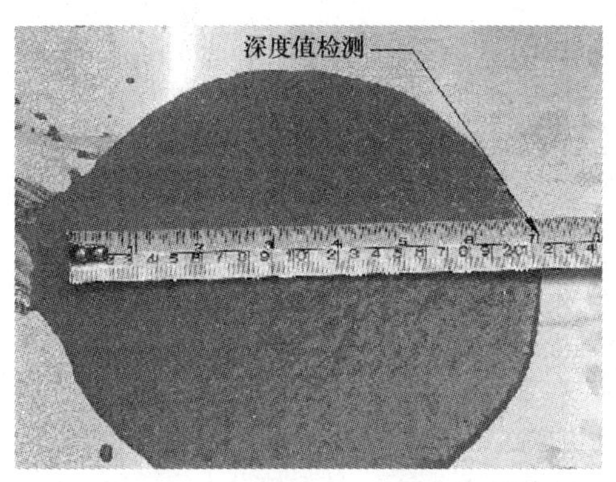

图 3.5-11 无收缩砂浆流度值测定

图 3.5-12 抗压强度试块制作

3）无收缩灌浆施工

灌浆前需用高压空气清理柱底部套筒及柱底杂物，如泡绵、碎石、泥灰等，若用水清洁，则需干燥后才能灌浆。当灌浆中遇到必须暂停的情况，此时采取循环回浆状态，即将灌浆管插入灌浆机注入口，休息时间以半小时为限。

搅拌器及搅拌桶禁止使用铝质材料，每次搅拌时间需待搅拌均匀后再持续搅拌 2min 以上方可使用。

4）养护

完成无收缩水泥砂浆灌浆施工后，一般需养护 12h 以上。在养护期间，严禁碰撞立柱底部接缝养护中的立柱，并采取相应的保护措施和标识。

5）不合格处置

无收缩灌浆只有满浆才算合格，只要未满浆，一律拆掉柱子并清理干净恢复原状为止。当发现有任何一个排浆孔不能顺畅出浆时，应在 30min 内排除出浆阻碍。若无法排除，则应立即吊起预制立柱，并以高压冲洗机等清除套筒内附着的无收缩水泥砂浆，恢复干净状态。在查明无法顺利出浆的原因，并排除障碍后方可再度按照原有的施工顺序从新开始吊装施工。

3.5.2 预制梁的吊装

1. 准备工作

(1) 检查支撑系统是否准备就绪，对预制立柱顶标做高复核检查。

(2) 对大梁钢筋、小梁接合剪力榫位置、方向、编号做检查。

(3) 当预制梁搁置处标高不能达到要求时，应采用软性垫片等予以调整。

(4) 按设计要求起吊，起吊前应事先准备好相关吊具。

(5) 若发现预制梁叠合部分主筋配筋（吊装现场预先穿好）与设计不符时，应在吊装前及时更正。

2. 吊装流程

预制主梁和次梁的吊装流程如图 3.5-13 所示，现场吊装施工场景和总体示意如图 3.5-14所示。预制次梁的吊装一般应在一组（2 根以上）预制主梁吊装完成后进行。预制主次梁吊装前应架设临时支撑系统并进行标高测量，按设计要求达到吊装进度后及时拧紧支撑系统锁定装置，然后吊钩松绑进行下一个环节的施工。支撑系统应按照前述垂直支撑系统的设计要求进行设计。预制主次梁吊装完成后应及时用水泥砂浆充填其连接接头。

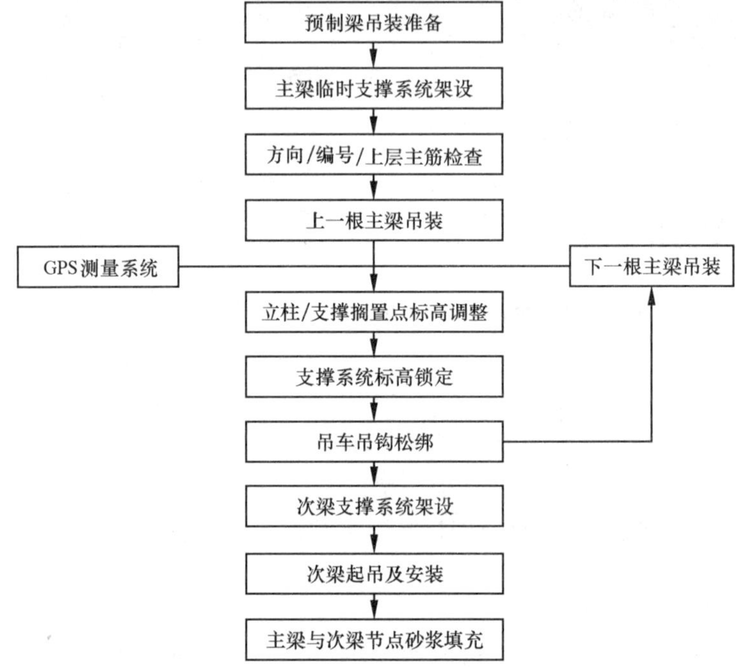

图 3.5-13　预制梁吊装流程图

图 3.5-14　预制梁吊装示意图

3. 吊装注意事项

(1) 当同一根立柱上搁置两根底标高不同的预制梁时，梁底标高低的梁先吊装。同时，为了避免同一根立柱上主梁的预留主筋发生碰撞，原则上应先吊装 X 方向(建筑物长边方向)的主梁，后吊装 Y 方向主梁(图 3.5-15)。

(2) 对带有次梁的主梁在起吊前应在搁置次梁的剪力榫处标识出次梁吊装位置(图 3.5-16)。

图 3.5-15　预制梁搁置处立柱钢筋

图 3.5-16　剪力榫处标识出次梁位置

4. 主次梁的连接

主次梁的连接构造如图 3.5-17 所示，主梁与次梁的连接是通过预埋在次梁上的钢板(俗称牛担板)置于主梁的预留剪力榫槽内，并通过灌注砂浆形成整体。根据设计要求，在次梁的搁置点附近一定的区域范围内，尚需对箍筋进行加密，以提高次梁在搁置端部的抗剪承载力。图 3.5-18 给出了主次梁吊装就位后，连接部位砂浆灌注的现场施工场景。值得注意的是，在灌浆之前，主次梁节点处先支立模板，接缝处应用软木材料堵塞，防止漏浆情况的发生。

5. 主次梁吊装施工要领

预制主梁次梁吊装过程中的施工要领如表 3.5-1 所示。表中给出的吊装要领包括从临时支撑系统架设至主次梁接缝连接等 7 个主要环节。

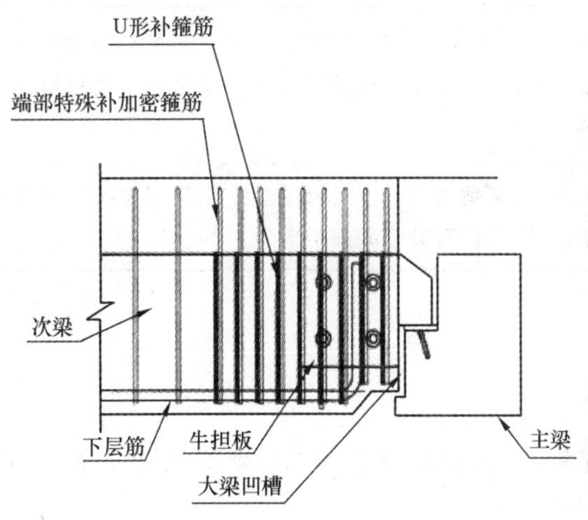

图 3.5-17　主次梁结构连接示意

图 3.5-18　主次梁接缝处灌浆

表 3.5-1 梁吊装施工要领表

作业内容		要领说明
1	临时支撑系架设	在预制梁吊装前，主次梁下方需事先架设临时支撑系统，一般主梁采用支撑鹰架，次梁采用门式支撑架。预制主梁若两侧搁置次梁则使用三组支撑鹰架，若单侧背负次梁则使用一点五组支撑鹰架，支撑鹰架设置位置一般在主梁中央部位。次梁采用三支钢管支撑，钢管支撑间距应沿次梁长度方向均匀布置。架设后应注意预制梁顶部标高是否满足精度要求
2	方向、编号、上层主筋确认	梁吊装前应进行外观和钢筋布置等的检查，具体为：构件缺损或缺角、箍筋外保护层与梁箍垂直度、主次梁剪力榫位置偏差、穿梁开孔等项目。吊装前需对主梁钢筋、次梁接合剪力榫位置、方向、编号进行检查
3	剪力榫位置放样	主梁吊装前，须对次梁剪力榫的位置绘制次梁吊装基准线，作为次梁吊装定位的基准
4	主梁起吊吊装	起吊前应对主梁钢筋、次梁接合剪力榫位置、方向、编号检查。当柱头标高误差超过容许值时，若柱头标高太低则于吊装主梁前应于柱头置放铁片调整高差。若柱头标高太高则于吊装主梁前须先将柱头凿除修正至设计标高
5	柱头位置、梁中央部高程调整	吊装后需派一组人调整支撑架架顶标高，使柱头位置、梁中央部标高保持一致及水平，确保灌浆后主次梁不致于下垂
6	主梁吊装后吊装次梁	次梁吊装须待两向主梁吊装完成后才能吊装，因此于吊装前须检查好主梁吊装顺序，确保主梁上下部钢筋位置可以交错而不会吊错重吊，然后吊装次梁
7	主梁与次梁接头砂浆填灌	主次梁吊装完成后，次梁剪力榫处木板封模后采用抗压强度 35MPa 以上的结构砂浆灌浆填缝，待砂浆凝固后拆模

3.5.3 预制剪力墙板吊装

1. 准备工作

（1）预制剪力墙续接下层钢筋位置、高程复核，底部混凝土表面应确保清理干净，预制剪力墙的安装位置弹线，见图 3.5-19 和图 3.5-20。

（2）吊装前应对预制剪力墙进行质量检查，尤其是注浆孔质量检查及内部清理工作。

（3）吊装前应备妥吊装所需的设备，如斜撑、固定用铁件、螺栓、预制剪力墙底高程调整铁片（10mm，5mm，3mm，2mm 四种基本规格进行组合）、起吊工具、防风型垂直尺、滑梯等（图 3.5-21 和图 3.5-22）。

图 3.5-19 续接下层钢筋高程复核

图 3.5-20 吊装位置弹线

图 3.5-21 墙底放置标高调整钢垫片

图 3.5-22 粘贴好密封胶条

2. 吊装流程

预制剪力墙的吊装流程如图 3.5-23 所示。剪力墙吊装前应做好外观质量，钢筋垂直度、注浆孔清理等准备工作。剪力墙底部无收缩砂浆灌浆的施工与预制柱底灌浆基本相同，其施工要点及工艺流程详见第 3.5.1 小节“预制柱吊装”中的相关内容。

3. 预制剪力墙垂直度调整

预制剪力墙吊装到位后应及时将斜撑的两端固定在墙板和楼板预埋件上，然后边通过测量边对垂直度进行复核和调整。同时，通过安装在斜撑上的调节器调整垂直度，当精度达到设计要求后及时进行锁定。剪力墙至少采用两根斜撑固定，与楼面板的夹角可取 45°～60°之间。图 3.5-24 为剪力墙垂直度调整场景。

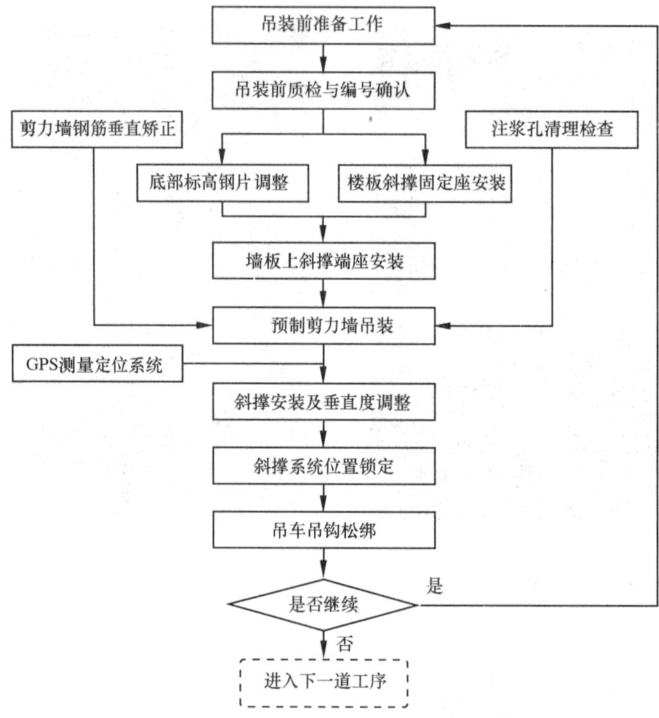

图 3.5-23 预制剪力墙吊装施工流程

图 3.5-24 剪力墙垂直度调整场景

3.5.4 预制外挂墙板吊装

1. 准备工作

(1) 吊装前需对下层的预埋件进行安装位置及标高复核。

(2) 吊装前应准备好标高调节装置及斜撑系统。

(3) 备好外墙板接缝防水材料等。

2. 吊装流程

外围护体系吊装流程见图 3.5-25。

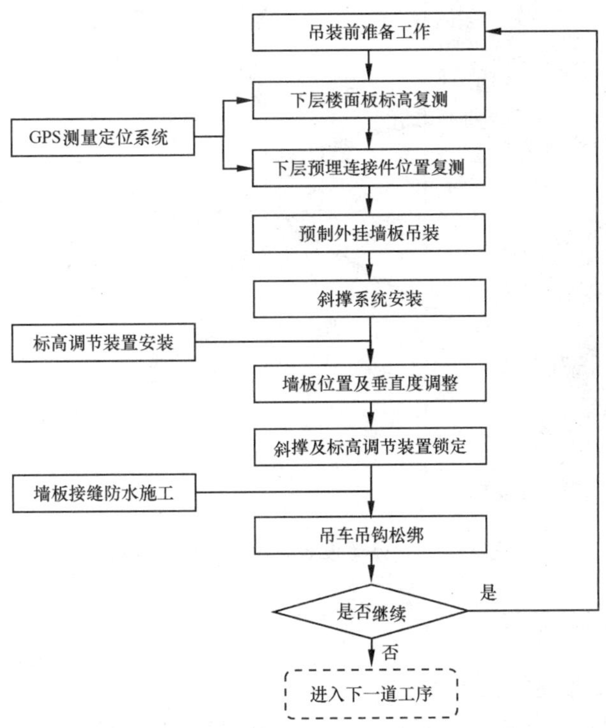

图 3.5-25　外围护体系吊装流程图

3. 标高调节装置

墙板吊装就位后在调整好位置和垂直度前，需要通过带有标高调节装置的斜撑对其进行临时固定。

当全部外墙板的接缝防水嵌缝施工结束后，将预制在外墙板上的预埋铁件与吊装用的标高调节铁盒用电焊焊接或螺栓拧紧形成一整体，再进行防水处理。图 3.5-26—图 3.5-28 分别给出了标高调节装置及节点构造的连接示意图。

图 3.5-26　高程调节装置(临时铁件)

图 3.5-27　高程调节装置(吊装位置)

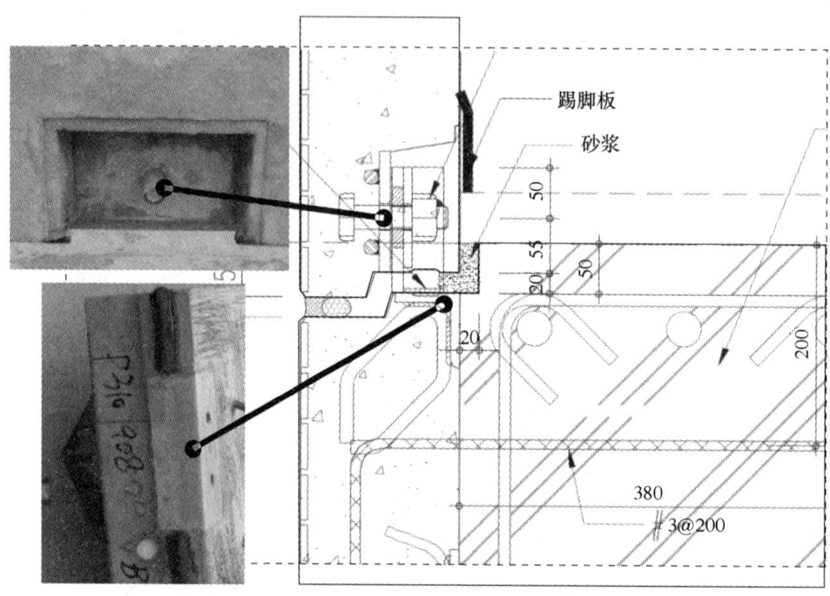

图 3.5-28　外墙板节点构成处理示意图

3.5.5　预制叠合楼板的吊装

1. 预制叠合楼板吊装施工要点

(1) 预制叠合楼板吊装应控制水平标高,可采用找平软座浆或粘贴软性垫片进行吊装。

(2) 在预制叠合楼板吊装时,应按设计图纸要求预埋水电等管线。

(3) 在预制叠合楼板起吊时,吊点不应少于 4 点。

2. 预制叠合楼板吊装

(1) 预制叠合楼板吊装应事先设置临时支撑,并应控制相邻板缝的平整度。

(2) 施工集中荷载或受力较大部位应避开拼接位置。

(3) 外伸预留钢筋伸入支座时,预留筋不得弯折。

(4) 相邻叠合楼板间拼缝可采用干硬性防水砂浆塞缝,大于 30mm 的拼缝,应采用防水细石混凝土填实。

(5) 应在后浇混凝土强度达到设计要求后,方可拆除支撑。

3. 吊装需使用专用平衡吊具

预制叠合楼板吊装需采用专用的平衡吊具,平衡吊具能够更快速安全地将预制楼板吊装到相应位置(图 3.5-29)。

3.5.6　预制楼梯吊装

1. 准备工作

(1) 检查支撑架是否搭设完毕,顶部标高是否正确。

(2) 吊装前需要做好梁位线的弹线及验收工作。

2. 预制楼梯施工步骤

预制楼梯施工应按照下列步骤操作:

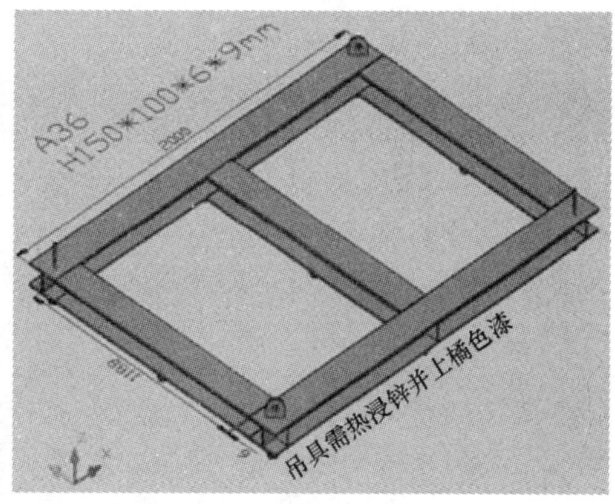

图 3.5-29 预制楼板吊装专用平衡吊具

(1) 楼梯进场后需按单元和楼层清点数量和核对编号。

(2) 搭设楼梯(板)支撑排架与搁置件。

(3) 标高控制与楼梯位置线设置。

(4) 按编号和吊装流程,逐块安装就位。

(5) 塔吊吊点脱钩,进行下一叠合板梯段吊装,并循环重复。

(6) 楼层浇捣混凝土完成,混凝土强度达到设计、规范要求后,拆除支撑排架与搁置件。

3. 预制楼梯吊装要点

(1) 预制楼梯采用预留锚固钢筋方式时,应先放置预制楼梯,再与现浇梁或板浇筑连接成整体。

(2) 预制楼梯与现浇梁或板之间采用预埋件焊接连接方式时,应先施工现浇梁或板,再搁置预制楼梯进行焊接连接。

(3) 框架结构预制楼梯吊点可设置在预制楼梯板侧面,剪力墙结构预制楼梯吊点可设置在预制楼梯板面。

(4) 预制楼梯吊装时,上下预制楼梯应保持通直。预制楼梯施工吊装场景见图 3.5-30,预制楼梯剖面图见图 3.5-31。

图 3.5-30 预制楼梯施工吊装场景

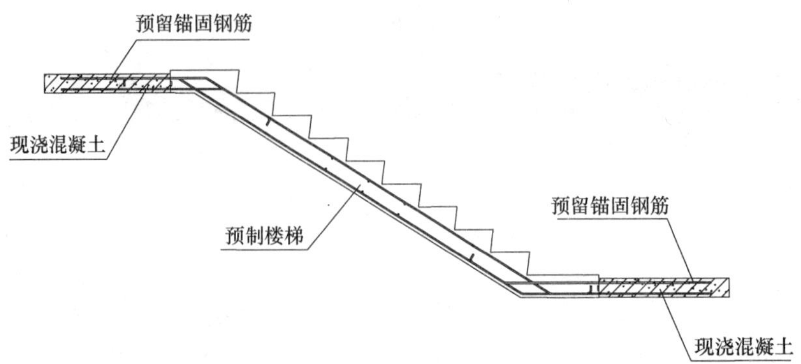

图 3.5-31 预制楼梯剖面图

4. 预制楼梯临时支撑架

可采用支撑架与小型型钢作为预制楼梯吊装时的临时支撑架(图 3.5-32),此外,应设置钢牛腿作为小型钢与预制楼梯间连接,具体结构形式可参见有关深化设计图纸。

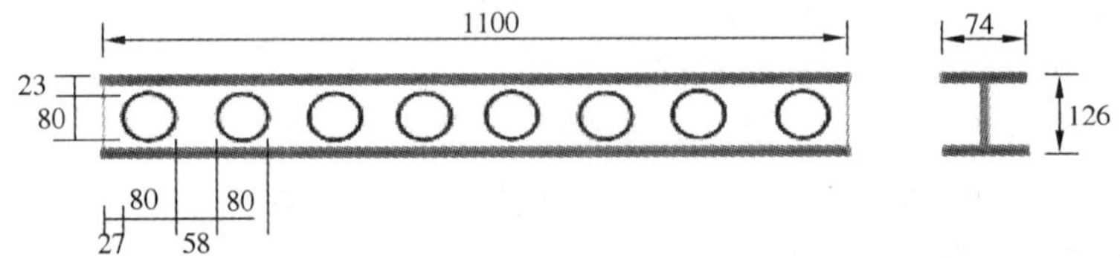

图 3.5-32 小型型钢支撑示意

3.5.7 其他预制构件吊装

1. 预制阳台板吊装施工要点

(1) 悬挑阳台板吊装前应设置防倾覆支撑架,并应在结构楼层混凝土达到设计强度要求时,方可拆除支撑架。

(2) 悬挑阳台板施工荷载不得超过楼板的允许荷载值。

(3) 预制阳台板预留锚固钢筋应伸入现浇结构内,并应与现浇混凝土结构连成整体。

(4) 预制阳台与侧板采用灌浆连接方式时,阳台预留钢筋应插入孔内后进行灌浆处理。

(5) 灌浆预留孔的直径应大于插筋直径的 3 倍,并不应小于 60mm,预留的孔壁表面应保持粗糙或设波纹管齿槽。

2. 预制空调板吊装施工要点

(1) 预制空调板吊装时,应采取临时支撑措施。

(2) 预制空调板与现浇结构连接时,预留锚固钢筋应伸入现浇结构部分,并应与现浇结构连成整体。

(3) 预制空调板采用插入式吊装方式时,连接位置应设预埋连接件,并应与预制墙板的预埋连接件连接,空调板与墙板四周的防水槽口应嵌填防水密封胶。

3.6 构件节点现浇连接施工

3.6.1 基本要求

装配式混凝土建筑中节点现浇连接是指在预制构件吊装完成后预制构件之间的节点经钢筋绑扎或焊接，然后通过支模浇筑混凝土，实现装配式混凝土结构同现浇的一种施工工艺。按照建筑结构体系的不同，其节点的构造要求和施工工艺也有所不同。现浇连接节点主要包括：梁柱节点、叠合梁板节点、叠合阳台、空调板节点、湿式预制墙板节点等。

节点现浇连接构造应按设计图纸的要求进行施工，才能具有足够的抗弯、抗剪、抗震性能，才能保证结构的整体性以及安全性。预制构件现浇节点的施工的注意事项如下：

（1）现浇节点的连接在预制侧接触面上应设置粗糙面和键槽等。

（2）混凝土浇筑量小，需考虑模板和构件的吸水影响。浇筑前要清扫浇筑部位，清除杂质，用水打湿模板和构件的接触部位，但模板内不应有积水。

（3）在混凝土浇筑过程中，为使混凝土填充到节点的每个角落，确保混凝土充填密实，混凝土灌入后需采取有效的振捣措施，但一般不宜使用振动幅度大的振捣装置。

（4）冬季施工时为防止冻坏填充混凝土，要对混凝土进行保温养护。

（5）对清水混凝土工程及装饰混凝土工程，应使用能达到设计效果的模板。

（6）现浇混凝土应达到表 3.6-1 的强度后方可拆除底部模板。

表 3.6-1　底模拆除时的混凝土强度要求

构件类型	构件跨度/m	应达到设计混凝土立方体抗压强度标准值的百分率/%
板	≤2	≥50
	>2,≤8	≥75
	>8	≥100
梁、拱、壳	≤8	≥75
	>8	≥100
悬臂构件	—	≥100

（7）固定在模板上的预埋件、预留孔和预留洞均不得渗漏，且应安装牢固，其偏差应符合表 3.6-2 的规定。检查中心线位置时，应沿纵、横两个方向量测，并取其中的较大值。

表 3.6-2　　预埋件和预留孔洞的允许偏差

项　　目		允许偏差/mm
预埋钢板中心线位置		3
预埋管、预留孔中心线位置		3
插　筋	中心线位置	5
	外露长度	+10,0
预埋螺栓	中心线位置	2
	外露长度	+10,0
预留洞	中心线位置	10
	尺　寸	+10,0

3.6.2　节点现浇连接的种类

节点现浇连接种类详细分类参见表 3.6-3。表 3.6-4 和图 3.6-5 分别给出了预制剪力墙结构和预制框架体系主要预制构件节点现浇连接的构造形式。

表 3.6-3　　主要预制构件间及其与主体结构间常用的连接形式

连接节点	连接方式	
梁-柱的连接	干式连接：牛腿连接、榫式连接、钢板连接、螺栓连接、焊接连接、企口连接、机械套筒连接等	湿式连接：现浇连接、浆锚连接、预应力技术的整浇连接、普通后浇整体式连接、灌浆拼装等
叠合楼板-叠合楼板的连接	干式连接：预制楼板与预制楼板之间设调整缝	湿式连接：预制楼板与预制楼板之间设后浇带
叠合楼板-梁(或叠合梁)的连接	板端与梁边搭接，板边预留钢筋，叠合层整体浇筑	
预制墙板与主体结构的连接	外挂式：预制外墙上部与梁连接，侧边和底边仅作限位连接	
	侧连式：预制外墙上部与梁连接，墙侧边与柱或剪力墙连接，墙底边与梁仅作限位连接	
预制剪力墙与预制剪力墙的连接	浆锚连接、灌浆套筒连接等	
预制阳台-梁(或叠合梁)的连接	阳台预留钢筋与梁整体浇筑	
预制楼梯与主体结构的连接	一端设置固定铰，另一端设置滑动铰	
预制空调板-梁(或叠合梁)的连接	预制空调板预留钢筋与梁整体浇筑	

表 3.6-4　　预制剪力墙体系主要预制构件节点现浇连接的构造形式

名称	图　例	备注
预制叠合剪力墙	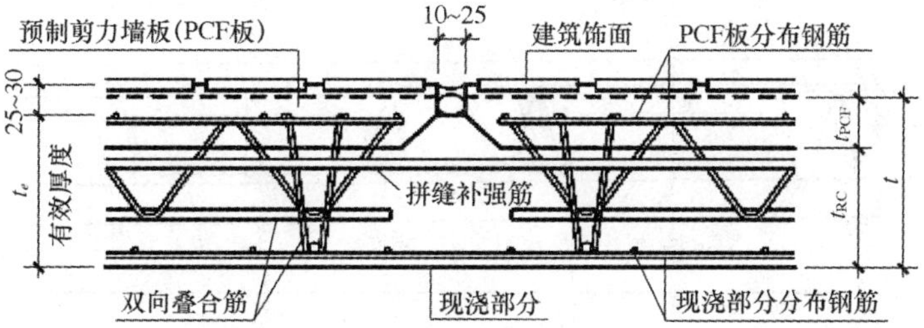 预制剪力墙板(PCF板) 10~25 建筑饰面 PCF板分布钢筋 25~30 t_e 有效厚度 拼缝补强筋 t_{PCF} t_{RC} t 双向叠合筋 现浇部分 现浇部分分布钢筋	
预制与预制剪力墙	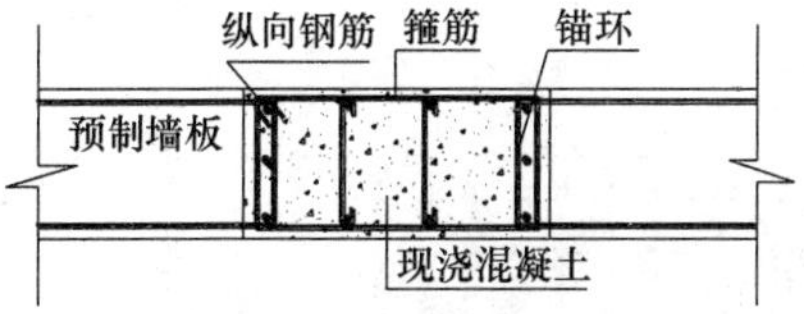 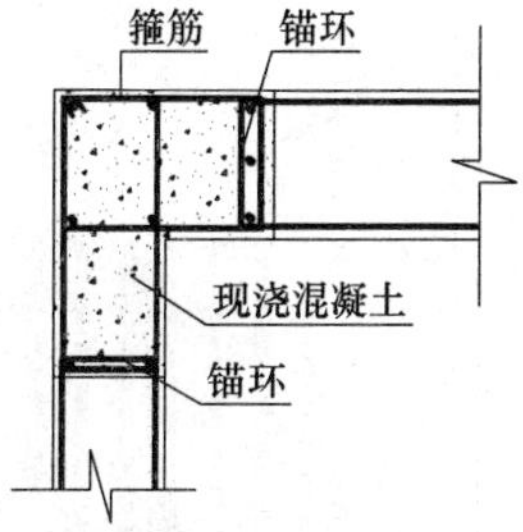 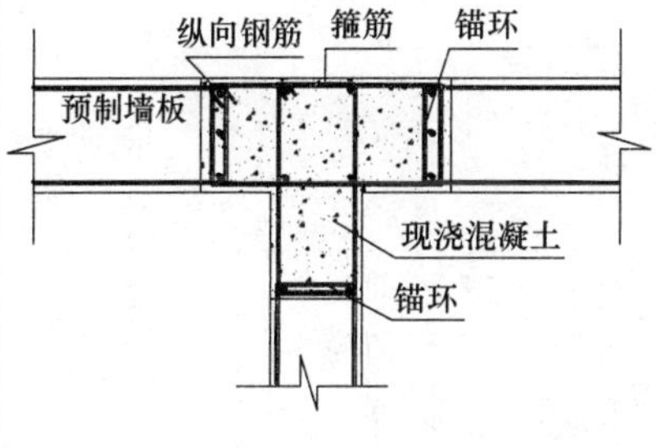 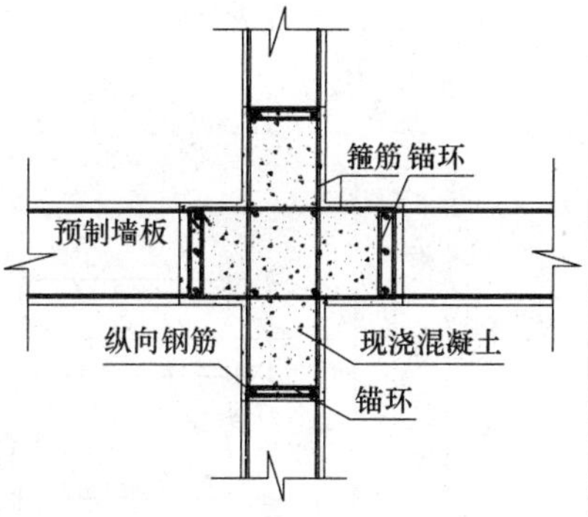 纵向钢筋　箍筋　锚环 预制墙板 现浇混凝土 箍筋　锚环 现浇混凝土 锚环 纵向钢筋　箍筋　锚环 预制墙板 现浇混凝土 锚环 箍筋 锚环 预制墙板 纵向钢筋 现浇混凝土 锚环	
预制与现浇剪力墙	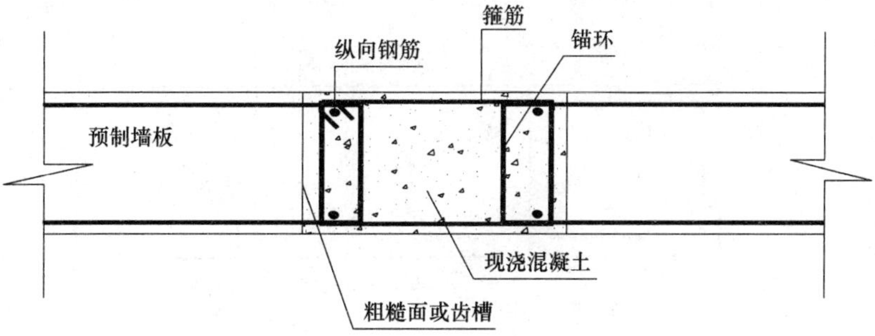 箍筋 纵向钢筋 锚环 预制墙板 现浇混凝土 粗糙面或齿槽	

续表

名称	图例	备注
叠合楼板	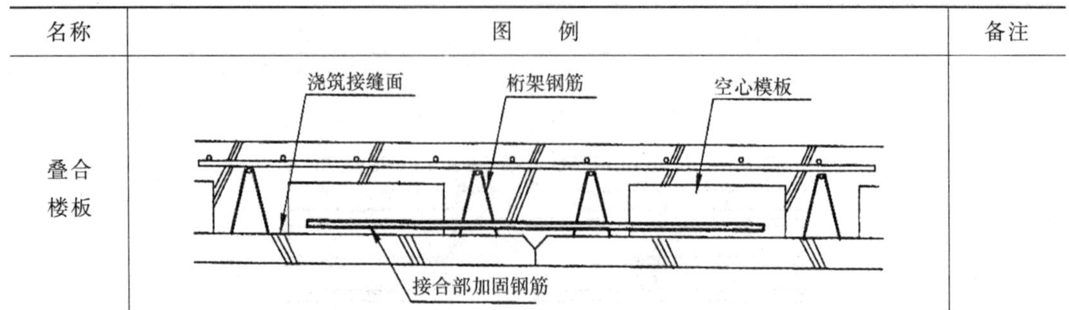 	

表 3.6-5　　预制框架体系主要预制构件节点现浇连接形式

名称	图例	备注
预制梁现浇柱（中间）	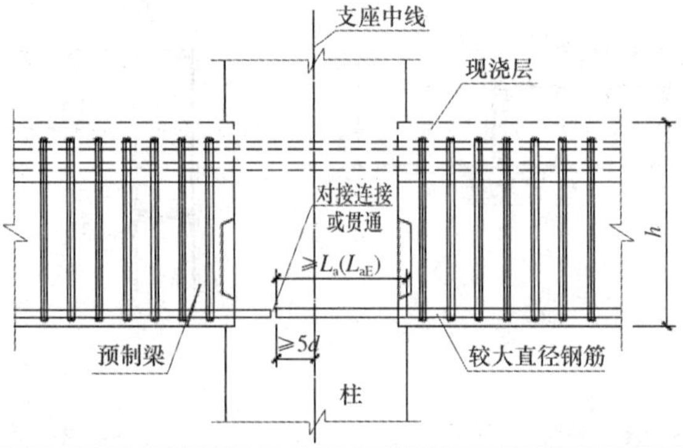 支座中线 现浇层 对接连接或贯通 $\geqslant L_a(L_{aE})$ $\geqslant 5d$ h 预制梁 较大直径钢筋 柱	
预制梁现浇柱（边缘）	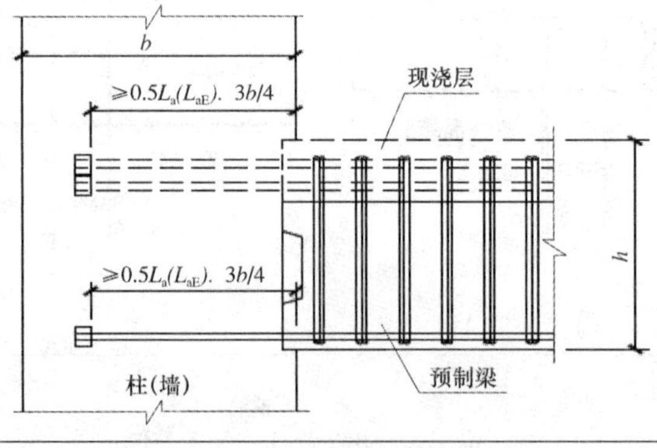 b $\geqslant 0.5L_a(L_{aE})$. $3b/4$ 现浇层 h $\geqslant 0.5L_a(L_{aE})$. $3b/4$ 柱(墙) 预制梁	
预制梁预制柱（中间）	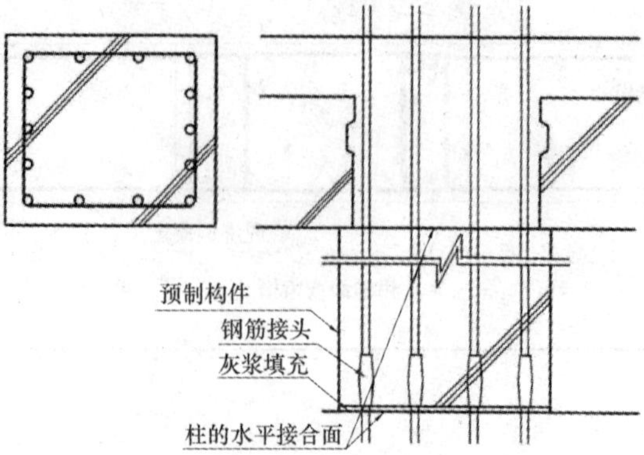 预制构件 钢筋接头 灰浆填充 柱的水平接合面	

1. 预制梁柱节点现浇连接施工

预制梁柱连接节点通常出现在框架体系中(图3.6-1),立柱钢筋与梁的钢筋在节点部位应错开插入,在预制梁和预制柱吊装完成后,支立模浇筑混凝土。通常预制梁柱节点与叠合楼板中的现浇部分混凝土同时浇筑,并形成整体。

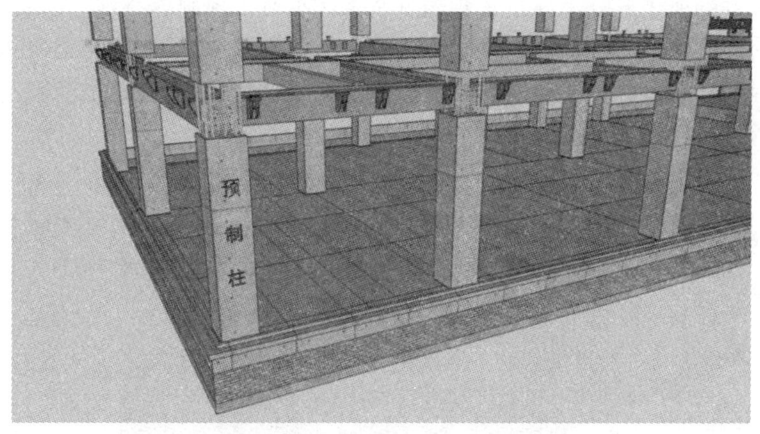

图3.6-1 预制柱、梁节点示意图

2. 叠合梁板节点现浇连接

叠合梁板也通常出现在框架体系中(图3.6-2),预制梁的上层筋部分设计为现浇部分,箍筋在预制部分梁中预留,梁上层钢筋现场穿筋和绑扎,在梁的一侧需设置2.5cm的空隙作为保护层。预制楼板也叫KT板,预制部分的板厚通常为8cm,叠合梁板节点与叠合楼板中的现浇混凝土一起浇筑,在结构上形成一个整体。

图3.6-2 叠合梁板节点现浇示意图

3. 叠合阳台、空调板

预制阳台、空调板通常为设计成预制和现浇的叠合形式,与叠合楼板相同,预制部分的厚度通常为8cm,板面预留有桁架筋,增加预制构件刚度,保证在储运、吊装过程中预制板不会断裂,同时可作为板上层钢筋的支架,板下层钢筋直接预制在板内。

叠合阳台、空调板与楼面连接部位留有锚固钢筋，预制板吊装就位后预留钢筋锚固到楼板钢筋内，与叠合楼板的现浇混凝土进行一次性浇筑。预制阳台、空调板设计时通常有降板处理，所以在楼面混凝土浇筑前需要做吊模处理。

4. 叠合剪力墙

湿式预制墙板现浇混凝土施工流程参见3.3.2小节。预制叠合剪力墙通常用于建筑的外墙，预制叠合剪力墙中现浇混凝土施工与叠合楼板基本相同，预制外墙板吊装在墙体的外侧，厚度一般为7cm，并兼做外模。内侧通过侧钢筋绑扎，立模和现浇混凝土形成整体(图3.6-3)。

图3.6-3 预制剪力墙叠合部分混凝土现场施工场景

3.6.3 节点现浇连接施工注意事项

(1) 为确保现浇混凝土的平整度施工质量，预制装配式结构中现场大体积混凝土的浇筑宜采用铝合金等材料的系统模板。

(2) 由于浇筑在结合部位的混凝土量较少，所以模板的侧面压力较小，但在设计时要保证浇筑混凝土时，铸模不会发生移动或膨胀。

(3) 为了防止水泥浆从预制构件面和模板的结合面溢出，模板需要和构件连接紧密。必要时对缝隙采用软质材料进行有效封堵，避免漏浆影响施工质量。

(4) 模板脱模之前要保证混凝土达到设计要求的强度。

(5) 混凝土浇筑完毕后，应按施工技术方案及时采取有效的养护措施，并应符合下列规定：

(a) 应在混凝土浇筑完毕后12h内对混凝土加以覆盖并保湿养护。

(b) 混凝土浇水养护的时间：对采用硅酸盐水泥、普通硅酸盐水泥或矿渣硅酸盐水泥拌制的混凝土，不得少于7d；对掺用缓凝型外加剂或有抗渗要求的混凝土，不得少于14d。

(c) 浇水次数应能保持混凝土处于湿润状态；混凝土养护用水应与拌制用水相同。

(d) 采用塑料布覆盖养护的混凝土，其敞露的全部表面应覆盖严密，并应保持塑料布内有凝结水。

(e) 混凝土强度达到$1.2N/mm^2$前，不得在其上踩踏或安装模板及支架。

(f) 当日平均气温低于5℃时，不得浇水。

(g) 当采用其他品种水泥时,混凝土的养护时间应根据所采用水泥的技术性能确定。

(h) 混凝土表面不便浇水或使用塑料布时,宜涂刷养护剂。

(i) 大体积混凝土的养护,应根据气候条件按施工技术方案采取控温措施。

(j) 检查与检验方法:

检查数量:全数检查;

检验方法:观察,检查施工记录。

3.7 预制构件钢筋的连接施工

3.7.1 基本要求

预制构件节点的钢筋连接应满足现行行业标准《钢筋机械连接技术规程》(JGJ 107)中Ⅰ级接头的性能要求,并应符合国家行业有关标准的规定。

3.7.2 预制构件主筋连接的种类

预制构件钢筋连接的种类主要有套筒灌浆连接、钢筋浆锚连接以及直螺纹套筒连接。

3.7.3 钢筋套筒灌浆连接施工

1. 基本原理

钢筋套筒灌浆连接的主要原理是预制构件一端的预留钢筋插入另一端预留的套筒内,钢筋与套筒之间通过预留灌浆孔灌入高强度无收缩水泥砂浆,即完成钢筋的续接。钢筋套筒灌浆连接的受力机理是通过灌注的高强度无收缩砂浆在套筒的围束作用下,在达到设计要求的强度后,钢筋、砂浆和套筒三者之间产生的摩擦力和咬合力,满足设计要求的承载力。

2. 灌浆材料

灌浆料不应对钢筋产生锈蚀作用,结块灌浆料严禁使用。柱套筒注浆材料选用专用的高强无收缩灌浆料。

3. 套筒续接器(图 3.7-1 和表 3.7-1)

(1) 套筒应采用球墨铸铁制作,并应符合现行国家标准《球墨铸铁》(GB/T 1348)的有关要求。球墨铸铁套筒材料性能应符合下列规定:

(a) 抗拉强度不应小于 600MPa。

(b) 伸长率不应小于 3%。

(c) 球化率不应小于 85%。

(2) 套筒式钢筋连接的性能检验,应符合现行行业标准《钢筋机械连接通用技术规程》(JGJ 107)中第 3.0.4 条Ⅰ级接头性能等级要求。

(3) 采用套筒续接砂浆连接的钢筋,其屈服强度标准不应大于 500MPa,且抗拉强度标准值不应大于 630MPa。

图 3.7-1　套筒续接器

表 3.7-1　套筒续接器规格表　单位:mm

型号	钢筋直径	TOP SLEEVE 尺寸						填缝材尺寸
		全长 L	外径 ϕ	钢筋插入口		注入口位置	排出口位置	
				宽口径 $\phi 1$	窄口径 $\phi 2$			
4VS	ϕ12	190	44	28	16	47	159	17
5VSA	ϕ 14.16	220	47	31	20	47	180	17
6VSA	ϕ 18	250	51	35	24	47	219	17
7VSA	ϕ 20.22	290	59	43	27	47	259	17
8VSA	ϕ 25	320	64	47	31	47	289	17
9VSA	ϕ 28	363	67	50	35	47	332	17
10VSA	ϕ 32	403	72	54	39	47	372	17
11VSA	ϕ 36	443	78	58	43	47	412	17
14VSA	ϕ 40	533	89	65	50	47	502	17

4. 注意事项

采用钢筋套筒灌浆连接时，应按设计要求检查套筒中连接钢筋的位置和长度，套筒灌浆施工尚应符合下列规定：

(1) 灌浆前应制订套筒灌浆操作的专项质量保证措施，灌浆操作全过程应有质量监控。

(2) 灌浆料应按配比要求计量灌浆材料和水的用量，经搅拌均匀后测定其流动度应满足设计要求。

(3) 灌浆作业应采取压浆法从下口灌注，当浆料从上口流出时应及时封堵，持压 30s 后再封堵下口。

(4) 灌浆作业应及时做好施工质量检查记录，每个工作班制作一组试件。

(5) 灌浆作业时应保证浆料在 48h 凝结硬化过程中连接部位温度不低于 10℃。

(6) 灌浆料拌合物应在备制后 30min 内用完。

(7) 关于钢筋机械式接头的种类应参照设计图纸施工。

(8) 接头的设计应满足强度及变形性能的要求。

(9) 接头连接件的屈服承载力和抗拉承载力的标准值应不小于被连接钢筋的屈服承载力和抗拉承载力标准值的 1.10 倍。

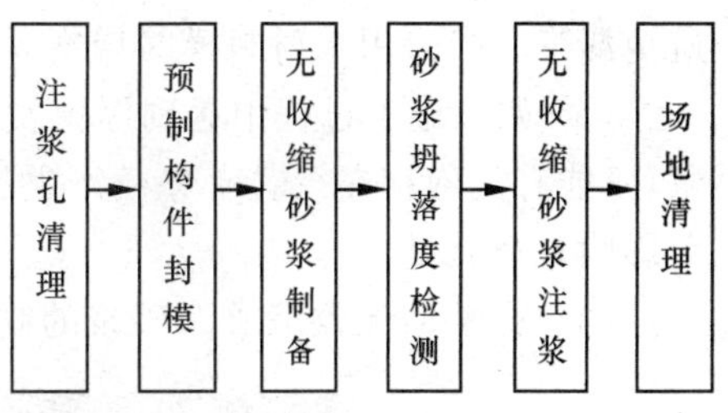

图 3.7-2　注套筒灌浆连接流程

5. 钢筋套筒灌浆连接流程

钢筋套筒灌浆连接的施工流程见图 3.7-2。其主要作业工序如下所述。

(1) 步骤 1:注浆孔清洁(图 3.7-3)。

图 3.7-3　注浆孔清洁

(2) 步骤 2:柱底封模(图 3.7-4)。

图 3.7-4　柱底封模

施工要点如下：

(a) 立柱底部接缝处四周封模，可采用砂浆(高强砂浆＋快干水泥)或木材，但必须确保避免漏浆。当采用木材封模时应塞紧，以免木材受压力作用跑位漏浆。

(b) 如果施工过程中遇到爆模发生时必须立即进行处理，每支套筒内必须充满续接砂浆，不能有气泡存在。若有爆模产生的，水泥浆液污染结构物的表面必须立即清洗干净，以免影响外观质量。

(3) 步骤3：无收缩水泥砂浆的制备(图3.7-5)。

图3.7-5　无收缩水泥砂浆搅拌

施工要点如下：

(a) 应事先检查灌浆机具是否干净，尤其输送软管不应有残余水泥。防止堵塞灌浆机。

(b) 先检查套筒续接砂浆用的特殊水泥是否在有效期间内，水泥即使在使用的有效期内，若超过6个月的，需用$\Phi8$筛去除较粗颗粒，且需要做标准试块(70mm×70mm×70mm)进行抗压试验确认其强度。

(c) 检查所使用水质是否清洁及碱性含量，若使用非自来水时，需做氯离子检测，使用自来水可免检验。严禁使用海水。

(4) 步骤4：无收缩水泥砂浆的流度测试(图3.7-6)。

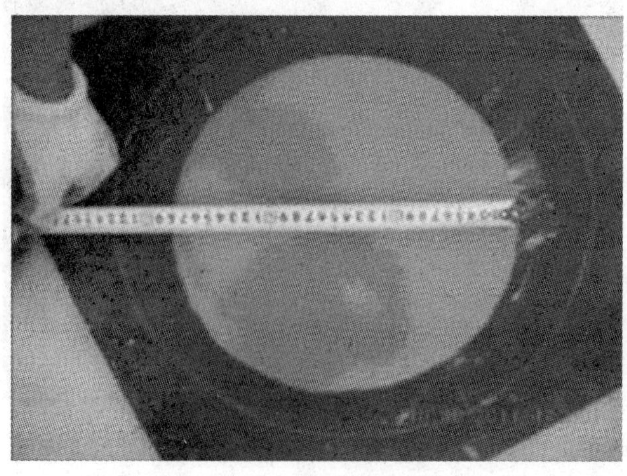

图3.7-6　无收缩水泥流度测试

（5）步骤 5：无收缩水泥灌浆（图 3.7-7）。

施工要点如下：

（a）灌浆时应从预留在柱底部的注浆孔注入，由设置在柱顶部的出浆孔呈圆柱状的注浆体均匀流出后，方可用塑料塞塞紧。

（b）如果遇有无法正常出浆，应立即停止灌浆作业，检查无法出浆的原因，并排除障碍后方可继续作业。

（c）灌浆作业完成后必须将工作面清洁干净，所有施工机具也需清洗干净。

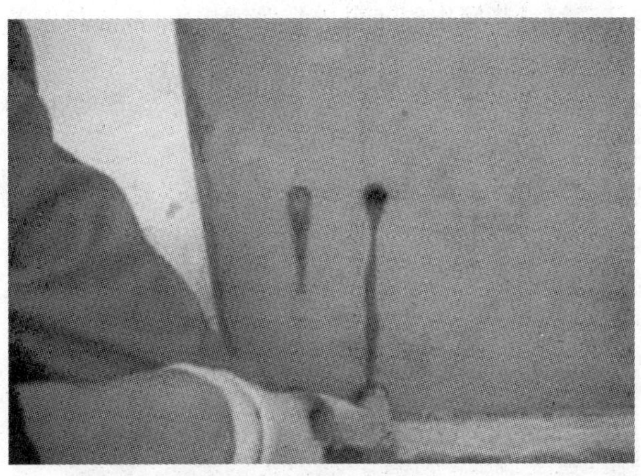

图 3.7-7　无收缩水泥注浆

（6）步骤 6：出浆确认并塞孔（图 3.7-8）。

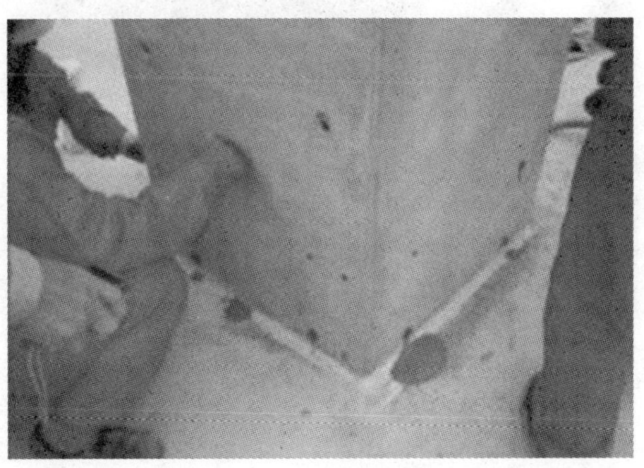

图 3.7-8　出浆确认并塞孔

6. 试验和检查

（1）在下列情况时应进行试验：

（a）需确定接头性能等级时。

（b）材料、工艺、规格进行变更时。

（c）质量监督部门提出专门要求时。

（2）每楼层均需做三组水泥砂浆试体，送检相关部门检测，对于砂浆 1d、7d、28d 强度进行测定。做1d试块强度测定的目的是为了确定第二天是否可以吊装预制梁，只有试块的强度达到设计值的65%～70%，才能进行预制梁的吊装。

(3) 套筒灌浆连接及钢筋浆锚搭接的连接接头检验应以每层或500个接头为一个检验批，每个检验批均应进行全数检查其施工记录和每班试件强度试验报告；套筒续接器的拉伸试验架见图3.7-9。

(4) 采用套筒灌浆连接时，应检查套筒中连接钢筋的位置和长度是否满足设计要求，套筒和灌浆材料应采用同一厂家经认证的配套产品。

(5) 灌浆前应制订套筒灌浆操作的专项质量保证措施，被连接钢筋偏离套筒中心线的角度不应超过7°，灌浆操作全过程应由监理人员旁站。

(6) 灌浆料应由经培训合格的专业人员按配置要求计量灌浆材料和水的用量，经搅拌均匀后测定其流动度，当满足设计要求后方可灌注。

(7) 浆料应在制备后半小时内用完，灌浆作业应采取压浆法从下口灌注，当浆料从上口流出时应及时封堵，持压30s后再封堵下口；

接头试件形式检验报告(样式)可参考附表7，无收缩水泥灌浆施工质量检查表(样式)可参考附表8。

图3.7-9　套筒续接拉伸试验架

3.7.4　钢筋浆锚搭接连接施工

1. 基本原理

传统现浇混凝土结构的钢筋搭接一般采用绑扎连接或直接焊接等方式。而装配式混凝土结构预制构件之间的连接除了采用钢套筒连接以外，有时也采用钢筋浆锚连接的方式。与钢套筒连接相比，钢筋浆锚连接同样安全可靠、施工方便、成本相对较低。根据同济大学、哈尔滨工业大学等大量的试验研究结果表明，钢筋浆锚搭接是一种可以保证钢筋之间力的传递的有效连接方式。

钢筋浆锚连接的受力机理是将拉结钢筋锚固在带有螺旋筋加固的预留孔内，通过高强

度无收缩水泥砂浆的灌浆后实现力的传递。也就是说，钢筋中的拉力是通过剪力传递到灌浆料中，再传递到周围的预制混凝土之间的界面中去，也称之为间接锚固或间接搭接。

连接钢筋采用浆锚搭接连接时，可在下层预制构件中设置竖向连接钢筋与上层预制构件内的连接钢筋通过浆锚搭接连接。纵向钢筋采用浆锚搭接连接时，对预留孔成孔工艺、孔道形状和长度、构造要求、灌浆料和被连接的钢筋，应进行力学性能以及适用性的实验验证。直径大于 20mm 的钢筋不宜采用浆锚搭接连接，直接承受动力荷载构件的纵向钢筋不应采用浆锚搭接连接。连接钢筋可在预制构件中通常设置，或在预制构件中可靠地锚固。

2. 浆锚灌浆连接的性能要求

钢筋浆锚连接用灌浆料性能可参照现行行业标准《装配式混凝土结构技术规程》(JGJ 1)的要求执行，具体性能要求详见表 3.7-2。

表 3.7-2　钢筋浆锚连接用灌浆料性能要求

项目	指标名称	指标性能
泌水率/%		0
流动度/mm	初始值	≥200
	30min 保留值	≥150
竖向膨胀率/%	3h	≥0.02
	24h 与 3h 的膨胀值之差	0.02～0.5
抗压强度/MPa	1d	≥30
	3d	≥50
	28d	≥70
对钢筋的锈蚀作用		无

3. 浆锚灌浆连接施工要点

预制构件主筋采用浆锚灌浆连接的方式，在设计上对抗震等级和高度上有一定的限制。在预制剪力墙体系中预制剪力墙的连接使用较多，预制框架体系中的预制立柱的连接一般不宜采用。钢筋浆锚连接的施工流程可参考图 3.7-2 所示的工序进行。图 3.7-10 和图 3.7-11 分别给出了钢筋浆锚连接的示意图和预制外墙浆锚灌浆连接及施工场景图。毫无疑问，浆锚灌浆连接节点施工的关键是灌浆材料及施工工艺，无收缩水泥灌浆施工质量可参照钢套筒的连接施工相关章节。

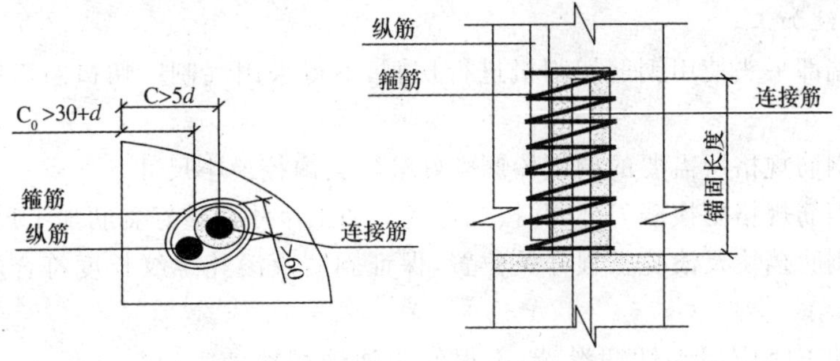

图 3.7-10　浆锚灌浆连接节点示意图

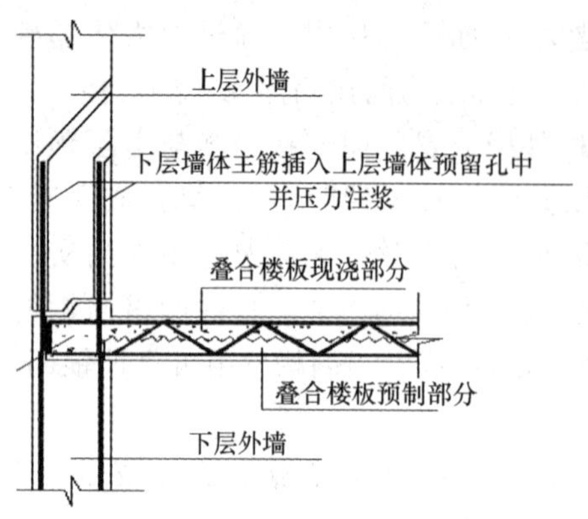

图 3.7-11 预制外墙浆锚灌浆连接及施工场景

3.7.5 直螺纹套筒连接施工

1. 基本原理

直螺纹套筒连接接头施工其工艺原理是将钢筋待连接部分剥肋后滚压成螺纹，利用连接套筒进行连接，使钢筋丝头与连接套筒连接为一体，从而实现了等强度钢筋连接。直螺纹套筒连接的种类主要有冷镦粗直螺纹、热镦粗直螺纹、直接滚压直螺纹、挤(碾)压肋滚压直螺纹。

2. 一般注意事项

1) 技术要求

(1) 钢筋先调直再下料，切口端面与钢筋轴线垂直，不得有马蹄形或挠曲，不得用气割下料。

(2) 钢筋下料时需符合下列规定：

(a) 设置在同一个构件内的同一截面受力钢筋的位置应相互错开。在同一截面接头百分率不应超过 50%。

(b) 钢筋接头端部距钢筋受弯点不得小于钢筋直径的 10 倍长度。

(c) 钢筋连接套筒的混凝土保护层厚度应满足现行国家标准《混凝土结构设计规范》(GB 50010)中的相应规定且不得小于 15mm，连接套之间的横向净距不宜小于 25mm。

2) 钢筋螺纹加工

(1) 钢筋端部平头使用钢筋切割机进行切割，不得采用气割。切口断面应与钢筋轴线垂直。

(2) 按照钢筋规格所需要的调试棒调整好滚丝头内控最小尺寸。

(3) 按照钢筋规格更换涨刀环，并按规定丝头加工尺寸调整好剥肋加工尺寸。

(4) 调整剥肋挡块及滚扎行程开关位置，保证剥肋及滚扎螺纹长度符合丝头加工尺寸的规定。

(5) 丝头加工时应用水性润滑液，不得使用油性润滑液。当气温低于 0℃时，应掺入 15%～20%亚硝酸钠。严禁使用机油做切割液或不加切割液加工丝头。

(6) 钢筋丝头加工完毕经检验合格后，应立即带上丝头保护帽或拧上连接套筒，防止装卸钢筋时损坏丝头。

3）钢筋连接

（1）连接钢筋时，钢筋规格和连接套筒规格应一致，并确保钢筋和连接套的丝扣干净、完好无损。

（2）连接钢筋时应对准轴线将钢筋拧入连接套中。

（3）必须用力矩扳手拧紧接头。力矩扳手的精度为±5%，要求每半年用扭力仪检定一次。力矩扳手不使用时，将其力矩值调整为零，以保证其精度。

（4）连接钢筋时应对正轴线将钢筋拧入连接套中，然后用力矩扳手拧紧。接头拧紧值应满足表 3.7-3 规定的力矩值，不得超拧，拧紧后的接头应做上标记，放置钢筋接头漏拧。

（5）钢筋连接前要根据所连接直径的需要将力矩扳手上的游动标尺刻度调定在相应的位置上。即按规定的力矩值，使力矩扳手钢筋轴线均匀加力。当听到力矩扳手发出"咔哒"声响时即停止加力(否则会损坏扳手)。

（6）连接水平钢筋时必须依次连接，从一头往另一头，不得从两边往中间连接，连接时一定两人面对站立，一人用扳手卡住已连接好的钢筋，另一人用力矩扳手拧紧待连接钢筋，按规定的力矩值进行连接，这样可避免弄坏已连接好的钢筋接头。

（7）使用扳手对钢筋接头拧紧时，只要达到力矩扳手调定的力矩值即可，拧紧后按表 3.7-3 规定力矩值检查。

表 3.7-3　滚扎直螺纹钢筋接头拧紧力矩值

序号	钢筋直径/mm	拧紧力矩值/(N·m)
1	≤16	100
2	18～20	200
3	22～25	260
4	28～32	320

（8）接头拼接完成后，应使两个丝头在套筒中央位置相互顶紧，套筒的两端不得有一口以上的完整丝扣外露，加长型接头的外露扣数不受限制，但有明显标记，以检查进入套筒的丝头长度是否满足要求。

4）材料与机械设备

（1）材料准备：

（a）钢套筒应具有出厂合格证。套筒的力学性能必须符合规定。表面不得有裂纹、折叠等缺陷。套筒在运输、储存中，应按不同规格分别堆放，不得露天堆放，防止锈蚀和沾污。

（b）钢筋必须符合国家标准设计要求，还应有产品合格证、出厂检验报告和进场复验报告。

（2）施工机具

钢筋直螺纹剥肋滚丝机、力矩扳手、牙型规、卡规、直螺纹塞规。

3.7.6　波纹管连接施工

波纹管连接的施工工艺与钢筋套筒灌浆连接和浆锚灌浆连接的施工流程和施工要求基本相同，详细内容可参照执行。图 3.7-12 为金属波纹管连接示意图。

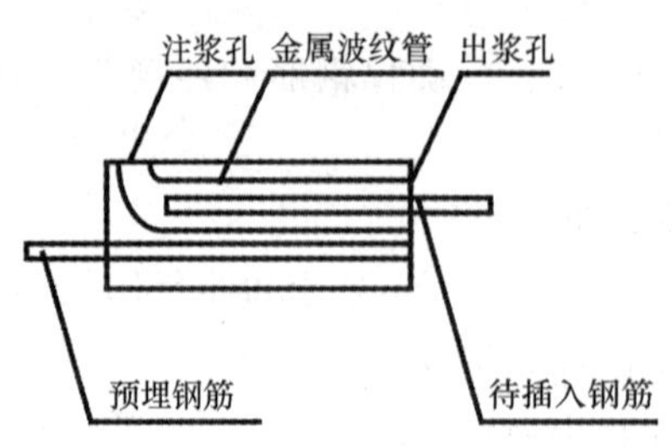

图 3.7-12　金属波纹管连接示意

3.8　构件接缝构造连接施工

3.8.1　接缝材料

预制构件的接缝材料分主材和辅材两部分，辅材根据选用的主材确定。主材密封胶是一种可追随密封面形状而变形，不易流淌，有一定粘结性的密封材料。预制构件接缝使用的建筑密封胶，按其组成大致可分为聚硫橡胶、氯丁橡胶、丙烯酸、聚氨酯、丁基橡胶、硅橡胶、橡塑复合型、热塑性弹性体等多种。预制构件接缝材料的要求参照现行行业标准《装配式混凝土结构技术规程》(JGJ 1)执行，具体要求如下：

(1) 接缝材料应与混凝土具有相容性，以及规定的抗剪切和伸缩变形能力；接缝材料应具有防霉、防水、防火、耐候等性能。

(2) 硅酮、聚氨酯、聚硫建筑密封胶应分别符合现行国家标准《硅酮建筑密封胶》(GB/T 14683)和现行行业标准《聚氨酯建筑密封胶》(JC/T 482)、《聚硫建筑密封胶》(JC/T 483)的规定。

(3) 夹心外墙板接缝处填充用保温材料的燃烧性能应满足现行国家标准《建筑材料及制品燃烧性能分级》(GB 8624)中 A 级的要求。

3.8.2　接缝构造要求

预制外挂墙板接缝采用材料防水时，必须用防水性能可靠的嵌缝材料。板缝宽度不宜大于 20mm，材料防水的嵌缝深度不得小于 20mm。对于普通嵌缝材料，在嵌缝材料外侧应勾水泥砂浆保护层，其厚度不得小于 15mm。对于高档嵌缝材料，其外侧可不做保护层。预制外挂墙板接缝的材料防水还应符合下列要求：

(1) 外挂墙板接缝宽度设计应满足在热胀冷缩及风荷载、地震作用等外界环境的影响下，其尺寸变形不会导致密封胶的破裂或剥离破坏的要求。

(2) 外挂墙板接缝宽度不应小于 10mm，一般设计宜控制在 10～35mm 范围内；接缝胶深度一般在 8～15mm 范围内。

(3) 外挂墙板的接缝可分为水平缝和垂直缝两种形式。

(4) 普通多层建筑外挂墙板接缝宜采用一道防水构造做法(图 3.8-1)。

(5) 高层建筑、多雨地区的外挂墙板接缝防水宜采用两道密封防水构造的做法，即在外部密封胶防水的基础上，增设一道发泡氯丁橡胶密封防水构造(图 3.8-2)。

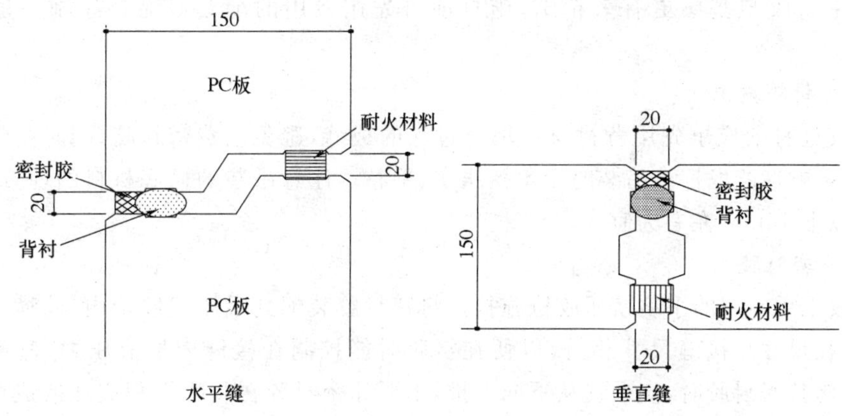

图 3.8-1 预制外墙板缝一道防水构造

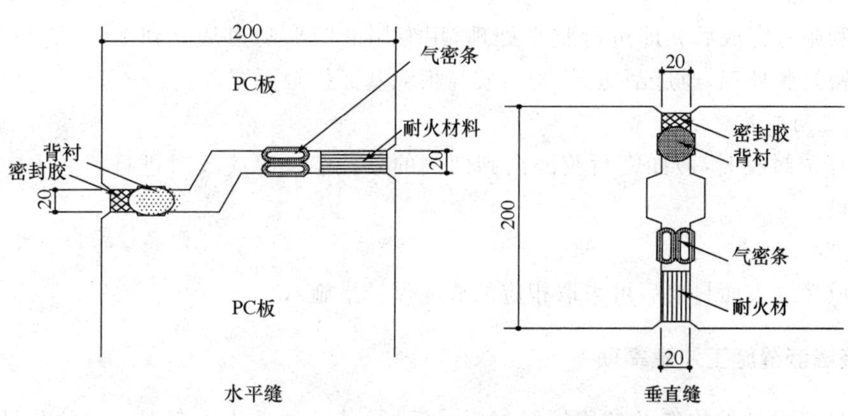

图 3.8-2 预制外墙板缝两道防水构造

3.8.3 接缝嵌缝施工流程

接缝嵌缝的施工流程如图 3.8-3 所示。其主要工序的施工说明如下：

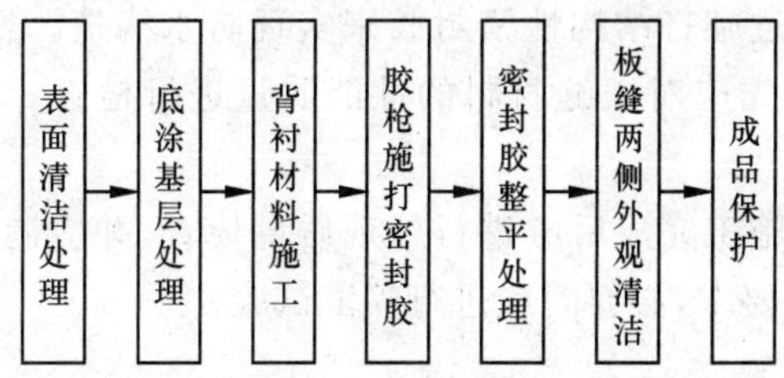

图 3.8-3 预制外墙板接缝嵌缝施工流程

1) 表面清洁处理

将外挂墙板缝表面清洁至无尘、无污染或无其他污染物的状态。表面如有油污可用溶剂(甲苯、汽油)擦洗干净。

2）底涂基层处理

为使密封胶与基层更有效粘结，施打前可先用专用的配套底涂料涂刷一道做基层处理。

3）背衬材料施工

密封胶施打前应事先用背衬材料填充过深的板缝，避免浪费密封胶，同时避免密封胶三面粘结，影响性能发挥。吊装时用木柄压实、平整。注意吊装的衬底材料的埋置深度，在外墙板面以下 10mm 左右为宜。

4）施打密封胶

密封胶采用专用的手动挤压胶枪施打。将密封胶装配到手压式胶枪内，胶嘴应切成适当口径，口径尺寸与接缝尺寸相符，以便在挤胶时能控制在接缝内形成压力，避免空气带入。此外，施打密封胶时，应顺缝从下向上推，不要让密封胶在胶嘴堆积成珠或成堆。施打过的密封胶应完全填充接缝。

5）整平处理

密封胶施打完成后立即进行整平处理，用专用的圆形刮刀从上到下，顺缝刮平。其目的是整平密封胶外观，通过刮压，使密封胶与板缝基面接触更充分。

6）板缝两侧外观清洁

当施打密封胶时，假如密封胶溢出到两侧的外挂墙板时应及时进行清除干净，以免影响外观质量。

7）成品保护

在完成接缝表面封胶后可采取相应的成品保护措施。

3.8.4 接缝嵌缝施工注意事项

根据接缝设计的构造及使用嵌缝材料的不同，其处理方式也存在一定的差异，常用接缝连接构造的施工要点如下：

(1) 外挂墙板接缝防水工程应由专业人员进行施工，以保证外墙的防排水质量。橡胶条通常为预制构件出厂时预嵌在混凝土墙板的凹槽内，在现场施工的过程中，预制构件调整就位后，通过安装在相邻两块预制外墙板的橡胶条，通过挤压达到防水效果。

(2) 预制构件外侧通过施打结构性密封胶来实现防水构造。密封防水胶封堵前，侧壁应清理干净，保持干燥，事先应对嵌缝材料的性能质量进行检查。嵌缝材料应与墙板粘结牢固。

(3) 预制构件连接缝施工完成后应进行外观质量检查，并应满足国家或地方相关建筑外墙防水工程技术规范的要求，必要时应进行喷淋试验。

3.9 构件成品保护

3.9.1 基本要求

预制构件的成品保护主要包括：

（1）合理安排施工顺序。主要根据工程实际，合理安排不同工序的施工先后顺序，防止后道工序影响或损坏前道工序。

（2）根据产品特点，可分别对成品和半成品采取护、包、盖、封等措施。

（3）加强成品保护责任制度，加强对成品保护的工作巡查，发现问题及时处理。

3.9.2　构件成品保护

依据预制构件成品保护的要求，按照预制构件的类别分类介绍成品保护的相关要求。

（1）装配式混凝土建筑施工完成后，竖向构件阳角、楼梯踏步口宜采用木条（板）包角保护。

（2）预制构件现场吊装及其他工序等施工整个过程中，宜对预制构件原有的门窗框、预埋件等产品进行保护，装配式混凝土建筑质量验收前不得拆除或损坏。

（3）预制外挂墙板饰面砖、石材、涂刷等装饰材料表面宜采用贴膜或其他专业材料保护。

（4）预制楼梯饰面砖宜采用现场后贴施工，采用构件制作先贴法时应铺设木板或其他覆盖形式进行成品保护。

（5）预制构件暴露在空气中的预埋铁件应涂抹防锈漆。

（6）预制构件的预埋螺栓孔应填塞海绵棒。

3.10　施工质量控制

3.10.1　基本要求

施工质量控制是在明确的质量方针指导下，通过对施工方案的计划、实施、检查和持续改进，进行施工质量目标的事前控制、事中控制和事后控制的系统过程控制。结合装配式混凝土建筑工程的施工特点，以审核质量文件、检查现场质量为重点，形成上述三个环节互相补充，实现动态的过程质量控制，达到质量管理和质量控制的持续改进。

装配式混凝土建筑施工的质量控制由构件生产阶段和现场装配施工阶段来组织，在质量控制与施工质量验收的规范方面，目前已经有较完善的标准，但对于套筒灌浆等关键工序的质量检验仍以过程控制为主，这不仅要求监理单位在施工过程中严格监管，还需要进一步组织和培训专业的施工作业班组和确立标准化施工作业流程。对于总包单位来讲，相对粗放的以包代管的管理方式已经不能满足装配式混凝土建筑施工的质量管理体系控制要求。相对于预制构件的制作质量与吊装质量，更多的标准化模具和成熟的专业施工标准做法显得尤为重要。

3.10.2　构件吊装施工质量控制

各类预制构件的吊装质量控制要求参见“第 4 章 装配式混凝土建筑施工质量检验与验收”中的相关章节的要求执行。装配式混凝土建筑主要预制构件吊装施工时的质量控制说明如下。

1. 预制柱

（1）预制柱运入现场后，需对预制柱的外观和几何尺寸等项目进行检查和验收。构件检查的项目包括:规格、尺寸以及抗压强度是否满足设计要求。同时观察预制柱内的钢筋套筒是否被异物填入堵塞。检查结果应记录在案,签字后生效。

(2) 根据施工图准确划线,以控制预制柱准确安放在平面控制线上。若需进行钢筋穿插连接,还要对预留钢筋进行微调,使预留钢筋可顺利插入钢筋套筒。

(3) 预制柱在起吊前,应选择合适的吊具、钩索,并确保其承受的最小拉应力为构件本身的1.5倍。为便于校正预制柱的垂直度,还应在起吊前,在预制柱四角安放金属垫块,并使用经纬仪辅助调节柱的垂直度(图3.10-1)。

(4) 预制柱吊装就位时,施工人员可手扶柱子,引导其内的钢筋套筒与预留钢筋试对,施工人员确定无问题后,可缓慢安放预制柱,在确保预留钢筋完美插入钢筋套筒的同时,引导柱底面与平面控制线对准。若出现少量偏移,可采用橡胶锤、扳手等工具敲击柱身,使之精准就位(图3.10-2)。

(5) 预制柱就位后可通过灌浆孔灌注混凝土,以及用螺栓固定的方式对柱子进行固定。固定过程中,仍需要控制预制柱位置,避免柱子因外力作用下错位。

(6) 预制柱吊装完成后安装质量记录和检查表(样式)可参见附表9。

图3.10-1 预制柱吊装

图3.10-2 预制柱校正

2. 预制梁

(1) 预制梁运入现场后应对其进行检查和验收,主要检查构件的规格、尺寸、抗压强度以及预留钢筋的形状、型号是否满足设计的要求。

(2) 根据图纸,运用经纬仪、钢尺、卷尺等测量工具划出控制轴线。同时检查梁底支撑工具,查看其支撑高度是否与控制轴线平齐,若不足或超出控制轴线,需要对其进行微调。

(3) 预制梁吊装过程中,在离地面200mm处对构件水平度进行调整,其中,需控制吊索长度,使其与钢梁的夹角不小于60°(图3.10-3)。

(4) 预制梁吊装精度检查表见附表10。

图3.10-3 预制梁吊装

3. 预制叠合楼板

(1) 预制叠合楼板运入现场后应对其进行检查和验收，主要检查构件的规格、尺寸以及抗压强度是否满足项目要求。

(2) 根据图纸，运用经纬仪、钢尺、卷尺等测量工具在预制梁上划出楼板位置的控制轴线。同时检查板底的支撑系统，查看其支撑高度是否与控制轴线平齐，若不足或超出控制轴线，需对其进行微调。支撑工具为竖向支撑系统，通常由承插盘扣式脚手架和可调顶托组成。

(3) 预制楼板吊装时，应顺序吊装，不可间隔吊装，同时吊索应连接在楼板四角，保证楼板的水平吊装，并在楼板离开地面 200mm 左右时对其水平度进行调整(图 3.10-4)。

(4) 楼板下放时，应将楼板预留筋与预制梁的预留筋的位置错开，缓慢下放，准确就位。吊装完毕后对楼板位置进行调整或校正，误差控制在 2mm 以内。最后利用支撑工具，在固定楼板的同时，调整楼板标高(图 3.10-5)。

(5) 叠合楼板的吊装检查表(样式)可参考附表 11。

图 3.10-4　预制楼板吊装

图 3.10-5　预制楼板校正

4. 预制楼梯与阳台板

(1) 预制楼梯及阳台板运入现场后，应对其进行检查与验收，主要检查构件的尺寸、梯段、台阶数以及抗压强度是否满足项目要求。

(2) 根据图纸，在楼梯间的预制梁上，运用经纬仪、钢尺、卷尺等测量工具划出楼板的安放轴线。同时检查支撑工具，查看其支撑高度是否与控制轴线平齐，若不足或超出控制轴线，需对其进行微调。

(3) 预制楼梯吊装时，将吊索连接在楼梯平台的四个端部，以保证楼梯水平吊装，并在楼梯离开地面 200mm 左右时用水平尺检测其水平度，并通过吊具进行调整(图 3.10-6)。

(4) 楼梯下放时，应将楼梯平台的预留筋与梁箍筋相互交错，缓慢下放，保证楼梯平台准确就位，再使用水平尺、吊具再次调整楼梯水平度。吊装完毕后可用撬棍对楼梯位置进行调整校正，误差控制在 2mm。最后利用支撑系统，在固定楼梯的同时，调整楼板标高(图 3.10-7)。

(5) 预制楼梯吊装质量检查表(样式)可参考附表 12，预制阳台板的吊装质量检查表(样式)可参考附表 13。

图 3.10-6　预制楼梯吊装

图 3.10-7 预制楼梯支撑校正

5. 预制外挂墙板

外挂墙板施工质量控制基本要求与预制叠合楼板基本相同，此处不再赘述。外挂墙板（含 PCF 墙板）构件吊装质量检查表（样式）可参考附表 14。

3.10.3　构件节点现浇连接质量控制

在混凝土浇筑前，应首先对制备好的混凝土进行坍落度试验，并检测混凝土的强度是否符合设计要求。对浇筑区域要进行清扫，清除浮浆、污水等异物，并洒水使构件连接节点湿润。在混凝土浇筑过程中，对于预制柱和预制墙的水平连接处，可自上而下分层进行浇筑，且每层高度不宜大于 2m，同时可用木锤适度敲击模板的侧面以使混凝土密实，必要时可插入微型振动棒进行振捣（图 3.10-8）。切勿采用大型振动设备进行振捣以防止模板走模或变形等现象发生。

图 3.10-8　混凝土浇筑以及振捣

3.10.4　构件节点钢筋连接质量控制

钢筋连接接头的试验、检查可参照各类连接接头施工方法中规定的方法；钢筋采用机械连接时，其接头质量应符合现行行业标准《钢筋机械连接技术规程》（JGJ 107）的有关规定。

在对预制墙、预制柱内的钢筋套筒进行灌浆时，应用料斗对准构件的灌浆口，开启灌浆泵进行灌浆，灌浆作业时灌浆要均匀、缓慢(图 3.10-9)。在灌浆前，将不参与作业灌浆孔和排浆孔事先用橡胶塞进行封堵，当发现作业灌浆孔有漏浆现象发生时，应及时封堵当前灌浆孔，并打开下一个灌浆孔继续灌浆，直至所有灌浆口漏浆封堵，排浆孔开始排浆且没有气泡产生时，对排浆孔进行封堵，灌浆作业结束后将灌浆孔表面压平。

图 3.10-9　灌浆孔图例

(1) 采用焊接连接时，应首先制定焊接部位确认表，以选择合适的焊接方式、焊接材料、焊接设备等。在焊接过程中应保证焊接坡口有足够的熔深，焊接部位不会出现气泡、裂缝，焊缝美观且机械性能好。另外，因强风天气可导致焊接电弧不稳定致使焊接质量下降，因此，焊接作业应在风速小于 10m/s 的天气下进行。同时，低温天气也不能进行焊接作业，为配合装配式住宅冬季施工的特点，可以在施焊前，对施焊部分进行加热，将温度提至 36℃以上时再进行作业，以防止因温度的骤然变化，导致构件开裂。

(2) 采用高强螺栓进行连接时，需根据钢结构设计规范选择螺栓型号，以满足工程要求。由于采用螺栓连接，造成构件刚度增大，无法抵消构件生产时的误差，因此需严格控制螺栓安装精度。另外，螺栓连接常与焊接搭配作业，为防止焊接产生的高温影响螺栓安装精度，需严格把控焊接部位与螺栓之间的距离。

3.10.5　构件接缝施工质量控制

构件接缝施工质量控制与施工时注意事项的内容基本相同，预制构件接缝的施工主要控制措施如下：

(1) 密封胶应采用建筑专用的密封胶，并应符合国家现行标准《硅酮建筑密封胶》(GB/T 14683)和现行行业标准《聚氨酯建筑密封胶》(JC/T 482)、《聚硫建筑密封胶》(JC/T 483)等相关的规定。

(2) 外挂墙板接缝防水工程应由专业人员进行施工。

(3) 密封防水胶封堵前，侧壁应清理干净，保持干燥，事先应对嵌缝材料的性能质量进行检查。

(4) 嵌缝材料应与墙板粘结牢固。

(5) 预制构件连接缝施工完成后应进行外观质量检查，并应满足国家或地方相关建筑外墙防水工程技术规范的要求。图 3.10-10 为外墙板接缝施作完成后的外景照片示例。

图 3.10-10　预制外墙板接缝施工的外观质量

3.11 施工安全控制

3.11.1 基本要求

装配式混凝土建筑施工安全基本要求如下：

(1) 装配式混凝土建筑施工过程中应按照现行国家行业标准《建筑施工安全检查标准》(JGJ 59)、《建筑施工现场环境与卫生标准》(JGJ 146)和上海市地方标准《现场施工安全生产管理规范》(DGJ 08—903)等安全、职业健康和环境保护的有关规定执行。

(2) 施工现场临时用电的安全应符合现行国家行业标准《施工现场临时用电安全技术规范》(JGJ 46)和用电专项施工方案的有关规定。

(3) 施工现场消防安全应符合现行国家标准《建设工程施工现场消防安全技术规程》(GB 50720)的有关规定。

(4) 装配式混凝土建筑施工宜采用围挡或安全防护操作架，特殊结构或必要的外挂墙板构件吊装可选用落地脚手架，脚手架搭设应符合国家现行有关标准的规定。

(5) 装配式混凝土建筑施工在绑扎柱、墙钢筋时，应采用专用登高设施，当高于围挡时必须佩戴穿芯自锁保险带。

(6) 安全防护采用围挡式安全隔离时，楼层围挡高度应不低于 1.50m，阳台围挡应不低于 1.10m，楼梯临边应加设高度不小于 0.9m 的临时栏杆。

(7) 围挡式安全隔离，应与结构层有可靠连接，满足安全防护需要。

(8) 围挡设置应采取吊装一件外墙板，拆除相应位置围挡的方法，按吊装顺序，逐块(榀)进行。预制外挂墙板就位后，应及时安装上一层围挡。

3.11.2 施工安全保护措施

1. 预制柱吊装安全管理措施及注意事项

(1) 起重人员应确认构件重量满足起重机的起吊能力后方可起吊。

(2) 预制立柱吊装到位后应立即安装斜撑系统，安装支撑点位以 3 点支撑为原则，大梁的主筋为下层方向，支撑两枝；如大梁先吊装后进行套筒砂浆灌浆连接的，应以 4 点支撑为原则，斜撑承载能力以 1.0t 计算。柱底垫片应采用铁制薄片，规格以 2mm、3mm、5mm、10mm 厚为主，垫片平面尺寸依柱子重量而定，垫片距离应考虑立柱重量与斜撑支撑力臂弯矩的关系，以维持立柱的平衡性与稳定性(图 3.11-1 和图 3.11-2)。

(3) 柱子完成吊装调整后，应于柱子四角加塞垫片增加稳定性与安全性。

(4) 在构件吊装作业区的 5～10m 范围外应设置安全警戒线，工地派专人把守，与现场施工作业无关的人员不得进入警戒线，专职安全员应随时检查各岗人员的安全情况。夜间作业，应有良好的照明。

2. 预制梁吊装安全管理措施

(1) 在竖向支撑系统(俗称鹰架)中必须安装水平架，可避免支撑杆挫曲。

(2) 起吊前：应在地面安装好安全索。在大梁周围的地面上事先安装好刚性安全栏杆，

图 3.11-1　标高调整垫片安放

图 3.11-2　斜撑系统安装位置

刚性安全栏杆的立杆应采用 $\phi40$，横杆采用 $\phi48$ 的钢管。立杆采用螺栓与边梁预埋件连接。

图 3.11-13 和图 3.11-4 分别给出了预制梁施工时在边梁和外挂墙板上部设置的临时安全栏杆的示例。图 3.11-5 和图 3.11-6 为预制梁吊装和临时安全栏杆现场安装场景照片。

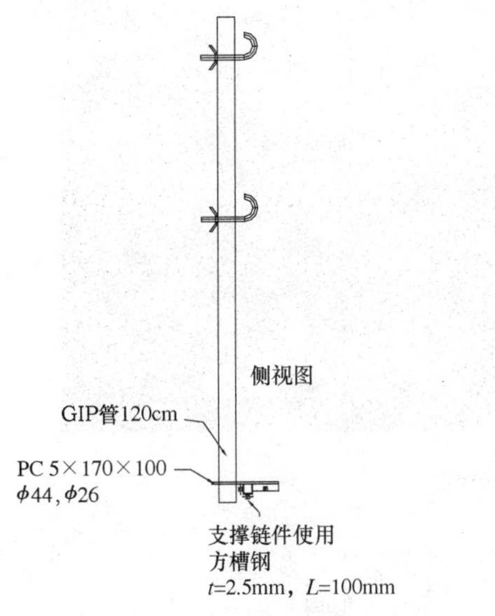

图 3.11-3　边梁施工临时安全栏杆

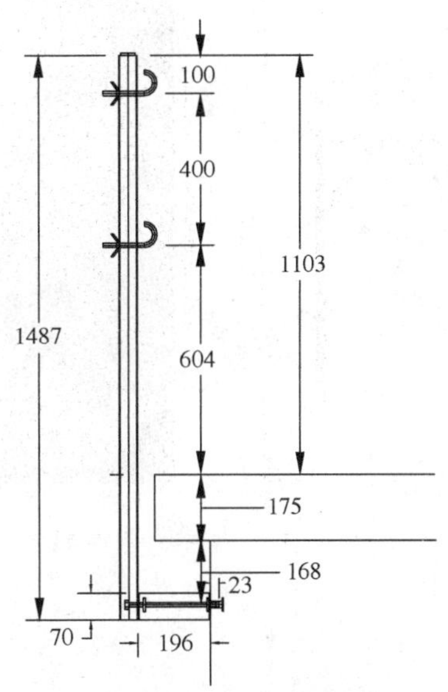

图 3.11-4　外挂墙板上部临时施工安全栏杆

(3) 起吊时：起吊离地时须稍作停顿，确定起吊时的平衡性，在确认无误后，方得向上提升。

(4) 作业半径：吊车作业时在吊装作业半径内不得站立工作人员，并采取吊车作业期间防止有关人员进入的相关措施。

(5) 梁构件必须加挂牵引绳，以利安装作业人员拉引。

(6) 吊装大小梁前应依设计图搭好支撑架，以利大小梁放置及减少大小梁中央部标高的调整。

图 3.11-7 给出了预制梁吊装施工时采用的竖向支撑系统的结构及现场安装施工场景

图 3.11-5 预制梁吊装

图 3.11-6 安装安全栏杆

照片。图 3.11-8 为竖向支撑系统中设置的预制梁吊装标高调节装置图例，如图所示，一般调整装置标高的可调范围在 100～300mm 之间。

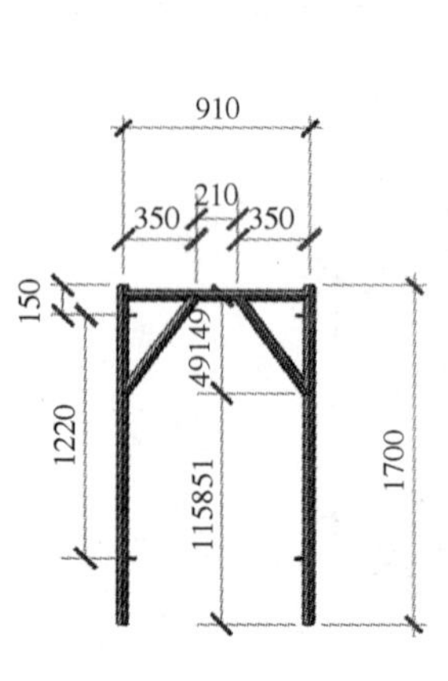

图 3.11-7 支撑架结构图

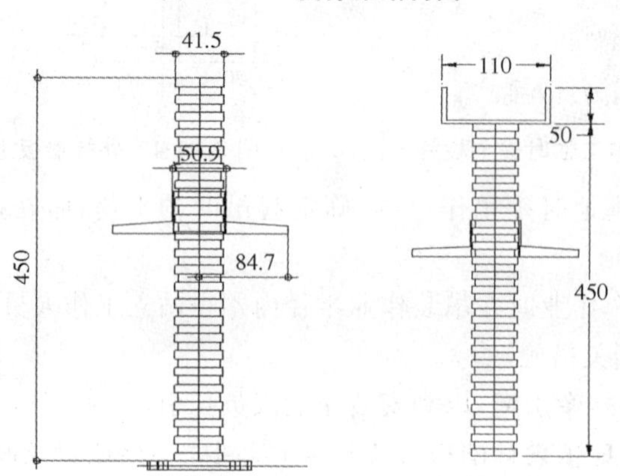

图 3.11-8 上下调整座(标高调整装置)

(7) 作业人员在吊装大小梁时应用安全带钩住立柱钢筋或其他安全部位。

(8) 梁下支撑架上部设置小型钢确保均布受力(图3.11-9)。

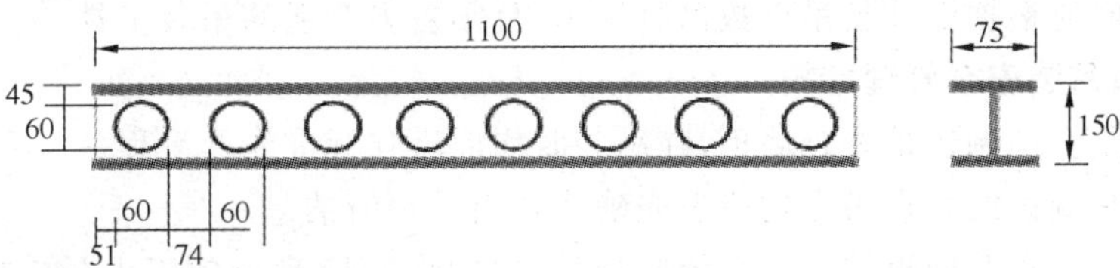

图3.11-9　小型钢图

(9) 预制梁吊装完成后应架设安全网(采用S形不锈钢钩,直径4mm)(图3.11-10)。

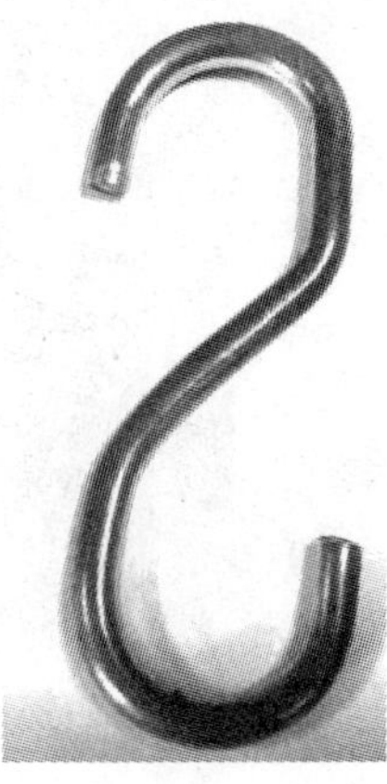

图3.11-10　安全网及S形不锈钢钩

3. 预制叠合楼板吊装安全管理措施

(1) 预制叠合楼板(KT板)中央部位一定要加支撑,楼层高度在3.6m以下时常以钢管作为支撑,若钢管支撑长度超过3.5m时,应加横向90mm×90mm断面木条串连,减少无支撑长度(图3.11-11)。

图3.11-11　预制楼板吊装场景

(2) KT 板一般以 K-truss 作为吊点，但超大型 KT 板(3m×6m 以上)应采用方形的平衡架作为专用的吊具，以免拉裂。

(3) 起吊时应根据设计起吊点数吊装施工，且须备妥合适的吊装工具。

4. 外墙版吊装安全管理措施

(1) 无论是全预制还是叠合墙板，在吊装时均应遵守标准作业流程。

(2) 吊点与侧边的翻转吊点均应事先确认孔内是否清洁。

(3) 阳台板与女儿墙板的固定系统除依设计图施工外，现场施工人员应检查墙板吊装后固定系统是否松动。

(4) 墙板吊装后需及时安装墙板专用安全护栏，四周须连接没有破口(图 3.11-12)。

图 3.11-12 墙板专用安全护栏

(5) 超长板的吊装应采用平衡杆和牵引绳等专用的吊装工具进行施工，以利作业人员拉引(图 3.11-13)。

图 3.11-13 墙板吊装用的平衡杆和牵引绳

5. 临边梁柱节点施工安全

所有临边框架柱外侧，采用挂篮设计图纸加工施工吊挂篮，并钩挂在预制梁上。可并采用 2 根 8mm 钢丝绳固定在梁上层主筋和箍筋上(至少 2 根箍筋)作为保险。施工人员安

全带应可靠固定在结构柱的主筋上。

3.11.3　施工人员安全控制

(1) 吊运预制构件时下方禁止站人，不得在构件顶面上行走，必须等到被吊的物体降落至离地 1m 以内方准靠近，就位固定后方可脱钩。

(2) 高空构件装配作业时严禁在结构钢筋上攀爬。

(3) 外挂墙板吊装就位并固定牢固后方可进行脱钩，脱钩人员应使用专用梯子在楼层内操作。

(4) 吊装外挂墙板时，操作人员站在楼层内应佩戴有穿芯自锁功能的保险带，并与楼面内预埋件(点)扣牢。

(5) 当构件吊至操作层时，操作人员应在楼层内用专用钩子将构件上系扣的揽风绳钩至楼层内，然后将墙板拉到就位位置。

(6) 当一榀操作架吊升后，操作架端部出现的临时洞口不得站人或施工。

3.11.4　施工机具设备安全控制

1. 钢丝绳

(1) 钢丝绳编结部分的长度不得小于钢丝绳直径的 20 倍，并不应小于 300mm，其编结部分应捆扎细钢丝。

(2) 每班作业前应检查钢丝绳及钢丝绳的连接部位。当钢丝绳在一个节距内断丝根数达到或超过表 3.11-1 所列的根数时，应予报废。当钢丝绳表面锈蚀或磨损使钢丝绳直径有所减少时，应将表 3.11-1 报废标准按表 3.11-2 折减，按折减后的断丝数报废。

表 3.11-1　钢丝绳报废标准(一个节距内的断丝数)

采用的安全系数	钢丝绳规格					
	6×19+1		6×37+1		6×61+1	
	交互捻	同向捻	交互捻	同向捻	交互捻	同向捻
6 以下	12	6	22	11	36	18
6～7	14	7	26	13	38	19
7 以上	16	8	30	15	40	20

表 3.11-2　钢丝绳锈蚀或磨损时报废标准的折减系数

钢丝绳表面锈蚀或磨损量/%	10	15	20	25	30～40	大于 40
折减系数	85	75	70	60	50	报废

2. 群塔作业措施

(1) 明确规定塔吊在施工中的运行原则。即，低塔让高塔；后行塔让先行塔；移动塔让静止塔；轻车让重车。

(2) 塔吊长时间暂停工作时，吊钩应起到最高处，小车拉到最近点，大臂按顺风向停置。

为了确保工程进度与塔吊安全，各塔吊须确保驾驶室内24h有塔吊司机值班。交班、替班人员未当面交接，不得离开驾驶室，交接班时，要认真做好交接班记录。

(3) 现场作业人员必须严格执行“十不吊”的有关规定。

(4) 塔吊与信号指挥人员必须配备对讲机；对讲机经统一确定频率，使用人员无权调改频率；专机专用，不得转借。

(5) 指挥过程中，严格执行信号指挥人员与塔吊司机的应答制度，即：信号指挥人员发出动作指令时，先呼叫被指挥的塔吊编号，塔吊司机应答后，信号指挥人员方可发出塔吊动作指令。

(6) 指挥过程中，要求信号指挥人员必须时刻目视塔吊吊钩与被吊物，塔吊转臂过程中，信号指挥人员还须环顾相邻塔吊的工作状态，并发出安全提示语言。安全提示语言应明确、简短、完整、清晰。

(7) 预制构件吊装前，将根据设计图纸构件的尺寸、重量及吊装半径选择合适的吊装设备，并留有足够的起吊安全系数，并编制有针对性的吊装专项方案，吊装期间严格保证吊装设备的安全性，操作人员全部持证上岗。

3.11.5 其他安全控制

(1) 预制构件吊装应单件逐件吊装，起吊时构件应水平和垂直。

(2) 操作人员在楼层内进行操作，在吊升过程中，非操作人员严禁在操作架上走动与施工。

(3) 操作架要逐次安装与提升，不得交叉作业，每一单元不得随意中断提升，严禁操作架在不安全状态下过夜。

(4) 操作架安装、吊升时如有障碍应及时查清，并在排除障碍后方可继续。

(5) 预制结构现浇部分的模板支撑系统不得利用预制构件下部临时支撑作为支点。

(6) 预制构件(叠合楼板等)的下部临时支撑架，应在进场前进行承载力试验，以试验得出的承载力极限作为计算依据，对现场支撑架布置进行计算，严格按照计算书进行支撑架的布置，并在施工前进行核算。

(7) 构件吊装到位后需及时旋紧支撑架，支撑架上部采用小型钢作为支撑点，小型钢需要与支撑架可靠连接。支撑架应在现浇混凝土达到设计要求的强度后才能拆除，以现场同条件养护试块作为拆除依据(并最少不少于7d)。

3.12 基于BIM技术的施工信息化管理

随着现代工业技术的发展，建造房屋可以像机器生产那样，成批成套地制造房子已成为可能。只要把事先在预制构件厂生产好的建筑构件，运输到施工现场，并将其装配起来就成了。因此，装配式混凝土建筑的施工现场，从某种意义上来讲是一个总装车间，它的产品就是采用装配式方式建造的工业化建筑。新型装配式混凝土建筑是将设计、生产、施工、装修和管理“五位一体”的体系化和集成化的建筑，其建造方式不是单纯的将传统生产方式与预制装配化叠加起来的生产方式。建筑工业化的主要特征就是要促进信息化和建筑工业化的两化融合。无疑，BIM技术是解决两化融合的有效手段。将BIM技术应用于具体施工过程中，结合虚拟现实等技术的应用，在不消耗现实材料资源和能量的前提下，可以实现：

(1) 对施工过程进行动态模拟，对施工方案反复进行试验并找到可能存在的动态干涉并提前解决，从而提高施工效率，降低生产成本。

(2) 实时显示施工方案实施的全过程，便于工程技术人员全方位观察施工现场情况，从而保障现场作业的安全。

(3) 将计算机辅助设计与人工智能技术结合，按时间模拟施工进度，可对施工工期进行较精确的计算和控制，有助于提高生产效率，有效统筹和调度生产设备和材料。

3.12.1 基于 BIM 的现场施工仿真筹划

建筑施工是复杂的动态工作，它包括多道工序，其施工方法和组织程序存在多样性和多变性的特点。目前，对施工方案的优化主要依赖施工经验，存在一定局限性。如何有效地表达施工过程中各种复杂关系，合理安排施工计划，实现施工过程的信息化、智能化、可视化管理，一直是待解决的关键问题。4D 施工仿真为解决这些问题提供了一条有效的途径。4D 仿真技术是在 3D 模型的基础上，附加时间因素（施工计划或实际进度信息），将施工过程以动态的 3D 方式表现出来，并能对整个形象变化过程进行优化和控制。4D 施工仿真是一种基于 BIM 的技术手段，通过它来进行施工进度计划的模拟、验证及优化。

利用 BIM 模型进行 4D 施工仿真模拟，BIM 软件可以实现与 Microsoft Project 的无缝数据传递。在模型中导入 MS Project 编制完成的项目施工计划甘特图，将 3D 模型与施工计划相关联，将施工计划时间写入相应构件的属性中，这样就在 3D 模型基础上加入了时间因素，使其变成一个可模拟现场施工及吊装管理的 4D 模型。在 4D 模型中，可以输入任意一个日期去查看当天现场的施工情况，并能从模型中快速地统计当天和之前已施工完成的工作量。BIM 模型 4D 和 5D 的应用见图 3.12-1 和图 3.12-2。

图 3.12-1 BIM 模型与施工计划 4D 应用

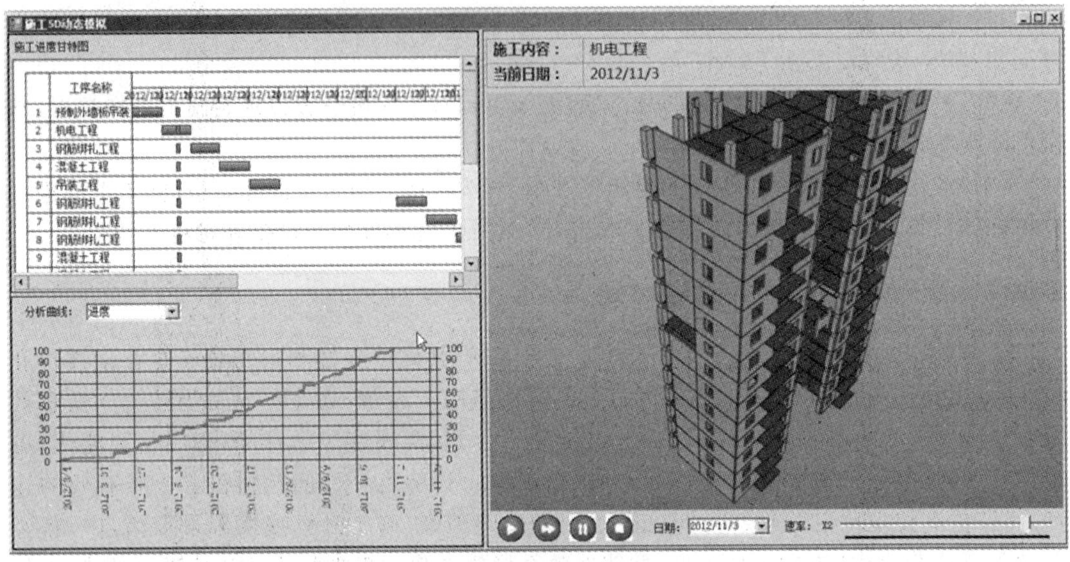

图 3.12-2 基于 BIM 模型的项目进度成本 5D 应用

3.12.2 构件吊装动态仿真模拟技术

除了进行项目的 4D 模拟之外，还可以根据施工方案和 BIM 模型，采用 Dassalt Delmia 等软件对项目进行动态的施工仿真模拟，在 Delmia 中赋予预制构件装配时间和装配路径，并建立流程、人和设备资源之间的关联，从而实现装配式混凝土建筑的虚拟建造和施工进度的可视化模拟。在 BIM 模型中针对不同预制率以及不同吊装方案进行模拟比较，实现未建先造，得到最优预制率设计方案及施工方案，如图 3.12-3 所示。

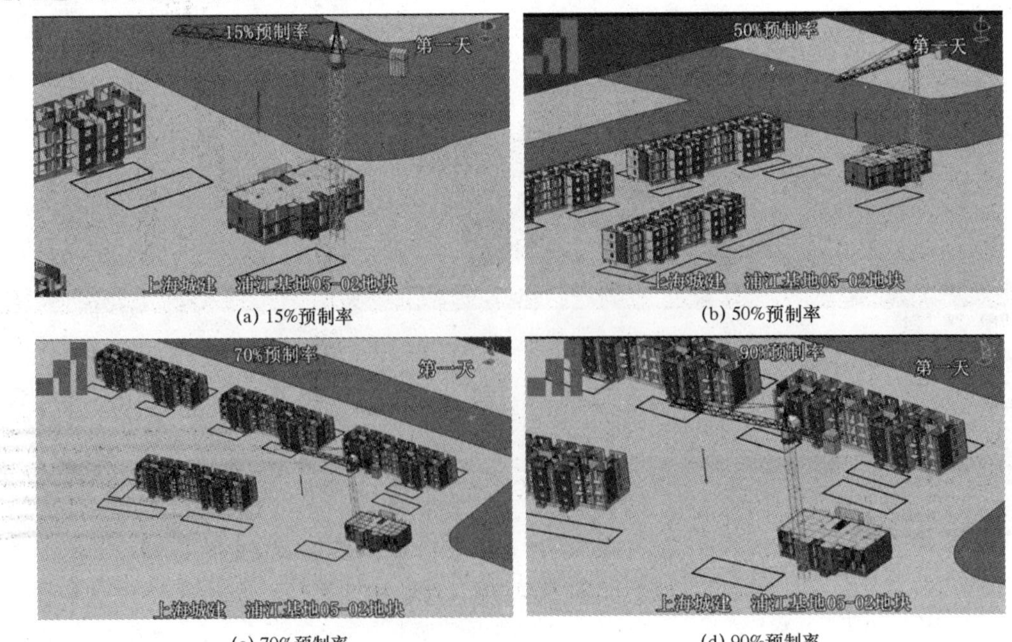

(a) 15%预制率

(b) 50%预制率

(c) 70%预制率

(d) 90%预制率

图 3.12-3 最优 PC 预制率施工方案 BIM 仿真模拟

装配式混凝土建筑相比传统的现浇建筑，施工工序相对较复杂，每个构件吊装的过程是一个复杂的运动过程。通过在BIM模型中进行施工模拟，查找可能存在的构件运动中的干涉碰撞问题，提前发现并解决，避免可能导致的延误和停工。通过生成施工仿真模拟视频，实现全新的培训模式，项目施工前让各参与人员直观地了解任何一个施工细节，减少人为失误，提高施工效率和质量，如图3.12-4所示。

图3.12-4　基于BIM技术的施工动态干涉仿真

3.12.3　构件现场吊装管理及远程可视化监控

施工方案确定后，将储存构件吊装位置及施工时序等信息的BIM模型导入到平板手持设备中，基于三维模型检验施工计划，实现施工吊装的无纸化和可视化辅助，如图3.12-5所示。构件吊装前必须进行检验确认，手持机更新当日施工计划后对工地堆场的构件进行扫描，在正确识别构件信息后进行吊装，并记录构件施工时间。构件施工准备流程见图3.12-6。构件安装就位后，检查员负责校核吊装构件的位置及其他施工细节，检查合格后，通过现场手持机扫描构件芯片，确认该构件施工完成，同时记录构件完工时间。所有构件的组装过程、实际安装的位置和施工时间都记录在系统中，以便检查。这种方式减少了错误的发生，提高了施工管理的效率。

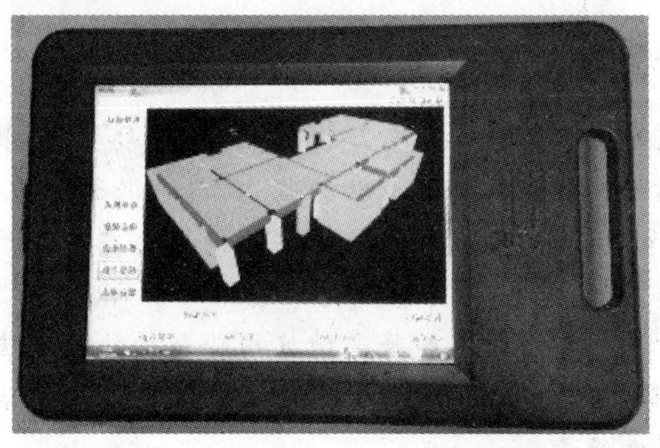

图3.12-5　通过PAD对构件安装进行管理

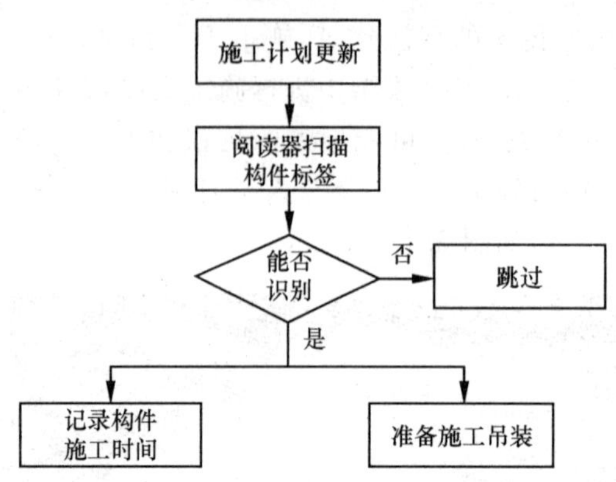

图 3.12-6　构件施工准备流程

当日施工完毕后，手持机将记录的构件施工信息上传到系统中，通过 WEB 远程访问，了解和查询工程进度，施工进度三维动态显示。如图 3.12-7 所示，深色的构件表示已经安装完成，红色的构件表示正在吊装的构件。

图 3.12-7　远程施工进度监控界面

本章小结

施工建造环节是装配式混凝土建筑施工中最为重要的环节，是装配式混凝土建筑产业链的核心。本章通过对预制构件进场检查和验收、装配式混凝土建筑施工方案编制、预制构件的吊装施工、构件节点的连接施工、构件接缝构造连接施工、构件成品保护、施工质量控制、施工安全控制、信息化施工管理等整个施工过程的全面介绍。读者可以认识到，装配式混凝土建筑的建造方式绝非是简单的将高精度的预制构件吊装装配替代传统的现浇混凝土施工，应该把它理解成为现代工业化建筑的总装车间，并采用信息化管理的手段才能真正实现像造汽车一样造房子。

复习思考题

1. 简述预制构件进场检查的要点和具体内容和方法。
2. 简述装配式混凝土建筑施工方案编制的主要内容。
3. 简述不同的装配式混凝土结构体系在总体流程上的区别和联系。
4. 简述预制构件临时支撑系统分类和使用范围。
5. 简述主要预制构件的吊装工艺流程和施工注意事项。
6. 简述预制构件钢筋连接的种类及施工要点。
7. 简述预制构件接缝施工的主要流程和注意事项。
8. 简述装配式混凝土建筑施工质量和安全控制的主要内容。
9. 简述 BIM 技术在信息化施工管理中的主要目的和作用。

第4章　装配式混凝土建筑施工质量检验与验收

4.1　概要

内容提要

装配式混凝土结构近年在国内快速发展，出现了新一轮的发展热潮，在发展过程中，"技术标准落后"被认为是我国装配式混凝土建筑发展的瓶颈之一。在近5年完成的新一轮标准规范制定修订中，针对装配式混凝土结构已完成多项工作，基本满足了当前装配式混凝土建筑施工质量验收要求。本章主要讲述装配式混凝土建筑工程中的预制构件生产、运输、进场检查、构件吊装、连接、验收等工序以及现浇混凝土等各工序中的质量验收标准。

学习要求

对于装配式混凝土建筑工程，掌握预制构件在工厂生产、现场吊装以及现浇混凝土浇筑等各个工序的质量验收标准。

4.2　预制构件制作质量检验与验收

4.2.1　一般规定

(1) 预制构件制作单位应具备相应的生产工艺设施，并应有完善的质量管理体系和必要的试验检测手段。

(2) 预制构件制作前，应对其技术要求和质量标准进行技术交底，并应制定生产方案。生产方案应包括生产工艺、模具方案、生产计划、技术质量控制措施、成品保护、堆放及运输方案等内容。

(3) 预制构件用混凝土的工作性能应根据产品类别和生产工艺要求确定，构件用混凝土原材料及配合比设计应符合国家现行标准《混凝土结构工程施工规范》(GB 50666)、《普通混凝土配合比设计规程》(JGJ 55)和《高强混凝土应用技术规程》(JGJ/T 281)等的规定。

(4) 预制结构构件采用钢筋套筒灌浆连接时，应在构件生产前进行钢筋套筒灌浆连接接头的抗拉强度试验，每种规格的连接接头试件数量不应少于3个。

(5) 预制构件用钢筋的加工、连接与安装应符合国家现行标准《混凝土结构工程施工规范》(GB 50666)和《混凝土结构工程施工质量验收规范》(GB 50204)等的有关规定。

4.2.2　材料、模具质量检验

(1) 预制构件制作前，对带饰面砖或饰面板的构件，应绘制排砖图或排版图；对夹心外

墙板，应绘制内外叶墙板的拉结件布置图及保温板排版图。

(2) 预制构件模具除应满足承载力、刚度和整体稳定性要求外，尚应符合下列规定：

(a) 应满足预制构件质量、生产工艺、模具组装与拆卸、周转次数等要求。

(b) 应满足预制构件预留孔洞、插筋、预埋件的安装定位要求。

(3) 预制构件模具尺寸的允许偏差和检验方法应符合表 4.2-1 的规定。当设计有要求时，模具尺寸的允许偏差应按设计要求确定。

表 4.2-1　　预制构件模具尺寸的允许偏差和检验方法

项次	检验项目及内容		图例	允许偏差/mm	检验方法
1	长度	≤6m	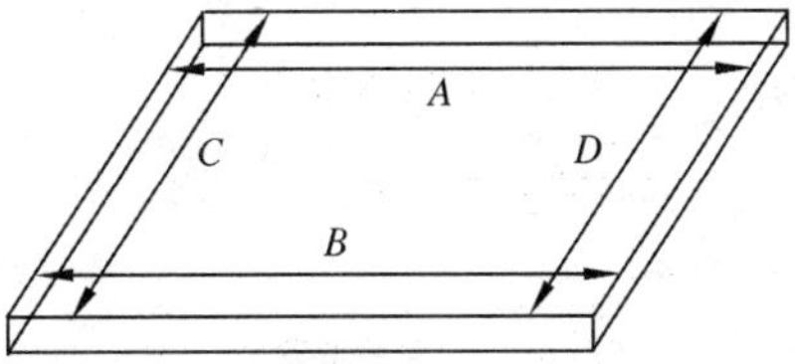	1,−2	用钢尺量测平行构件高度方向，取其中偏差绝对值较大处
		>6m 且 ≤12m		2,−4	
		>12m		3,−5	
2	截面尺寸	墙板	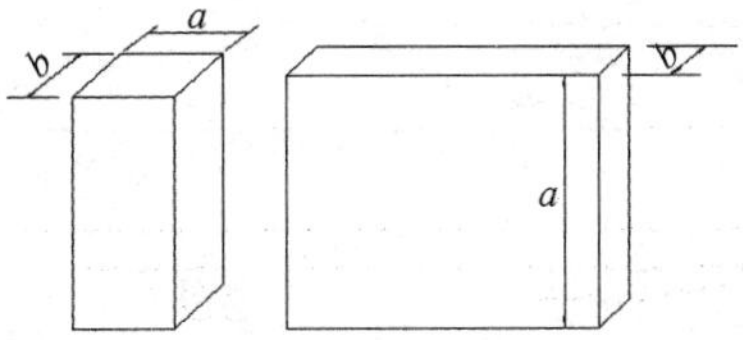	1,−2	用钢尺量测两端或中部，取其中偏差绝对值较大处
3		其他构件		2,−4	
4	对角线差		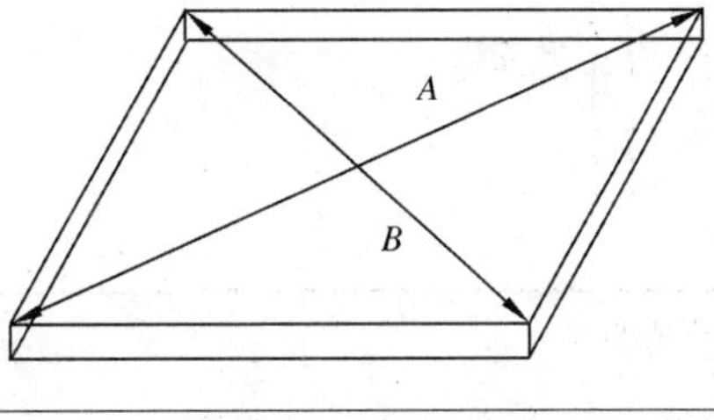	3	用钢尺量测纵、横两个方向对角线
5	侧向弯曲		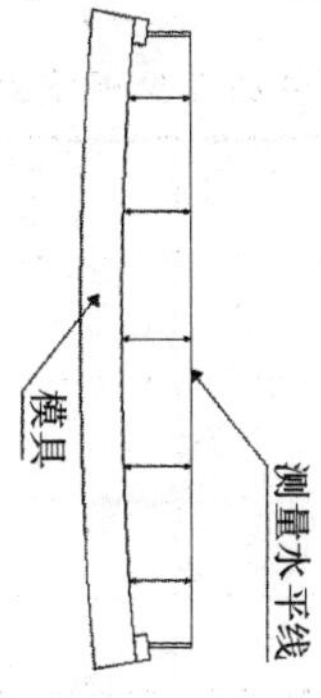	L/1500 且≤5	拉线，用钢尺量测侧向弯曲最大处

续表

项次	检验项目及内容	图例	允许偏差/mm	检验方法
6	翘曲	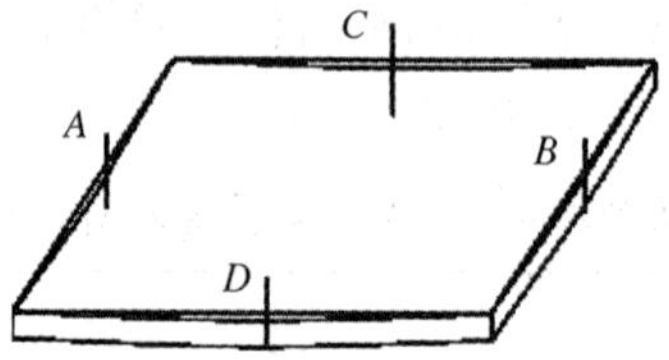	$L/1500$	调平尺在两端测量
7	底模表面平整度	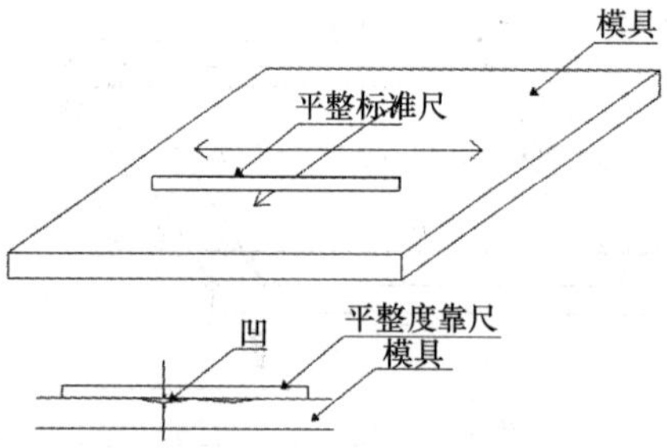	2	用2m靠尺和塞尺量
8	组装缝隙	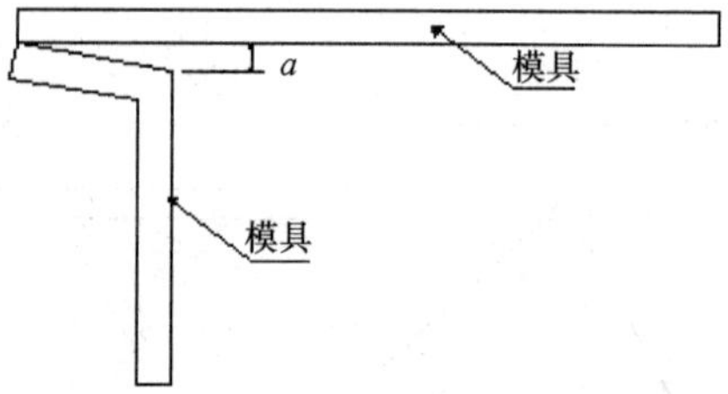	1	用塞片或塞尺量

注：L为模具和混凝土接触面中最长边的尺寸。

(4) 预埋件加工的允许偏差应符合表4.2-2的规定。

表4.2-2　预埋件加工允许偏差

项次	检验项目及内容		允许偏差/mm	检验方法
1	预埋件锚板的边长		0，−5	用钢尺量
2	预埋件锚板的平整度		1	用直尺和塞尺量
3	锚筋	长度	10，−5	用钢尺量
		间距偏差	±10	用钢尺量

(5) 固定在模具上的预埋件、预留孔洞中心位置的允许偏差应符合表4.2-3的规定。

表 4.2-3　　模具预留孔洞中心位置的允许偏差

项次	检验项目及内容	允许偏差/mm	检验方法
1	预埋件、插筋、吊环、预留孔洞中心线位置	3	用钢尺量
2	预埋螺栓、螺母中心线位置	2	用钢尺量
3	灌浆套筒中心线位置	1	用钢尺量

注：检查中心线位置时，应沿纵、横两个方向量测，并取其中的较大值。

(6) 应选用不影响构件结构性能和装饰工程施工的隔离剂。

4.2.3　构件制作过程质量检验

(1) 在混凝土浇筑前应进行预制构件的隐蔽工程检查，检查项目应包括下列内容：

(a) 钢筋的牌号、规格、数量、位置、间距等。

(b) 纵向受力钢筋的连接方式、接头位置、接头质量、接头面积百分率、搭接长度等。

(c) 箍筋、横向钢筋的牌号、规格、数量、位置、间距，箍筋弯钩的弯折角度及平直段长度。

(d) 预埋件、吊环、插筋的规格、数量、位置等。

(e) 灌浆套筒、预留孔洞的规格、数量、位置等。

(f)钢筋的混凝土保护层厚度。

(g) 夹心外墙板的保温层位置、厚度，拉结件的规格、数量、位置等。

(h) 预埋管线、线盒的规格、数量、位置及固定措施。

(2) 带面砖或石材饰面的预制构件宜采用反打一次成型工艺制作，并应符合下列要求：

(a) 当构件饰面层采用面砖时，在模具中铺设面砖前，应根据排砖图的要求进行配砖和加工；饰面砖应采用背面带有燕尾槽或粘结性能可靠的产品。

(b) 当构件饰面层采用石材时，在模具中铺设石材前，应根据排板图的要求进行配板和加工；应按设计要求在石材背面钻孔、安装不锈钢卡钩、涂覆隔离层。

(c)应采用具有抗裂性和柔韧性、收缩小且不污染饰面的材料嵌填面砖或石材之间的接缝，并应采取防止面砖或石材在安装钢筋、浇筑混凝土等生产过程中发生位移的措施。

(3) 夹心外墙板宜采用平模工艺生产，生产时应先浇筑外叶墙板混凝土层，再安装保温材料和拉结件，最后浇筑内叶墙板混凝土层；当采用立模工艺生产时，应同步浇筑内外叶墙板混凝土层，并应采取保证保温材料及拉结件位置准确的措施。

(4) 应根据混凝土的品种、工作性、预制构件的规格形状等因素，制定合理的振捣成型操作规程。混凝土应采用强制式搅拌机搅拌，并宜采用机械振捣。

(5) 预制构件采用洒水、覆盖等方式进行常温养护时，应符合现行国家标准《混凝土结构工程施工规范》(GB 50666)的要求。

(6) 预制构件采用加热养护时，应制定养护制度对静停、升温、恒温和降温时间进行控制，宜在常温下静停 2～6h，升温、降温速度不应超过 20℃/h，预制构件出池的表面温度与环境温度的差值不宜超过 25℃。

(7) 脱模起吊时，预制构件的混凝土立方体抗压强度应满足设计要求，且不应小于 15N/mm^2。

(8) 采用后浇混凝土或砂浆、灌浆料连接的预制构件结合面，制作时应按设计要求进行粗糙面处理。设计无具体要求时，可采用化学处理、拉毛或凿毛等方法制作糙面。

(9) 预应力混凝土构件生产前应制定预应力施工技术方案和质量控制措施，并应符合现行国家标准《混凝土结构工程施工规范》(GB 50666)和《混凝土结构工程施工质量验收规范》(GB 50204)的要求。

4.3 预制构件出厂进场质量检验与验收

4.3.1 一般规定

(1) 预制构件生产单位应提供构件质量证明文件。

(2) 预制构件应具有生产企业名称、制作日期、品种、规格、编号等新的出厂标识。出厂标识应设置在便于现场识别的部位。

(3) 预制构件应按品种、规格分区分类存放并设置标牌。

(4) 进入现场的构件应进行质量检查，检查不合格的构件不得使用。

(5) 预制构件的进场质量验收应符合现行国家标准《混凝土结构工程施工质量验收规范》(GB 50204)的有关规定。

(6) 装配式建筑的饰面质量应符合设计要求，并应符合现行国家标准《建筑装饰装修工程质量验收规范》(GB 50210)的有关规定。

4.3.2 质量验收

(1) 施工单位和监理单位应对进场构件进行质量检查，质量检查内容如下：

(a) 预制构件质量证明文件和出厂标识。

(b) 预制构件外观质量、尺寸偏差。

(2) 预制构件外观质量应根据缺陷类型和缺陷程度进行分类，并应符合表 4.3-1 的分类规定。

表 4.3-1　预制构件外观质量缺陷

名称	现　象	严重缺陷	一般缺陷
露筋	构件内钢筋未被混凝土包裹而外露	主筋有露筋	其他钢筋有少量露筋
蜂窝	混凝土表面缺少水泥砂浆而形成石子外露	主筋部位和搁置点位置有蜂窝	其他部位有少量蜂窝
孔洞	混凝土中孔穴深度和长度均超过保护层厚度	构件主要受力部位有孔洞	不应有
夹渣	混凝土中夹有杂物且深度超过保护层厚度	构件主要受力部位有夹渣	其他部位有少量夹渣
疏松	混凝土中局部不密实	构件主要受力部位有疏松	其他部位有少量疏松

续表

名称	现　象	严重缺陷	一般缺陷
裂缝	缝隙从混凝土表面延伸至混凝土内部	构件主要受力部位有影响结构性能或使用功能的裂缝	其他部位有少量不影响结构性能或使用功能的裂缝
连接部位缺陷	构件连接处混凝土缺陷及连接钢筋、连接件松动、灌浆套筒未保护	连接部位有影响结构 传力性能的缺陷	连接部位有基本不影响结构传力性能的缺陷
外形缺陷	内表面缺棱掉角、棱角不直、翘曲不平等外表面面砖粘结不牢、位置偏差、面砖嵌缝没有达到横平竖直,转角面砖棱角不直、面砖表面翘曲不平等	清水混凝土构件有影响使用功能或装饰效果的外形缺陷	其他混凝土构件有不影响使用功能的外形缺陷
外表缺陷	构件内表面麻面、掉皮、起砂、沾污等外表面面砖污染、预埋门窗框破坏	具有重要装饰效果的清水混凝土构件、门窗框有外表缺陷	其他混凝土构件有不影响使用功能的外表缺陷,门窗框不宜有外表缺陷

(3) 预制构件外观质量不应有严重缺陷,产生严重缺陷的构件不得使用。产生一般缺陷时,应由预制构件生产单位或施工单位进行修整处理,修整技术处理方案应经监理单位确认后进行实施,经修整处理后的预制构件应重新检查。

检查数量:全数检查。

检查方法:观察,检查技术处理方案。

(4) 预制构件的尺寸允许偏差应符合表 4.3-2 的规定。

检查数量:对同类构件,按同日进场数量的 5%且不少于 5 件抽查,少于 5 件则全数检查。

检查方法:钢尺、拉线、靠尺、塞尺检查。

表 4.3-2　　预制构件的尺寸允许偏差

项次	项目	图	允许偏差/mm	检验方法
外墙板	长	长 厚 宽	±4	尺量检查
	宽		0,−4	钢尺量一端中部,取其中偏差绝对值较大处
	厚		±3	

续表

项次	项目	图	允许偏差/mm	检验方法
外墙板	对角线差	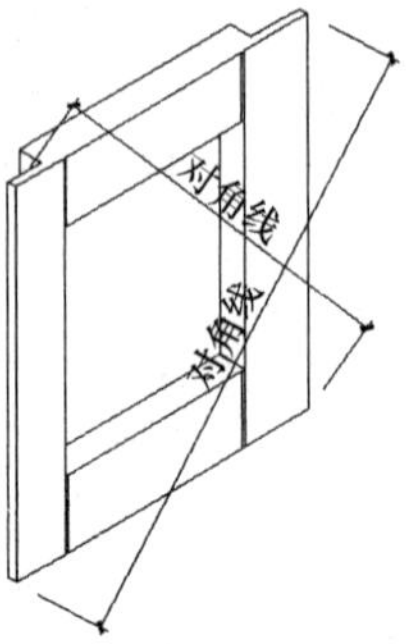	5	钢尺量 两个对角线
	翘曲	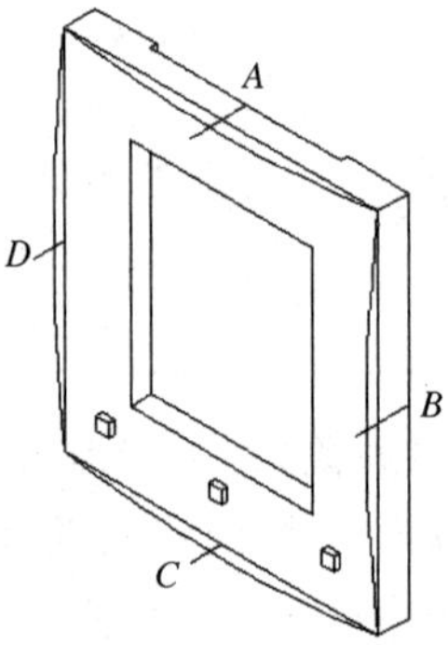	$L/1000$	调平尺 在两端测量
	侧向弯曲	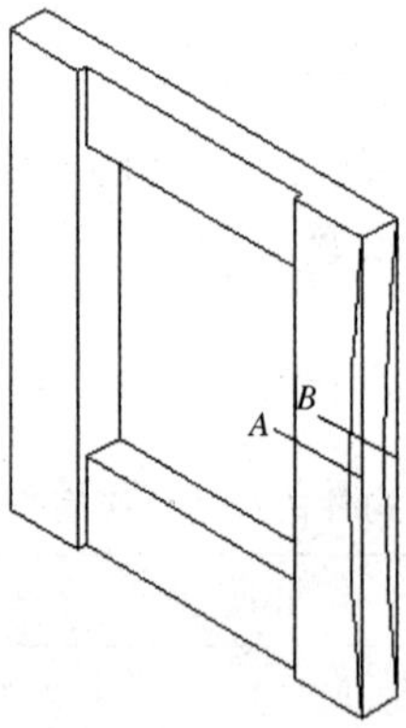	$L/1000$ 且≤20	拉线、钢尺量 最大侧向弯曲处
	内表面平整	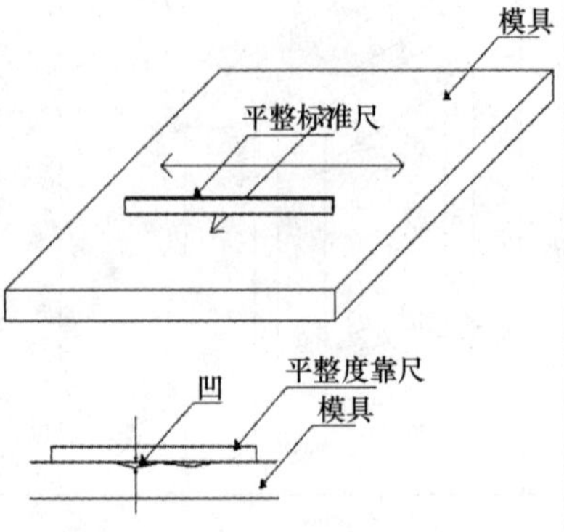	4	2m 靠尺 和塞尺检查
	外表面平整		3	

续表

<table>
<tr><th>项次</th><th colspan="2">项目</th><th>图</th><th>允许偏差/mm</th><th>检验方法</th></tr>
<tr><td rowspan="7">梁、柱</td><td rowspan="3">长</td><td><12m</td><td rowspan="5"> 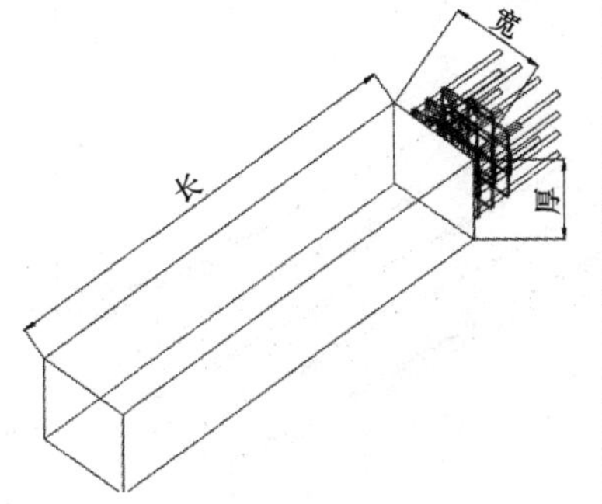</td><td>±5</td><td rowspan="3">尺量检查</td></tr>
<tr><td>≥12m且<18m</td><td>±10</td></tr>
<tr><td>≥18m</td><td>±20</td></tr>
<tr><td colspan="2">宽</td><td>±5</td><td rowspan="2">钢尺量一端中部，取其中偏差绝对值较大处</td></tr>
<tr><td colspan="2">厚</td><td>±5</td></tr>
<tr><td colspan="2">侧向弯曲</td><td> 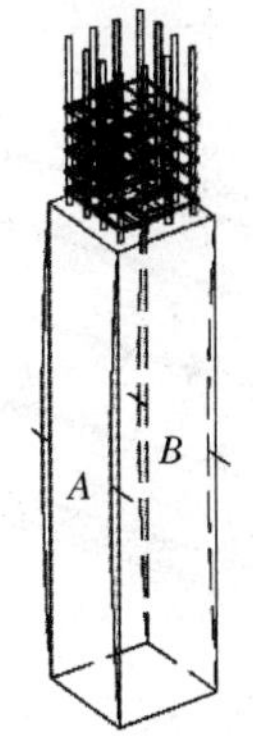</td><td>$L/750$ 且≤20</td><td>拉线、钢尺量最大侧向弯曲处</td></tr>
<tr><td colspan="2">表面平整</td><td> 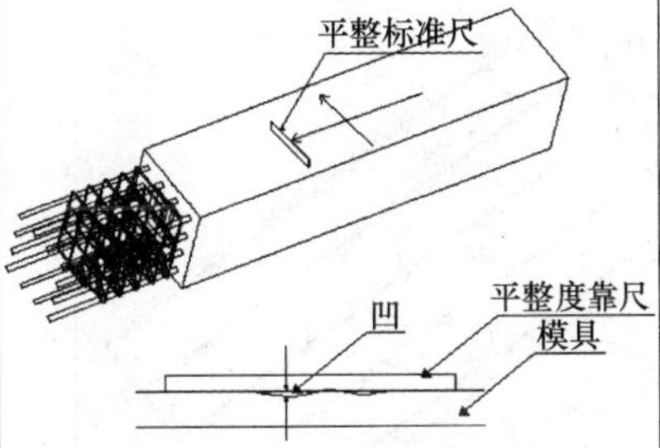</td><td>4</td><td>2m 靠尺和塞尺检查</td></tr>
<tr><td rowspan="5">叠合板、楼梯、阳台等</td><td rowspan="3">长</td><td><12m</td><td rowspan="5"> 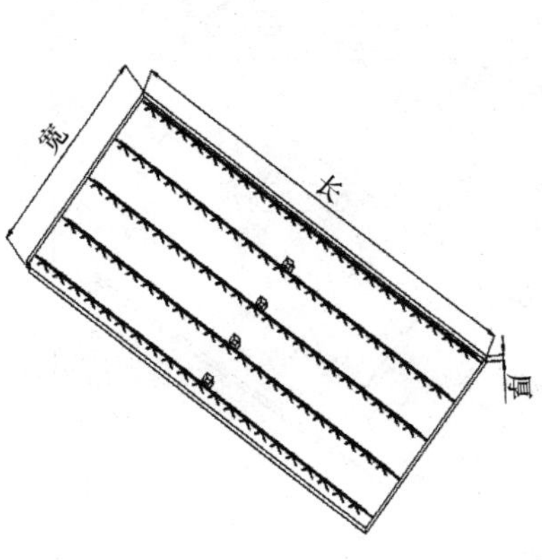</td><td>±5</td><td rowspan="3">尺量检查</td></tr>
<tr><td>≥12m且<18m</td><td>±10</td></tr>
<tr><td>≥18m</td><td>±20</td></tr>
<tr><td colspan="2">宽</td><td>±5</td><td rowspan="2">钢尺量一端中部，取其中偏差绝对值较大处</td></tr>
<tr><td colspan="2">厚</td><td>±5</td></tr>
</table>

续表

项次	项目	图	允许偏差/mm	检验方法
叠合板、楼梯、阳台等	对角线差	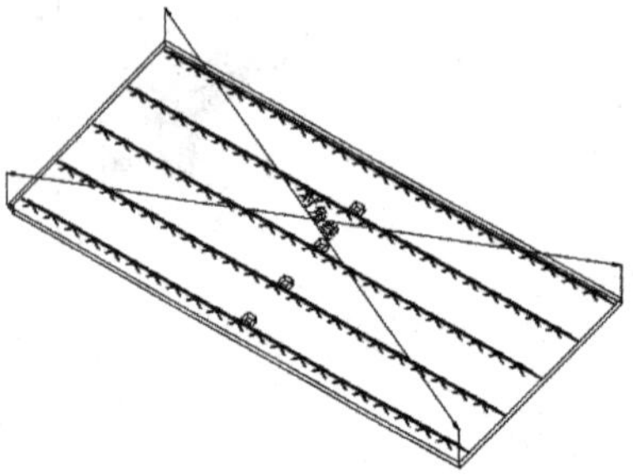	10	钢尺量两个对角线
	侧向弯曲	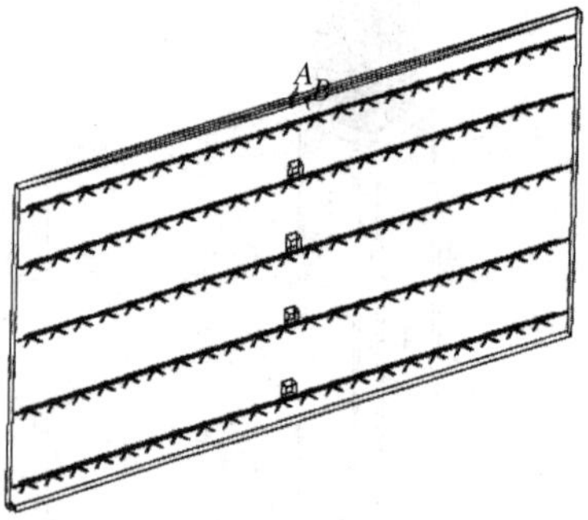	$L/750$ 且≤20	拉线、钢尺量最大侧向弯曲处
	翘曲	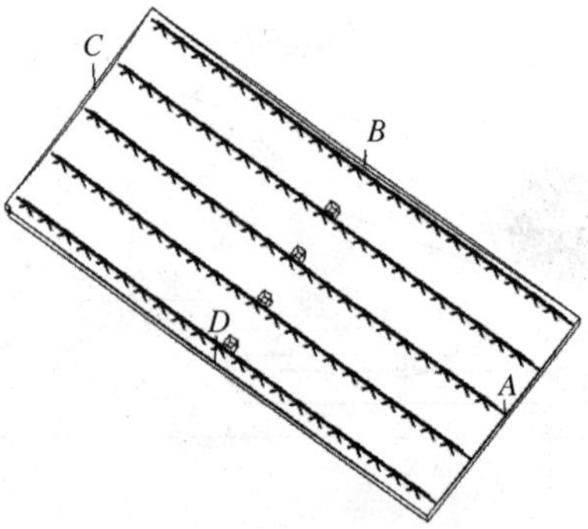	$L/750$	调平尺在两端测量
	表面平整	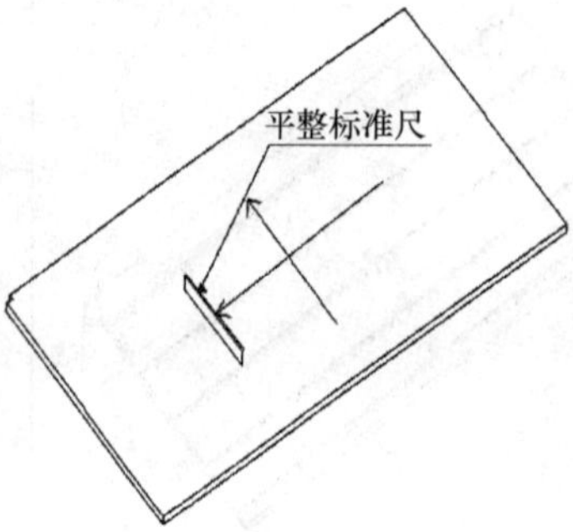	4	2m 靠尺和塞尺检查

(5) 预制构件预留钢筋规格和数量应符合设计要求，预埋件和预留孔洞的尺寸允许偏差应符合表 4.3-3 的规定。

检查数量：对同类构件，按同日进场数量的 5%且不少于 5 件抽查，少于 5 件则全数检查。

检查方法：观察、钢尺检查。

表 4.3-3　预制构件预留钢筋、预埋件和预留孔洞的尺寸允许偏差

项目			允许偏差/mm	检验方法
预埋件	预埋件锚板	中心位置偏移	5	量尺检查
		与混凝土面平面高差	0,−5	
	预埋螺栓	中心位置偏移	2	
		外露长度	±5	
	线管、电盒、吊环	中心位置偏移	20	
		与混凝土表面高差	0,−10	
	套筒、螺母	中心位置偏移	2	
预留洞	中心线位置		5	量尺检查
	洞口尺寸深度		±3	
预留孔	中心线位置		5	量尺检查
	孔尺寸		±5	
预留插筋	中心线位置		3	量尺检查
	预留长度		±5	
预留键槽	中心线位置		5	量尺检查
	长度、宽度、深度		±5	

4.4　预制构件安装质量检验与验收

4.4.1　一般规定

(1) 装配式混凝土结构焊接、螺栓等连接用材料的进场验收应符合现行国家标准《钢结构工程施工质量验收规范》(GB 50205)的有关规定。

(2) 叠合结构中预制构件的叠合面应符合设计要求。

4.4.2　质量验收

(1) 预制构件吊装前应按设计要求，在构件和相应的支承结构上标志中心线、标高等，控制尺寸按标准图或设计文件校核预埋件及连接钢筋等并作出标志。

检查数量：全数检查。

检验方法：观察，钢尺检查。

(2) 预制构件应按标准图或设计的要求吊装，起吊时绳索与构件水平面的夹角不宜小于45°，否则应采用吊架或经验算确定。

检查数量：全数检查。

检验方法：观察检查。

(3) 预制构件安装就位后，应采取保证构件稳定的临时固定措施，并应根据水准点和轴线校正位置。

检查数量：全数检查。

检验方法：观察，钢尺检查。

(4) 预制构件采用焊接连接时，钢材焊接的焊缝尺寸应满足设计要求，焊缝质量应符合现行国家标准《钢结构焊接规范》(GB 50661)和《钢结构工程施工质量验收规范》(GB 50205)的有关规定。

检查数量：全数检查。

检验方法：按现行国家标准《钢结构工程施工质量验收规范》(GB 50205)的要求进行。

(5) 预制构件采用螺栓连接时，螺栓的材质、规格、拧紧力矩应符合设计要求及现行国家标准《钢结构设计规范》(GB 50017)和《钢结构工程施工质量验收规范》(GB 50205)的有关规定。

检查数量：全数检查。

检验方法：按现行国家标准《钢结构工程施工质量验收规范》(GB 50205)的要求进行。

(6) 当剪力墙底部采用坐浆设计时，接缝坐浆强度应满足设计要求。

检查数量：按批检验，以每层为一检验批；每工作班应制作一组且每层不应少于3组边长为70.7mm的立方体试件，标准养护28d后进行抗压强度试验。

检验方法：检查坐浆材料强度试验报告及评定记录。

(7) 预制构件安装尺寸允许偏差应符合表4.4-1的规定。

检查数量：全数检查。

检验方法：观察，钢尺检查。

表 4.4-1　　预制构件安装尺寸允许偏差

检查项目		图	允许偏差/mm	检验方法
柱、墙等竖向结构构件	标高	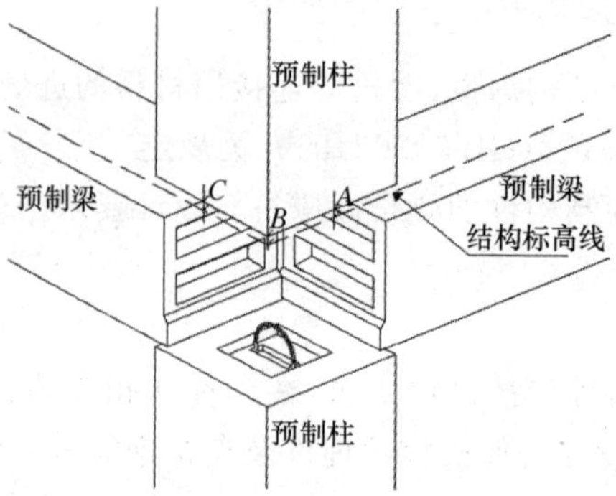	±5	水准仪和钢尺检查

续表

检查项目			图	允许偏差/mm	检验方法
柱、墙等竖向结构构件	相对轴线位置		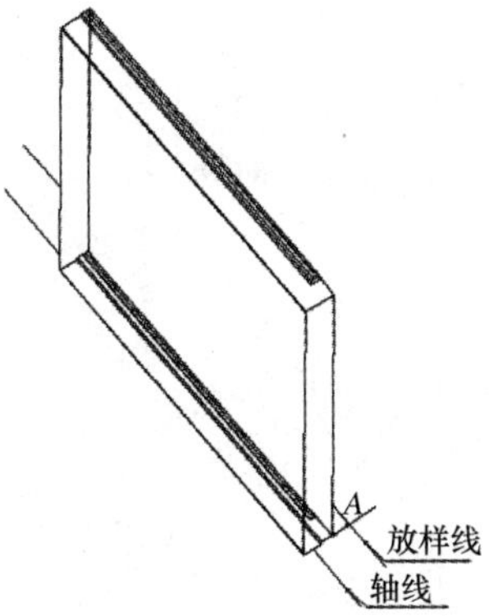	5	钢尺检查
	垂直度	＜5m	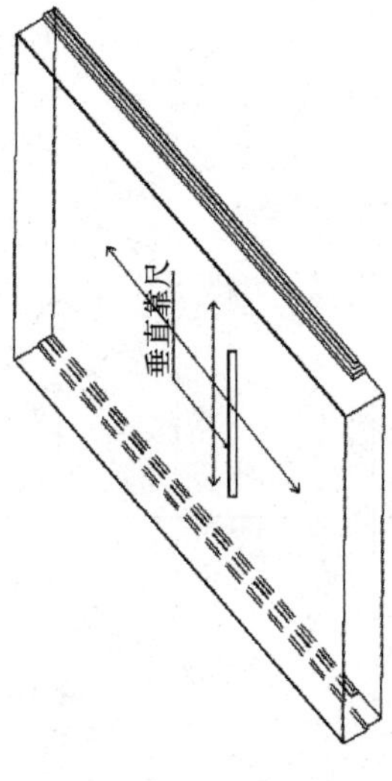	5	靠尺和塞尺检查
		≥5m 且＜10m		10	
		≥10m		20	
	墙板两板对接缝		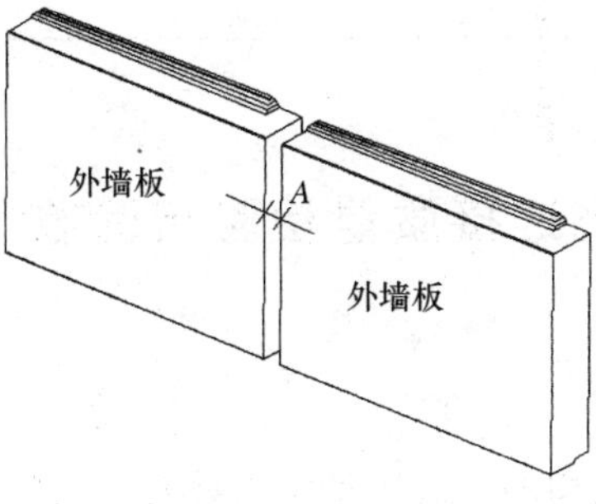	±3	钢尺检查

续表

检查项目		图	允许偏差/mm	检验方法
梁、楼板等水平构件	轴线位置	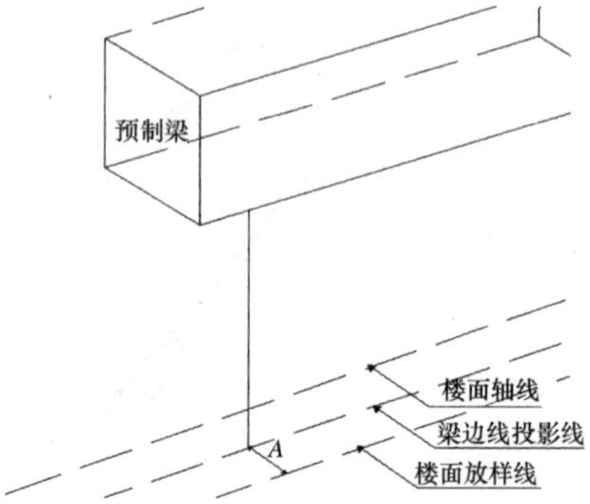 预制梁 A 楼面轴线 梁边线投影线 楼面放样线	5	钢尺检查
	标高	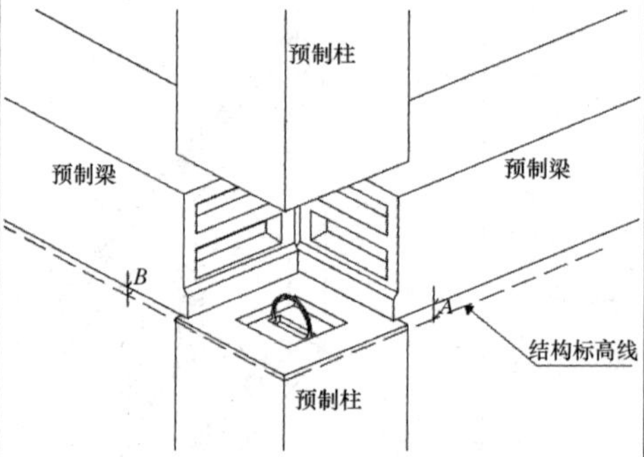 预制柱 预制梁 预制梁 B A 结构标高线 预制柱	±5	水准仪和钢尺检查
	相邻两板表面高低差	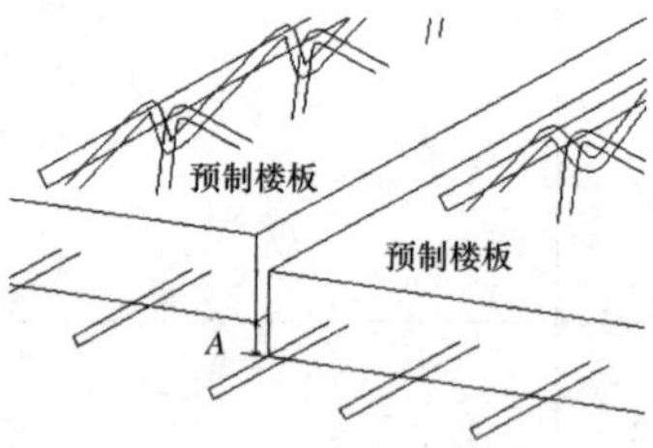 预制楼板 预制楼板 A	2	靠尺和塞尺检查

4.5 预制构件现浇连接质量检验与验收

4.5.1 一般规定

（1）装配式混凝土结构的外观质量除设计有专门的规定外，尚应符合现行国家标准《混凝土结构工程施工质量验收规范》(GB 50204)中关于现浇混凝土结构的有关规定。

（2）构件连接部位后浇混凝土及灌浆料的强度达到设计要求后，方可拆除临时固定措施。

4.5.2 质量验收

(1) 后浇混凝土强度应符合设计要求。

检查数量:按批检验,检验批应符合以下要求:

(a) 预制构件结合面疏松部分的混凝土应剔除并清理干净。

(b) 模板应保证后浇混凝土部分形状、尺寸和位置准确,并应防止漏浆。

(c) 在浇筑混凝土前应洒水润湿结合面,混凝土应振捣密实。

(d) 同一配合比的混凝土,每工作班且建筑面积不超过1000m^2应制作一组标准养护试件,同一楼层应制作不少于3组标准养护试件。

检验方法:按现行国家标准《混凝土强度检验评定标准》(GB/T 50107)的要求进行。

(2) 承受内力的接头和拼缝,当其混凝土强度未达到设计要求时,不得吊装上一层结构构件,当设计无具体要求时,应在混凝土强度不小于10N/mm^2或具有足够的支承时方可吊装上一层结构构件,已安装完毕的装配式混凝土结构应在混凝土强度到达设计要求后,方可承受全部设计荷载。

检查数量:全数检查。

检验方法:检查施工记录及试件强度试验报告。

4.6 预制构件机械连接质量检验与验收

4.6.1 一般规定

(1) 预制构件受力钢筋的套筒灌浆连接接头应采用同一供应商配套提供并由专业工厂生产的灌浆套筒和灌浆料,其性能应满足现行行业标准《钢筋机械连接技术规程》(JGJ 107)中Ⅰ级接头的要求,并应满足国家现行相关标准的要求。

(2) 钢筋套筒灌浆连接接头采用的套筒应符合现行行业标准《钢筋连接用灌浆套筒》(JG/T 398)的规定。

(3) 钢筋套筒灌浆连接接头采用的灌浆料应符合现行行业标准《钢筋连接用套筒灌浆料》(JG/T 408)的规定。

4.6.2 质量验收

(1) 钢筋采用机械连接时,其接头质量应符合国家现行标准《钢筋机械连接通用技术规程》(JGJ 107)的要求。

检查数量:按现行行业标准《钢筋机械连接技术规程》(JGJ 107)的规定确定。

检验方法:检查钢筋机械连接施工记录及平行加工试件的强度试验报告。

(2) 钢筋套筒灌浆连接及浆锚搭接连接的灌浆应密实饱满。

检查数量:全数检查。

检验方法:检查灌浆施工质量检查记录。

(3) 钢筋套筒灌浆连接及浆锚搭接连接用的灌浆料强度应满足设计要求。

检查数量：按批检验，以每层为一检验批；每工作班应制作一组且每层不应少于 3 组 40mm×40mm×160mm 长方体试件，标准养护 28d 后进行抗压强度试验。

检验方法：检查灌浆料强度试验报告及评定记录。

4.7 预制构件接缝质量检验与验收

4.7.1 一般规定

装配式混凝土结构的墙板接缝防水施工质量是保证装配式外墙防水性能的关键，施工时应按设计要求进行选材和施工，并采取严格的检验验证措施。

4.7.2 质量验收

(1) 预制构件外墙板连接板缝的防水止水条，其品种、规格、性能等应符合现行国家产品标准和设计要求。

检查数量：全数检查。

检验方法：检查产品的质量合格证明文件、检验报告和隐蔽验收记录。

(2) 现场淋水试验应满足下列要求：淋水流量不应小于 5L/(m·min)，淋水试验时间不应小于 2h，检测区域不应有遗漏部位，淋水试验结束后，检查背水面有无渗漏。

4.8 其他

装配式混凝土建筑工程应按混凝土结构子分部工程进行验收；装配式混凝土建筑工程验收除应符合本章节规定外，尚应符合现行国家标准《混凝土结构工程施工质量验收规范》(GB 50204)的有关规定。

装配式混凝土建筑工程验收时，除应按现行国家标准《混凝土结构工程施工质量验收规范》(GB 50204)的要求提供文件和记录外，尚应提供下列文件和记录：

(1) 工程设计文件、预制构件制作和安装的深化设计图。

(2) 预制构件、主要材料及配件的质量证明文件、进场验收记录、抽样复验报告。

(3) 预制构件安装施工记录。

(4) 钢筋套筒灌浆、浆锚搭接连接的施工检验记录。

(5) 后浇混凝土部位的隐蔽工程检查验收文件。

(6) 后浇混凝土、灌浆料、坐浆材料强度检测报告。

(7) 外墙防水施工质量检验记录。

(8) 装配式混凝土建筑工程分项工程质量验收文件。

(9) 装配式混凝土建筑工程的重大质量问题的处理方案和验收记录。

(10) 装配式混凝土建筑工程的其他文件和记录。

本章小结

装配式混凝土结构与传统现浇混凝土结构在建造工艺上有所区别，因此工序的质量验收上存在差异；掌握各工序施工质量验收方法才能确保装配式混凝土结构的整体质量，从而推动装配式混凝土建筑在我国的广泛应用。

复习思考题

1. 装配式混凝土建筑施工质量验收主要包含哪些内容？
2. 预制构件受力钢筋采用套筒灌浆连接接头，该接头需满足哪些规定？

第5章 安全文明与绿色施工

5.1 概要

内容提要

本章包括安全生产管理理论、装配式混凝土建筑施工现场安全生产管控、标准化施工和绿色施工的概念、特点及实施原则，以及装配式混凝土建筑绿色施工的体系建设、实施方法等内容。阐述了事故制因理论、事故预防与控制基本原则、项目安全生产管理体系的构架；着重阐述了装配式混凝土建筑施工中主要危险源和针对危险源的安全生产监控措施，并列举了5种安全生产管理措施，用于完善安全生产管理体系，强化施工安全管理；最后，重点介绍了装配式混凝土建筑从设计、构件生产至施工各环节的绿色施工实施方法。

学习要求

(1) 掌握安全生产、安全生产管理、危险源、事故概念。

(2) 了解事故制因理论和事故预防与控制基本原则。

(3) 熟悉安全管理体系内容。

(4) 掌握装配式混凝土建筑绿色施工的特点、体系建设。

(5) 掌握装配式混凝土建筑绿色施工全过程实施要点。

(6) 熟悉装配式混凝土建筑施工安全生产主要措施和管理措施。

(7) 熟悉标准化施工的基本原则和实施过程。

(8) 熟悉绿色施工的概念、特点及实施原则。

5.2 安全生产管理

安全生产管理是针对人们在生产过程中的安全问题，进行有关决策、计划、组织和控制等活动，实现生产过程中人与机器设备、物料、环境的和谐，达到安全生产的目的。装配式混凝土建筑施工作为新兴行业，其安全施工管理涉及到设计中的安全度、混凝土预制构件的生产安全、装配式混凝土建筑现场施工安全等各个环节，其规律和特点还需理论结合实践不断摸索和总结。

5.2.1 现代安全生产管理理论

1. 事故因果理论

美国著名安全工程师海因里希(Herbert William Heinrich)是最早(1941年)提出事故

因果连锁理论的,他用该理论阐明导致伤亡事故的各种因素之间,以及这些因素与伤害之间的关系。海因里希理论的核心思想是:伤亡事故的发生不是一个孤立的事件,而是一系列原因事件相继发生的结果,即伤害与各原因相互之间具有连锁关系。

博德(Frank Bird)在海因里希事故因果连锁理论的基础上,提出了与现代安全观点更加吻合的事故因果连锁理论。博德的事故因果连锁过程同样为五个因素,但每个因素的含义与海因里希的都有所不同。

(1) 管理缺陷。对于大多数企业来说,由于各种原因,完全依靠工程技术措施预防事故既不经济也不现实,只能通过完善安全管理工作,经过较大的努力,才能防止事故的发生。只要生产没有实现本质安全化,就有发生事故及伤害的可能性,因此,安全管理是工程项目管理的重要一环。

(2) 个人及工作条件的原因。这方面的原因是由于管理缺陷造成的。个人原因包括缺乏安全知识或技能,行为动机不正确,生理或心理有问题等;作业条件原因包括安全操作规程不健全,设备、材料不合适,以及存在温度、湿度、粉尘、气体、噪声、照明、工作场地状况(如打滑的地面、障碍物、不可靠支撑物)等有害作业环境因素。只有找出并控制这些原因,才能有效地防止后续原因的发生,从而防止事故的发生。

(3) 直接原因。人的不安全行为或物的不安全状态是事故的直接原因。这种原因是安全管理中必须重点加以追究的原因。但是,直接原因只是一种表面现象,是深层次原因的表征。在实际工作中,不能停留在这种表面现象上,而要追究其背后隐藏的管理上的缺陷原因,并采取有效的控制措施,从根本上杜绝事故的发生。

(4) 事故。这里的事故被看做是人体或物体与超过其承受阈值的能量接触,或人体与妨碍正常生理活动的物质的接触。因此,防止事故就是防止接触。可以通过对装置、材料、工艺等的改进来防止能量的释放,或者操作者提高识别和回避危险的能力,佩带个人防护用具等来防止接触。

(5) 损失。人员伤害及财物损坏统称为损失。人员伤害包括工伤、职业病、精神创伤等。

在许多情况下,可以采取恰当的措施使事故造成的损失最大限度地减小。例如,对受伤人员进行迅速正确地抢救,对设备进行抢修以及平时对有关人员进行应急训练等。

2. 事故预防与控制基本原则

事故预防与控制包括两部分内容,即事故预防和事故控制,前者是指通过采用技术和管理的手段使事故不发生,而后者则是通过采用技术和管理的手段,使事故发生后不造成严重后果或使损失尽可能地减小。

对于事故的预防与控制,应从安全技术、安全教育、安全管理三个方面入手,采取相应措施。因为技术(Engineering)和教育(Education)、管理(Enforcement),三个英文单词的首字母均为E,人们称之为"3E"对策。这里,安全技术对策着重解决物的不安全状态的问题;安全教育对策和安全管理对策则主要着眼于人的不安全行为的问题,安全教育对策主要使人知道应该怎么做,而安全管理对策则是要求人必须怎么做。

换言之,为了防止事故发生,必须在上述三个方面实施事故预防与控制的对策,而且还应始终保持三者间的均衡,合理地采用相应措施,才能有效地预防和控制事故的发生。

1）安全技术措施

安全技术措施包括预防事故发生和减少事故损失两个方面，这些措施归纳起来主要有以下几类：

（1）减少潜在危险因素。在新工艺、新产品的开发时，尽量避免使用危险的物质、危险工艺和危险设备，这是预防事故的最根本措施。例如：预制装配式混凝土结构深化设计时，考虑预制构件安装过程中的临边护栏、高处作业过程中安全带安放预埋件等，减少不规则、不对称构件并设计吊点预埋件等，减少施工过程的危险因素。

（2）降低潜在危险性的程度。潜在危险性往往达到一定的程度或强度才能施害，通过一些措施降低它的程度，使之处在安全范围以内就能防止事故发生。例如：预制装配式混凝土结构施工过程中，在洞口、建筑物外围设置防护网，即使有人员坠落或物体坠落仍可被拦截在安全网内，降低危险程度。

（3）联锁。当出现危险状态时，强制某些元件相互作用，以保证安全操作。例如，构件起重吊装过程中，起重设备安装限位和报警装置，当起重超设备吊重或幅度超限，限位报警使得起重设备停止危险进一步发展。

（4）隔离操作或远距离操作。伤亡事故发生必须是人与施害物相互接触。例如在构件吊装过程中，在作业半径和被吊物下方设置警戒区域，无关人员禁止入内。

（5）设置薄弱环节。在设备和装置上安装薄弱元件，当危险因素达到危险值之前这个地方预先破坏，将能量释放，保证安全。例如空压机、乙炔瓶等压力容器的泄压阀。

（6）坚固或加强。有时为了提高设备的安全程度，可增加安全系数，保证足够的结构强度。例如登高作用使用钢制扶梯或马梯，不使用木质梯；使用粗钢丝绳，不使用细钢丝绳；不使用壁薄的钢管，使用壁厚的钢管等。

（7）警告牌示和信号装置。警告可以提醒人们注意，及时发现危险因素或部位，以便及时采取措施，防止事故发生。警告牌示是利用人们的视觉引起注意；警告信号则可利用听觉引起注意。如：在预制构件吊装区域设置禁入标识；在危险品仓库外设置禁止烟火标识；在构件堆放处设置靠近有危险等警告标识。

随着科学技术的发展，还会开发出新的更加先进的安全防护技术措施，要在充分辨识危险性的基础上，具体选用。安全技术设施在投用过程中，必须加强维护保养，经常检修，确保性能良好，才能达到预期效果。

2）安全教育措施

安全教育是对现场管理人员及操作工人进行安全思想教育和安全技术知识教育。通过教育提高从业人员安全意识及法制观念，牢固树立安全第一的思想，自觉贯彻执行各项劳动保护法规政策，增强保护人、保护生产力的责任感。安全技术知识教育包括一般生产技术知识、一般安全技术知识和专业安全生产技术知识的教育。施工现场安全教育的种类很多，有三级教育、全员教育、季节教育、长假前后教育、安全技术交底、特种作业人员专项教育等等。现场安全教育的方式也是多样化，但以被教育人听得懂、记得牢为原则。

3）安全管理措施

安全管理是通过制定和监督实施有关安全法令、规程、规范、标准和规章制度等，规范人们在生产活动中的行为准则，使得劳动保护工作有法可依，有章可循。同时，施工现场安全管理要将组织实施安全生产管理的组织机构、职责、做法、程序、过程和资源等要素有机构成的整体，使得在预制混凝土结构施工过程各个环节、各个要素的安全管理都做到有章可循，安全管理处在一个可控的体系中。施工现场安全管理体系包括以下：

(a) 目标制定。目标是整个管理所期望实现的成果。在施工过程中既要有总体安全生产目标，还要对目标进行分解，并配备安全生产目标实施计划和考核办法。所以目标的制定要可细化、可量化、可比较，例如入职人员教育率 100%、隐患整改率 100%、PC 构件堆放倾覆率 0%、PC 构建吊装构件吊装碰撞率 0%，工伤人数 0 等，针对目标有目的的组织实施计划，最终的目标是生产安全“零事故”。

(b) 组织机构与职责。建筑施工行业以安全生产责任制为核心，各个岗位均应建立健全安全生产责任制度。

(c) 安全生产投入。安全文明施工措施经费是为了确保施工安全文明生产必要投入而单独设立的专项费用。在施工过程中，安全生产投入可以用作安全培训及教育；各种防护的费用；施工安全用电的费用；各类防护棚及其围栏的安全保护设施费用；个人防护用品，消防器材用品以及文明施工措施费等。在施工过程中要保证专款专用。

(d) 安全生产法律法规与安全管理制度。施工组织和施工过程中要符合适用的法律、法规及其他应遵守的要求，并建立其获取的渠道，保证生产运行的各个环节均符合法律、法规要求。所以识别、获取、更新与预制装配式相关的法律、法规，并按照相关要求制定管理制度，培训、实施、操作规程、考核管理办法。

(e) 安全生产教育培训。首先要建立教育培训制度，确定教育培训计划，针对不同的教育培训对象或不同的时段，确定培训内容，确定教育培训流程和考核制度。

(f) 生产设施设备。设备、设施是生产力的重要组成部分，要制定设施、设施使用、检查、保养、维护、维修、检修、改造、报废等管理制度；制定安全设施、设施(包括检查、检测、防护、配备)、警示标识巡查、评价管理制度；制定设备、设施使用、操作安全手册。

(g) 作业安全。作业安全管理是指控制和消除生产作业过程中的潜在风险，实现安全生产。PC 施工过程中，包含危险区域动火作业、高处作业、起重吊装作业、临时用电作业、交叉作业等，是施工过程隐患排查、监督的重点。

(h) 隐患排查与治理。事故隐患分为一般事故隐患和重大事故隐患。通过隐患和排查治理，不断堵塞管理漏洞，改善作业环境，规范作业人员的行为，保证设施设备系统的安全、可靠运行，实现安全生产的目的。

(i) 重大危险源监控。重大危险源辨识依据《重大危险源辨识》(GB 18218—2009)和建筑工程《危险性较大的分部分项工程安全管理办法》(建质〔2009〕87 号)进行普查和辨识。针对重大危险源需建立危险源清单与台账，危险源档案，危险源监管、监控、检测记录及设施设置记录和位置分布图等。

(j) 职业健康。为了保障职工身体健康，减少职业危害，控制各种职业危害因素，预防和控制职业病的发生。包括以改善劳动条件，防止职业危害和职业病发生为目的的一切措施。职业危害防护用品、设备、设施管理制度等。

(k) 应急救援。应急管理是围绕突发事件展开的预防、处置、恢复等的活动。按照突发事件的发生、发展规律，完整的应急管理过程应包括预防、响应、处置与恢复重建四个阶段。应急管理者还应该全面开展应急调查、评估，及时总结经验教训；对突发事件发生的原因和相关预防、处置措施进行彻底、系统的调查；对应急管理全过程进行全面的绩效评估，剖析应急管理工作中存在的问题，提出整改措施，并责成有关部门逐项落实，从而提高预防突发事件和应急处置的能力。

(l) 事故报告调查处理。施工现场必须严格执行《生产安全事故报告和调查处理条例》(国务院令第493号)，上报和处理事故。事故处理按照"四不放过"处理原则，其具体内容是：事故原因未查清不放过；责任人员未受到处理不放过；事故责任人和周围群众没有受到教育不放过；事故制定的切实可行的整改措施未落实不放过。

(m) 绩效评定持续改进。通过评估与分析，发现安全管理过程中的责任履行、系统运行、检查监控、隐患整改、考评考核等方面存在的问题，提出纠正、预防的管理方案，并纳入下一周期的安全工作实施计划。

5.2.2 装配式混凝土建筑施工主要安全管控措施

1. 装配式混凝土建筑施工主要危险源

装配式混凝土建筑，简要来说就是在工厂预制好混凝土构件，包括梁、板、柱、墙等，然后运输至现场进行吊装拼接，最终完成一栋建筑物的建造。这种建筑的施工与现浇混凝土结构施工在安全生产管理方面主要差别见表5.2-1。

表5.2-1 装配式混凝土建筑施工主要危险源

活动	危险源	可能导致的事故	备注
材料堆放	现场大型构件种类多，现场构件堆放不稳	坍塌、物体打击	现场管理控制
运输	需水平运输、垂直运输构件多	机械伤害、交通安全	现场管理控制
吊装	构件结构多样，吊装稳定性和控制精度差发生碰撞	物体打击	现场管理控制
	预制吊点不适用	物体打击	前期规划与设计 协调设置预埋件
临边防护	构件无预埋件，在不破坏结构情况下无法安装防护设施	高处坠落	前期规划与设计 协调设置预埋件
	为方便预制构件吊装、安装时，作业面临边防护常有缺失	高处坠落	现场管理控制
	高处无防护，材料、机具坠落易	物体打击	现场管理控制
高处作业	现场脚手架较少，高处作业时无安全带挂点	高处坠落	现场管理控制 前期规划与设计 协调设置预埋件

2. 装配式混凝土建筑施工安全生产主要措施

1) 构件的堆放安全措施

预制构件的储存应防止外力造成倾倒或落下，进行整理以保证顺利运输。为保证构件不会发生变形，防止构件上的泥土乱溅，应明显标示工程名称、构件符号、生产日期、检查合

格标志等。储存时间很长时,应对结合用金属配件和钢筋等进行防锈处理。

堆放方法:构件堆置时,不可与地面直接接触,须乘坐在木头或软性材料上。

(1) 柱子:柱子堆置时,高度不可超过 2 层,且须于两端 $0.2L \sim 0.25L$ 间垫上木头,若柱子有装饰石材时,预制柱与木头连接处需采用塑料垫块进行支承。上层柱子起吊前仍须水平平移至地面上,方可起吊,不可直接于上层就起吊。装配式混凝土结构柱堆放图见图 5.2-1。

图 5.2-1 装配式混凝土结构柱堆放图

(2) 大小梁:大小梁堆置时,高度不可超过 2 层,实心梁须于两端 $0.2L \sim 0.25L$ 间垫上木头,若为薄壳梁则须将木头垫于实心处,不可让薄壳端受力。

(3) 板类堆放:KT 板则不可超过 4 片高,堆置时于两端 $02L \sim 0.25L$ 间垫上木头,且地坪必须坚硬,板片堆置不可倾斜。

外墙板平放时不应超过三层,每层支点须于两端 $0.2L \sim 0.25L$ 间,且需保持上下支点位于同一线上;垂直立放时,以 A 字架堆置时,长期储放时必须加安全塑料带捆绑(安全荷重 5t)或钢索固定,墙板直立储放时必须考虑上下左右不得摇晃,且须考虑地震时是否稳固。装配式混凝土建筑板类构件堆放见图 5.2-2。

图 5.2-2 装配式混凝土建筑板类构件堆放图

(4) 异型构件:楼梯或异型构件若须堆置 2 层时,必须考虑支撑是否会不稳,且不可堆置过高,必要时应设计堆置工作架以保障堆置安全。

2) PC 构件的出厂与运输安全措施

在对构件进行发货和吊装前,应事先和现场构件组装负责人确认发货计划书上是否记录有吊装工序、构件的到达时间、顺序和临时放置等内容。

(1) 运输时安全控制事项:运输时为了防止构件发生裂缝、破损和变形等,选择运输车辆和运输台架时应注意选择适合构件运输的运输车辆和运输台架；装车和卸货时要小心谨慎；运输台架和车斗之间应放置缓冲材料；运输过程中为了防止构件发生摇晃或移动，应用钢丝或夹具对构件进行充分固定；应走运输计划中规定的道路，并在运输过程中安全驾驶，防止超速或急刹车现象。

(2) 装车时安全控制事项：构件运输一般采用平放装车方式或竖立装车方式。梁构件通常采用平放装车方式，墙和楼面板构件在运输时，一般采用竖向装车方式。其他构件包括楼梯构件、阳台构件和各种半预制构件等，因为各种构件的形状和配筋各不相同，所以要分别考虑不同的装车方式。平放装车时，应采取措施防止构件中途散落。竖向装车时，应事先确认所经路径的高度限制，确认不会出现问题。另外，还应采取措施防止运输过程中构件倒塌。无论采用哪种装车方式，都需根据构件配筋决定台木的放置位置，防止构件运输过程中产生裂缝、破损，也要采取措施防止运输过程中构件散落，还需要考虑搬运到现场之后的施工便捷等。装配式混凝土建筑构件装车见图 5.2-3。

图 5.2-3　装配式混凝土建筑构件装车图

3) 吊装作业安全控制措施

吊装作业是装配式混凝土建筑施工总工作量最大、危险因素存在最长的工序。施工过程中应严格执行管控措施，以安全作为第一考虑因素，发生异常无法立即处理时，应立即停止吊装工作，待障碍排除后方可继续执行工作。

(1) 吊装作业一般安全控制事项：

(a) 起重机驾驶员、指挥工必须持有特殊工种资格证书。

(b) 吊装前应仔细检查吊具、吊点与吊耳是否正常，若有异物充填吊点应立即清理干净，检查钢索是否有破损，日后每周检查一次，施工中若有异常擦伤，则立即检查钢索是否受伤。

(c) 螺丝长度必须能深入吊点内 3cm 以上(或依设计值而定)。起重安装吊具应有防脱钩装置。

(d) 应检查塔吊公司执行日与月保养情况，月保养时亦须检查塔吊钢索。

(e) 异型构件吊装，必须设计平衡用之吊具或配重，平衡时方能爬升。

(f) 构件必须加挂牵引绳，以利作业人员拉引。

(g) 所有吊装、墙板调整与洗窗机下方应设置警示区域。

(h) 起吊瞬间应停顿 0.5min，测试吊具与塔吊之能率，并求得构件平衡性，方开始往上加速爬升。

(2) 吊具与支撑架安全控制：

(a) 平衡杆与平衡吊具：墙板与大梁尽量以平衡杆吊装，异型构件一律以平衡吊具吊装；吊装前应检查平衡杆与平衡吊具焊道是否有锈蚀不堪使用情形。装配式混凝土建筑构件吊装见图 5.2-4。

图 5.2-4　装配式混凝土建筑构件吊装平衡杆图

(b) 吊具与螺丝：吊具使用前应检视是否锈蚀与堪用，螺丝应仔细检视牙纹是否与吊点规格纹路相同，螺丝长度是否足够。

(c) 支撑架与支撑木头：支撑架之横向支撑应以小型钢为主，有其他因素难以避免时，方得以木头支撑，且应以新购为原则，鹰架用的木头断面为 120mm×120mm，楼板用的支撑木头断面则为 90mm×90mm，且不得有裂纹；支撑架破孔，或有明显变形，则不应使用，支撑时应注意垂直度，不可倾斜。

(d) 施工鹰架：支撑鹰架搭设时，必须挂上水平架，水平架的作用在于防止鹰架的挫曲，尤其鹰架高度大于 3.6m 时更显重要。

(3) 预制构件吊装安全控制事项：

(a) 柱子吊装安全：柱底垫片应以铁制薄片为原则，规格采用 2mm、3mm、5mm、10mm 厚为主，垫片平面尺寸依柱子重量而定，垫片距离应依柱子重量与斜撑支撑力臂之弯矩关系，维持柱子之平衡性与稳定性。装配式混凝土柱底垫片见图 5.2-5。

图 5.2-5　装配式混凝土柱底垫片

图 5.2-6　装配式混凝土柱支撑

柱子斜撑如套筒续接砂浆于柱吊装完成即施作，应以 3 支为原则；如大梁先吊装后施作套筒续接砂浆，应以 4 支为原则，斜撑强度以 1.0t 计算。装配式混凝土柱支撑见图 5.2-6。

柱子完成安装调整后，应于柱子四角加塞垫片增加稳定性与安全性。长柱（跨越两个楼层）吊装时不可成为独立柱，应一根柱子配合一根大梁（钢梁）方式吊装，且长柱吊装应以半自动脱勾吊具或用高空作业车载人脱勾为原则，减少作业人员爬上松绑次数。

安装作业区 5～10m 范围外应设安全警戒线，工地派专人把守，非有关人员不得进入警戒线，专职安全员应随时检查各岗人员的安全情况，夜间作业，应有良好的照明。

(b) 大、小梁吊装安全控制事项：工作人员安装大小梁时应以安全带勾住柱头钢筋或安全处。安装大小梁前应依设计图搭好支撑架，以利大小梁乘坐及减少大小梁中央部变位量（装配式混凝土梁支架见图 5.2-7）。支撑鹰架之水平架一定要安装，可减少挫曲可能性。

起吊前：预制梁于起吊前即于地面安装好安全母索。四周边大梁于地面事先安装刚性安全栏杆（装配式混凝土梁护栏安装见图 5.2-8）。

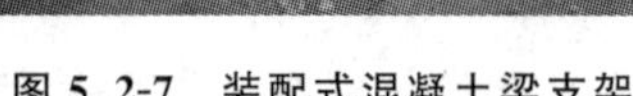
图 5.2-7　装配式混凝土梁支架

图 5.2-8　装配式混凝土梁护栏安装

起吊时：起吊离地时须稍作停顿，确定吊举物平衡及无误后，方得向上吊升。吊车作业须采取吊举物不可通过人员上方，及吊车作业半径防止人员进入之措施。梁构件必须加挂牵引绳，以利作业人员拉引。

梁安装完成须立即架设安全网（采用 S 形不锈钢钩，直径 4mm），装配式混凝土梁防护网安装见图 5.2-9。

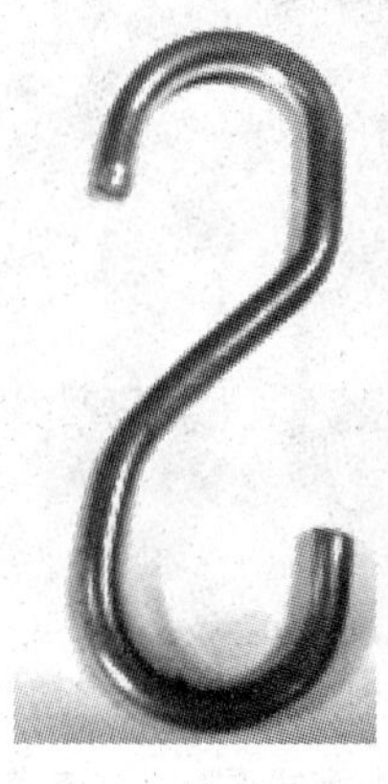

图 5.2-9　装配式混凝土梁防护网安装

(c) 板类吊装安全管理措施：KT 板中央部一定要加支撑，楼层高度在 3.6m 以下时常以钢管作为支撑，若钢管支撑长度超过 3.5m 时，应加横向 90mm×90mm 断面木条串连，减少无支撑长度。KT 板一般以勾住 K-truss 作为吊点，但超大型 KT 板(3m×6m 以上)应以方形平衡架作为吊具，以免拉裂。起吊应依设计起吊点数施工，且须备妥适合吊具。

外墙板吊点与侧边之翻转吊点，均应审查孔内是否清洁。阳台板与女儿墙板固定系统除依设计图施工外，工地主管应检核墙版安装后是否确实不动。墙板安装后需及时安装墙板专用安全护栏，四周须连接没有破口超长板片以平衡杆加挂牵引绳，以利作业人员拉引。装配式混凝土板类吊装见图 5.2-10。

图 5.2-10　装配式混凝土板类吊装图

(d) 预制楼梯吊装安全管理措施：长度超过 3.2m 以上之预制楼梯应以平衡架吊装。曲型预制楼梯翻转时应注意翻转之安全。预制楼梯高程调整垫片于安装调整后应立即电焊固定。

(e) 预制构件支撑与斜撑拆除时间：预制支撑应依设计图为之，若图未说明时，可依下列原则：

(i) 实心预制大小梁系统可于面层灌浆 3d 后拆除支撑；

(ii) 薄壳预制大小梁系统可于面层灌浆 7d 后拆除支撑；

(iii) 不论实心预制大小悬臂梁或薄壳预制大小悬臂梁须于面层灌浆 14d 后，方可拆除支撑；

(iv) 阳台外墙与女儿墙下部无永久支撑且为湿式系统，亦须于接合部混凝土浇置 14d 后，方可拆除支撑；

(v) 柱子于套筒续接砂浆灌浆 24h 后，即可拆除全部斜撑。

4) 装配式混凝土施工临边防护

预制外墙板、周边梁应在堆放区域先锁好安全栏杆后再起吊。装配式混凝土构件临边防护栏杆见图 5.2-11。

主次梁完成后即悬挂安全网。装配式混凝土构件临边防护网见图 5.2-12。

其他洞口处必须增加临边护栏。工作人员安装大小梁时应以安全带勾住柱头钢筋或安全绳。

图 5.2-11 装配式混凝土构件临边防护栏杆

图 5.2-12 装配式混凝土构件临边防护网

5.2.3 安全管理措施

1. 零事故目标

1）零事故目标假设

由于安全事故危及人的生命并浪费大量金钱，所以需要管理，管理的时候也是要花费成本的。安全事故会造成成本的浪费，是成本的损失。

杜邦公司的理论："任何风险都可以控制，任何事故都可以避免"。对大系统而言，理论上可行，实际上很难做到。但是对小系统而言："理论上可行，实际上也能做到"。对于整个装配式混凝土建筑施工而言是个大系统，但是可以划分成多个分项工程，再细化成个小环节，就变成小系统，只要各小系统事故为零，则整个装配式混凝土建筑施工大系统就可实现"零事故"。

2）零事故目标管理

(1) 管理计划：相当于政策、策略，包括工作的规划、管理行为的规划。现场的安全提示图，有安全生产多少天的告示，可以时刻提醒作业人员，目标是什么，可以继续做什么。

(2) 实施：实施主要强调方法，过程中如何用一些方法保证规划、计划获得有效的落实。安全生产责任制度，包括安全生产检查制度、安全生产宣传教育制度、劳动保护用品的管理制度、特种设备的安全管理制度等。

(3) 检查纠正:实施完后要检查纠正,对所有的事故或者险兆事故(没有造成伤害的事件)进行调查,一定要发现根本原因,然后采取有效的措施,不断地检查和纠正。

(4) 管理评审:作为一个体系的话,会有阶段性的评审,整个体系是一个循环的过程。零事故是个目标不是指标,当小系统发生意外,经过纠正,仍然可以以"零事故"为目标开展其他工作。

2. 安全生产讲评

安全生产讲评是指每天将作业现场安全生产状况、危险风险点、违规操作和事故案例以及前一天安全生产实施情况等对所有的施工现场管理人员和作业人员进行集中讲评。使每名人员掌握每天的安全生产状况、危险风险点情况以及动火区域等安全注意事项,及时纠正生产过程中发现的违规操作并引以为戒,确保施工现场的安全生产和防火安全。主讲人必须是项目经理部的经理、副经理、施工技术人员、安全管理人员。

工程项目可根据施工现场实际情况,在临建设施的空地上或作业现场安全场地上设立安全生产讲评板、讲评台开展讲评活动。每天至少在班前安排一次讲评活动,讲评时间控制在5~10min,且讲评过程必须感人、动情。工程项目安全讲评照片见图5.2-13。

图5.2-13 工程项目安全讲评照片

3. 项目安全总监

作为项目的安全管理人员,由于是项目经理直接领导的,所以经常发生安全管理人员依据项目经理意愿,对发现的安全问题、安全隐患或是安全资金投入不到位等问题进行隐瞒的情况,从而造成施工现场安全的监督整改力度不够,甚至导致安全事故的发生。在施工企业内推行项目安全总监制度能够有效地加强对在建项目的安全监督力度,有效提升企业安全管理水平。

项目安全总监是由上级委派的,他对项目进行安全监督指导,直接向上级汇报,不受项目经理制约。其具体工作包括做好安全总监日志、安全总监周、月报的工作,将工地现场每日、每周、每月的施工进度情况、安全总监工作情况、现场安全隐患及整改情况、下阶段安全工作计划等通过文字及图片进行汇总并用邮件的方式上报给上级委派单位;由上级委派单位审阅批复并转发给工地所属单位领导及安全管理部门,让他们知晓工地现场的安全状况,同时利用他们与项目经理的上下级关系,督促项目经理加强现场安全管理、提高隐患整改力度。

1）职责

项目安全总监并非项目安全员，主要审核开工前安全生产条件、监督项目安全管理组织架构、监督检查危险性较大分部分项工程安全专项施工方案落实情况，并及时向上传递重大危险源信息。监督施工现场执行公司文明施工标准化有关要求情况等，项目施工现场安全生产管理体系建立和运行情况，以及管理程序。

2）施工过程监督的流程

(1) 发现一般违规管理行为或安全隐患，应向项目经理部发出"项目安全隐患整改建议书"或"项目安全隐患整改通知书"。

(2) 发现严重违规管理行为或安全隐患，应向项目经理部发出"项目停工令"。项目经理部必须等"项目停工令"中确定的安全隐患消除后才能以"工程复工报审单"的形式提出复工申请，获项目安全总监批准后方可恢复施工。

(3) 对项目经理部出现拒不整改安全隐患或不停止施工的现象，项目安全总监要及时向上级安全管理部门报告。

4. 数字化工地建设

"生产过程数字化"、"生产管理数字化"是企业现代化步伐的必然趋势，是企业走向开放和竞争市场的必经之路。

1）从业人员实名制管理

我国当前的建筑行业是以施工企业工程总承包为依托，劳务分包为作业主体进行的。农民工作为建筑市场的主要劳动力，有其自身的特点，譬如劳动技能水平参差不齐、流动性强等，这就造成了建筑市场技能型作业队伍的鱼龙混杂，并给施工管理造成了巨大的困难。

实行施工现场作业人员实名制管理，是加强施工现场作业人员动态管理的具体举措。可促使各工程项目履行相应的管理和培训教育职责，对施工现场人员数量、基本情况、进出时间、年龄结构、技能培训、工作出勤等基本情况也可充分了解和分析，并制定针对性的管理、教育和服务措施。

实名制管理是指通过健全劳务用工管理机制、完善相关管理制度，利用计算机、互联网等现代科技手段，建立能动态反映施工现场一线作业人员实际情况的数据库和花名册、考勤册和工资册等实名管理台账，形成闭合式的管理体系，可实现在体检和健康档案管理实名制、劳动合同管理实名制、岗前培训和安全教育实名制、工作聘用准入实名制、工作考勤实名制、工资支付实名制的管理目标。国内各地政府逐步建立了施工现场劳务人员实名制管理系统，但管理内容简单，工程项目可根据实际需要拓展实名制管理的信息采集，参考表 5.2-2。

(1) 从业人员资格审查：总承包企业的分支机构（各子公司、分公司）、各专业承包企业、劳务分包企业应在各自作业人员进场前，向总承包项目部申报用工计划和作业人员基本信息，由项目部进行初审。必需符合以下基本条件才能获通过：

(a) 验证专业承包企业、劳务分包企业的施工资格，将"三证一书"（即：营业执照、资质证书、安全生产许可证、法人授权委托书等）复印件整理归档。

(b) 务工人员的招用，必须由劳务公司依法与务工人员签订劳动合同。劳动合同必须明确规定工资支付标准、支付形式和支付时间等内容。

(c) 用工范围：熟练的技术操作工，有中、高级技能职称的操作工优先录用，特殊工种人员必须具备行业执业资格证。年龄 18～60 岁，身体健康。

表 5.2-2 施工现场实名制采集信息表

序号	类别	内容	备注
1	角色	参观检查人员、业主、监理、项目管理人员、现场作业人员、临时工人	
2	劳务人员身份基本信息	编号	身份证号
		姓名、照片、户籍住址、学历、家属联系信息等	
3	劳动关系信息	工种、含劳动合同签订企业、劳动合同审查情况、社会保险卡号、健康体检信息	
4	培训、交底信息	职业技能持证情况、特种作业持证情况、施工现场培训交底及继续教育等信息、交底情况	包含名称、编号、有效期
5	诚信情况	奖惩记录	包含事由、日期、结果
6	准入情况	每日进入时间、出场时间	
7	时效性	进场日期、退场日期	
8	状态	正常、异常、清退、注销	

(d) 岗前培训：根据员工素质和岗位要求，实行职前培训、职业教育、在岗深造培训教育以及普法维权培训教育，提高员工的职业技能水平和职业道德水平。

(2) 信息备案与筛选：工程项目管理部应在作业人员办理进场登记 1d 内，将各类基本信息进行采集，以身份证号为唯一编号。采集作业人员初次进入工地的刷卡数据生成本工地人员名单，并将教育培训等动态数据及时更新。

(3) 信息卡发放：对参观、检查等短期进场非施工人员发放临时信息卡，对项目业主、监理、项目管理人员、施工人员发放实名制信息卡。

(4) 数据分析：通过对采集的信息方进行分析，或建立数据采集分析系统，发挥综合协调作用，强化专业分包、专业承包、劳务分包的管理、企业的联动机制、综合协调运行机制。可以通过信息数据对工程项目人员进行关键信息查找；查询进场人员数量、工时、人员状态；建立工时统计，分析用工成本；规范管理流程，审查从业人员保险、资质、岗前培训、专项交底等必要监管程序的实施，不按时完成或违章进行警示；建立从业人员个人诚信评价体系，由项目端对处罚信息进行填写，并与分包单位评价相结合等。

2) 门禁管理系统

门禁管理系统是实名制管理中准入现场的重要手段，是数字化工程的子系统，具备人员考勤及出入人员身份认定、控制通行的功能。系统设备安装于人员出入处，主要由通道闸机、读卡设备、嵌入式控制计算机、摄像机及显示器等构成。其通过验证证件的合法性及有效性来控制人员的进出，同时显示证件所对应照片，供保安人工判断是否与刷卡人一致，从而保证了人、证一致。

(1) 使用范围：可实施封闭式管理的建设工程项目，均可设置施工现场管理门禁系统，对所有出入作业区域的人员进行刷卡管理。

(2) 基本硬件配置:

(a) 各工程项目明确分隔施工区域与非施工区域。在施工现场或作业区布置人员进出通道和车辆运输通道,除保留进出主要通道和必要的安全消防通道外,将施工区域全部封闭,并安排准专职值班人员值守,避免与工程无关的闲杂人员进入。

(b) 车辆运输通道由警卫负责进出登记管理,人员进出通道设置考勤及出入管理门禁管理设施,并由警卫室进行监管。

(c) 门禁管理系统通道机采用三辊闸式,并具备防翻跃设施,及紧急情况人员快速疏散功能。布置于主要通道用于记录功能可采用门式。施工现场门禁通道见图 5.2-14。

图 5.2-14 施工现场门禁通道

(d) 门禁管理系统应能实时、醒目显示当前在作业区域的持有实名卡、临时卡的人数。

(e) 门禁系统警卫室内有电脑、视频等显示进出人员基本信息、系统报警的硬件设施,判断了证件的有效性后显示该证件对应的照片、姓名等资料,保安可以据此进一步判断证件与证件持有人是否相符,杜绝借用、冒用证件的情况。

门禁管理系统核心是放行具有资格、符合管理流程的作业人员,对不具备资格、不符合管理流程的作业人员进行预警并禁止入内。

3) 人员和设备定位管理

人员和设备定位管理系统是集施工人员考勤、区域定位、安全处罚、监督整改、安全预警、灾后急救、日常管理等功能于一体的管理系统,它使管理人员能够随时掌握施工现场人员、设备的分布状况和每个人员和设备的运动轨迹,便于进行更加合理的调度管理以及安全监控管理。当事故发生时,救援人员可根据该系统所提供的数据、图形,迅速了解有关人员的位置情况,及时采取相应的救援措施,提高应急救援工作的效率。这一科技成果的实现,促使工程建设的安全生产和日常管理再上新台阶。

案例:上海隧道股份人员定位管理系统

隧道股份上海城建市政工程(集团)有限公司的人员定位管理系统是在进入工地施工的工人安全头盔外侧贴上一个 2.45G 有源 RFID 电子标签,利用微波技术掌握和追踪工人的行踪。该人员追踪管理系统既可以通过安装在工人头盔中的 RFID 标签同门禁闸机联动

控制人员出入，直接统计所有人员的工时数量。在工地主要位置设置数据接收器，采集人员位置信息，在管理系统上进行标示，见图5.2-15。此外，该系统也能够帮助项目安全生产监督提升及时性和有效性。比如，当项目安全监管人员在管理巡视中发现现场施工人员或设备发生违章操作时，可以直接通过数据接收器读取违章操作的人员身份信息，并对个人或所属分包队伍开具罚单、跟踪整改等，实现安全生产监督；而在设备中利用定位芯片，还能够实现人员与设备间的安全距离监控，有效减少施工误操作引发的安全事故。

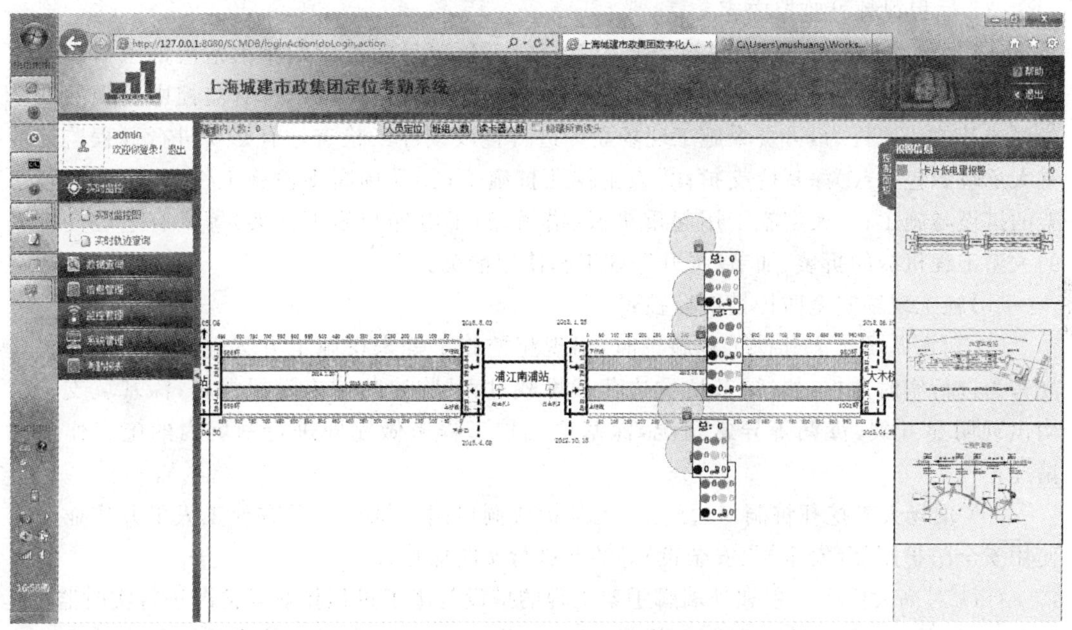

图5.2-15　人员定位管理系统界面示例

4）远程视频监控

用电子视频监控系统对建设工程施工现场的生产调度、施工质量、安全与现场文明施工和环境保护实现实时的、全过程的、不间断的安全监管监控，该项技术近年来已被广泛应用。利用远程视频监控技术可以做到动静皆管的立体管理机制，更有效地对建筑工程施工进行管理。

远程监控的应用使领导和管理部门能随时、随地直观地视查现场的施工生产状况，通过对工程项目施工现场重点环节和关键部位进行监控，特别是对施工现场操作状况与施工操作过程中的施工质量、安全与现场文明施工和环境卫生管理等方面起到了施工过程中应有的监督。施工过程被录像存储备份，可随时查看监控信息，即使发生了一些不可预测的事件，也便于事故发生后第一时间内查明事故发生原因，明确事故责任。

（1）远程视频监控功能：

（a）网络化监控。通过计算机网络，能做到在任何时间、从任何地点、对任何现场进行实时监控。

（b）存储。可以实现本地或远程的录像存储及录像查询和回放。

（c）通过镜头及云台，对现场的部分细节进行缩放检视。通过视频监控系统对重点环节和关键部位进行监控，可有效增加监控面，能及时制止安全隐患及违章行为发生。

(d) 通过手机版、PAD版以及安卓版软件的开发，可在任何有网络的地方实现全方位监视等。

(2) 视频监控摄像头安装位置：视频监控摄像头的位置应根据监控范围和监控目的要求设置。摄像头一般安装于结构附设塔吊的塔身上，随着操作层的升高，监控点也将同步上升，除对施工操作层进行全面监控外，同时可以鸟瞰整个施工工区。此外，摄像头也可安装于工地进门处横梁上，以观察门卫管理情况；还可针对重大风险源实施位置设置摄像头。

(3) 远程视频可监控内容：

(a) 重大危险源监控：通过视频监控系统对工程项目施工中的重大危险源项目进行重点监控，能及时掌握与了解危险性较大工程的施工进度和安全状态，对监控中发现的安全隐患或其他违规行为，可责令施工现场立即进行整改或停工检查。有必要进行远程监控的重大危险源包括：①深基坑支护；②人工挖孔桩施工；③现场高支模施工作业；④外墙脚手架的搭设与施工；⑤大型施工用起重机械（塔吊、施工电梯与施工井架）等具有危险性较大的大型工程机械的折装、加节、提升等施工和使用情况。

(b)施工现场安全防护情况监控：

(i) 对深基坑土方开挖工程施工时，出现超挖施工等未按施工方案进行施工的违法违规行为进行实时监控，如：深基坑坑边荷载堆载过大、临边防护未设置栏杆，深基坑支护结构出现明显开裂、渗漏等异常情况，深基坑支护工程未做完即进行基坑内的施工作业等情况；

(ii) 现场人工挖孔桩洞口边施工，无防护或洞口附近堆放土石方或工人下井作业时未使用安全防护用品（安全帽、安全带）等情况进行实时监控；

(iii) 对高大模板工程和外墙脚手架工程的搭设与施工过程作业等情况进行实时监控；

(iv) 对大型施工用起重机械（塔吊、施工电梯与施工井架）等具有危险性较大的大型工程机械的折装、加节、提升等施工和使用、防护等情况进行重点的实时监控；

(v) 对高空危险作业人员不按要求使用安全带、施工现场人员未戴安全帽的，或未在施工现场入口处、施工起重机械、临时用电设施、脚手架、出入通道口、基坑边沿设置明显的安全警示标志及施工现场乱接、乱拉电线，或电线、电缆随意拖地等情况进行实时监控。

(4) 监控结果处理：视频监控系统发现违章事项，均可截图发放相应的工程项目管理部门进行针对性整改。

案例：上海城建远程视频监控系统

随着工程地域范围不断扩大，传统的“飞行检查”成本大、时间长，上海隧道股份公司开发了工程项目远程视频监控系统，并设置视频监控中心，对在建工程项目进行视频监控（图5.2-16）。

目前国内可实现远程视频监控的技术服务企业很多，上海隧道股份公司使用了中国电信的“全球眼”技术，其架构见图5.2-17。

图 5.2-16　远程视频监控中心

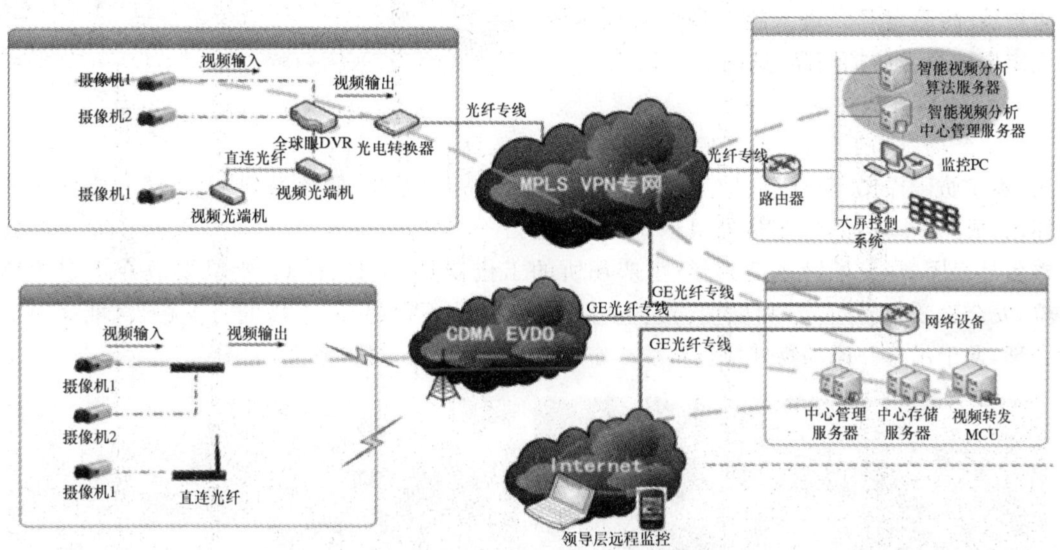

图 5.2-17　远程视频监控架构图

5.3　标准化施工

5.3.1　标准化施工意义

许多建筑施工现场实行的是粗放式管理，机械、材料、人工等浪费严重，生产成本高，经济效益低，能源消耗和发展效率极不匹配。而施工现场的安全管理不规范、不标准，导致模板支撑系统坍塌、起重机械设备事故等群死群伤的重大事故时有发生，这显然与时代要求发展不符。施工现场安全质量标准化是实现施工现场本质安全的重要途径，也是必要途径。

在施工过程中科学地组织安全生产，规范化、标准化管理现场，使施工现场按现代化施工的要求保持良好的施工环境和施工秩序，规范施工现场秩序，强化安全措施，展示企业形象，减少施工事故发生。

施工现场安全实体防护的标准化主要包括四个方面，即：各类安全防护设施标准化；临时用电安全标准化；施工现场使用的各类机械设备及施工机具的标准化；各类办公生活设施的标准化。

5.3.2 标准化施工实施

1. 个人防护用品

个人保护用品是为使劳动者在生产作业过程中免遭或减轻事故和职业危害因素的伤害而提供的，直接对人体起到保护作用。个人防护用品主要包括：安全帽类，呼吸护具类、眼防护具、听力护具、防护鞋、防护手套、防护服、防坠落具。进入施工现场必须按照规定佩戴个人防护用品，见图 5.3-1。

图 5.3-1 个人防护用品佩戴图

2. 物料堆放标准

生产场所的工位器具、工件、材料摆放不当，不仅妨碍操作，而且会引起设备损坏和工伤事故。为此，应该做到：生产场所要划分毛坯区，成品、半成品区，工位器具区，废物垃圾区。原材料、半成品、成品应按操作顺序摆放整齐且稳固，尽量堆垛成正方形；生产场所的工位器具、工具、模具、夹具要放在指定的部位，安全稳妥，防止坠落和倒塌伤人；工件、物料摆放不得超高，堆垛的支撑稳妥，堆垛间距合理，便于吊装。流动物件应设垫块楔牢；各类标识清晰，警告齐全，见图 5.3-2。

图 5.3-2 物料堆放图

3. 完工保护标准

在施工阶段为避免已完工部分及设备受到污染等人为因素损伤，各项设施必须以塑料布、海绵、石膏板等材料加以保护，见图 5.3-3。必须保护的设施有：石材、门框、电梯、卫浴设施、玄关、电表箱、木地板、窗框等特殊建材等。

(1) 门框、窗框:门框、窗框以海绵保护、防止污染及碰撞。

(2) 窗框轨道:落地窗框轨道必须以 n 型铁板加以保护、防止损伤。

图 5.3-3　门框保护图

(3) 玻璃:玻璃必须贴警示标贴,必要时贴膜保护,防止碰撞刮伤。

(4) 地面等石材保护:石材地面或地板等以石膏板或者夹板加以保护,以防止碰撞和污染。

(5) 电梯保护:电梯门、框、内部、地板都应贴板材加以保护,见图 5.3-4。

(6) 卫浴设施:浴缸等安装完成后,防止后续施工损害,用夹板包裹海绵加以保护。马桶安装好后用胶带粘贴好,并粘贴警示标语。

图 5.3-4　墙及玻璃保护图

4. 运输车洗车槽

工地洗车槽是建筑工地上用来清洗工程运输车的清洁除尘设备,见图 5.3-5。工地洗车槽的清洁效果显著,能把工程运输车的车身、轮胎和车底盘等位置做到全方位的冲洗,致使工程运输车辆干净上路。

(1) 洗车槽四周应设置防溢装置,防止洗车废水溢出工地。

(2) 设置废水沉淀处理池,进行泥沙沉淀。

图 5.3-5 洗车槽样式图

5. 暴露钢筋防护

工地内暴露钢筋随处可见，极易造成人员跌倒或坠落时被刺穿，对工地内向上暴露的钢筋、钢材、尖锐构件等需加装防护套或防护装置，见图 5.3-6。

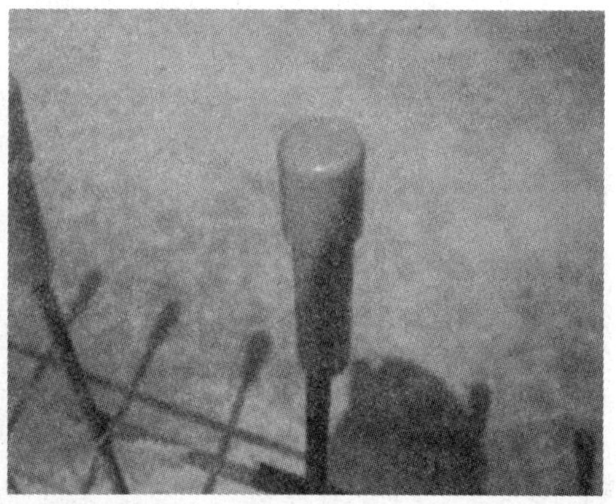

图 5.3-6 竖向外露钢筋防护照片

6. 临边防护网

建筑工程临边、洞口处较多，为防止人员坠落或物体飞落时能将其拦截，在必要位置需设置防护网，见图 5.3-7。防护网可分为临时性和永久性。主要设置部位有建筑物临时性平台、塔吊开口、电梯井、管道间、屋顶等位置。

安全网材料、强度、检验应符合国家标准，落差超过 2 层以上设置安全网，其下方有足够的净空以防止坠落物下沉、撞及下面结构。安全网使用前应进行检查，并进行耐冲击试验，确认性能。

图 5.3-7 防护网安装示意

5.4 绿色施工

5.4.1 绿色施工原则

1. 绿色施工概念

绿色施工是指工程建设中，在保证质量、安全等基本要求的前提下，通过科学管理和技术进步，最大限度地节约资源与减少对环境负面影响的施工活动，实现“四节一环保”（节能、节地、节水、节材和环境保护）。绿色施工是以保持生态环境和节约资源为目标，对工程项目施工采用的技术和管理方案进行优化并严格实施，确保施工过程安全高效、产品质量严格受控。

绿色施工采用的强制性条文、主要的施工规范和检验评定标准如下：

《绿色施工导则》（建质〔2007〕223 号）；

《上海市建筑节能条例》（2010）；

《建筑工程绿色施工评价标准》（GB/T 50640—2010）；

《建设工程绿色施工管理规范》（DG/TJ 08-2129—2013）；

《建筑工程绿色施工规范》（GB/T 50905—2014）。

2. 预制装配式混凝土结构绿色施工的重要意义

传统住宅建筑中，钢筋混凝土结构占有很大的比重，而且目前均采用能耗高、环境污染严重的全现浇湿作业生产。国内外大量工程实践表明，采用预制混凝土结构替代传统的现浇结构可节约混凝土和钢筋的损耗，每平方米建筑面积可节约 25%～30%的人工，总体工期也能缩短。同时，这种新模式打破了传统建造方式受工程作业面和气候条件的限制，在工厂里可以成批次的重复建造，使高寒地区施工告别“半年闲”。可见，采用混凝土预制装配技术来实现钢筋混凝土建筑的工业化生产节能、省地、环保，具有重要的社会经济意义。

近些年发展迅速的装配式混凝土建筑及住宅，受到了地产、施工界的广泛关注，其省材、省工、节能、环保的特点与绿色施工的要求十分契合，为绿色施工提供了一个很好的平台。

3. 预制装配式结构绿色施工原则

(1) 绿色施工是装配式混凝土建筑全寿命周期管理的一个重要部分。实施绿色施工，应进行总体方案优化。在规划、设计阶段，应充分考虑绿色施工的总体要求，为绿色施工提供基础条件。

(2) 实施绿色施工，应对施工策划、材料采购、现场施工、工程验收等各阶段进行控制，加强对整个施工过程的管理和监督。

(3) 绿色施工所强调的“四节”(即节能、节地、节水、节材)并非只以项目“经济效益最大化”为基础，而是强调在环境和资源保护前提下的“四节”，是强调以“节能减排”为目标的“四节”。

5.4.2 绿色施工管理体系建设

1. 绿色施工总体框架

绿色施工总体框架由施工管理、环境保护、节材与材料资源利用、节水与水资源利用、节能与能源利用、节地与施工用地保护六个方面组成(图 5.4-1)。这六个方面涵盖了绿色施工的基本指标，同时包含了施工策划、材料采购、现场施工、工程验收等各阶段的指标的子集。

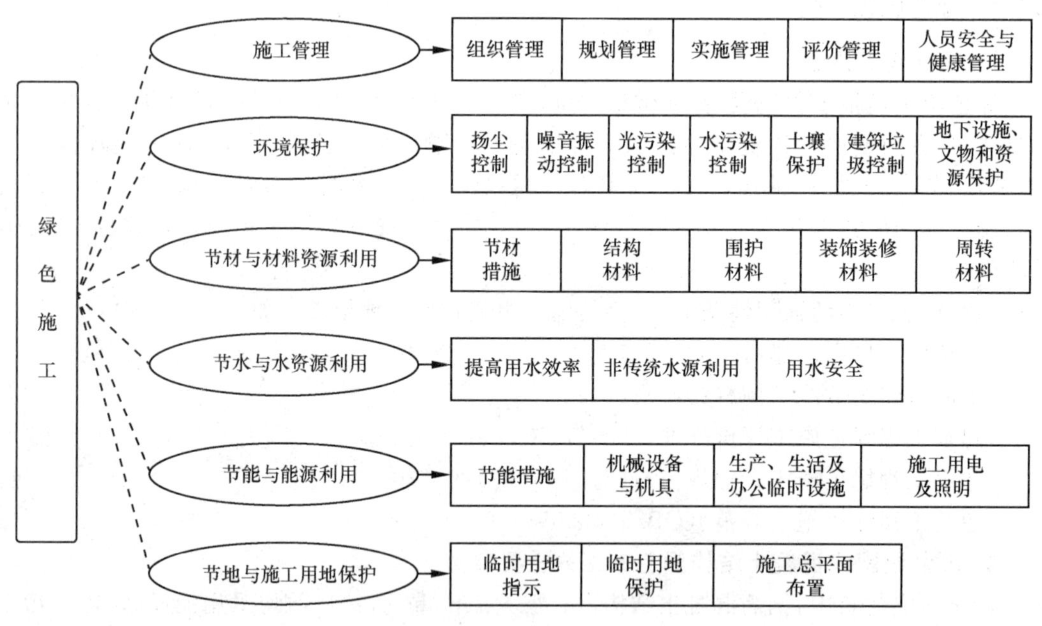

图 5.4-1 绿色施工框架

2. 绿色施工目标

施工项目应确立“四节一环保”目标，并科学合理地分解与落实到工程各实施环节。项目工程施工阶段“四节一环保”目标内容应包括：

(1) 施工期内万元施工产值能源消耗指标。通常以吨标准煤/万元施工产值为表述。

(2) 施工期内万元施工产值水资源消耗指标，及非传统水资源利用指标。通常以立方米/万元施工产值为表述。

（3）主要材料定额损耗率降低指标。通常状态下主要材料应包括钢材、商品混凝土及木料。如砌体砌量大的工程，还应包括商品砂浆及主要砌体等。指标值的控制是按行业定额损耗率，降低不小于30%。

（4）节地与施工用地保护指标。一般应包括严格执行国家关于禁限使用黏土制品等规定，及减少对土地及周边道路的占用与控制施工的土地扰动等。

（5）施工扬尘、光污染、施工噪音及施工污水排放控制指标，建筑垃圾再利用及周边环境保护指标。其中，扬尘、光污染、噪音、污水均应达到国家与地方政府排放标准的要求；建筑垃圾产生量的回收及利用指标，一般不低于30%。

3. 各层级管理职责分解

绿色施工管理体系应涵盖业主（建设单位）、设计（深化设计）单位、构件加工单位、施工单位等项目参建各方。其全过程管理见图5.4-2。为了达到绿色施工的目标，项目参建各方应进行全方位、立体式的团队合作，明确分工，各尽其能、各尽其责。但必须强调的是，施工单位是具体落实绿色施工的责任主体。

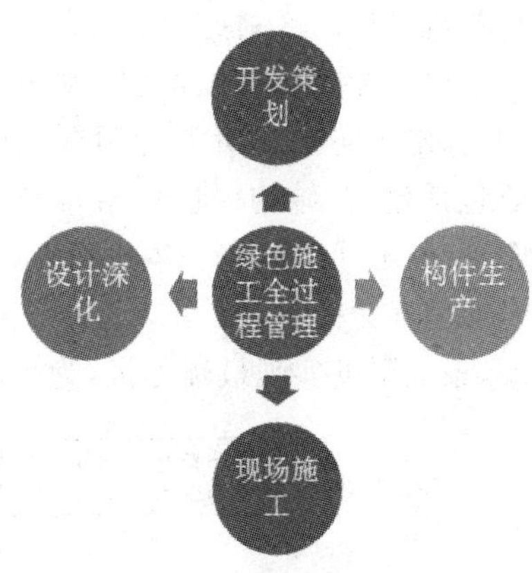

图5.4-2 绿色施工全过程管理

1）建设单位

建设单位应向施工单位提供建设工程绿色施工的相关资料，保证资料的真实性和完整性；在编制工程概算和招标文件时，建设单位应明确建设工程绿色施工的要求，并提供包括场地、环境、工期、资金等方面的保障；应会同建设工程参建各方接受工程建设主管部门对建设工程实施绿色施工的监督、检查工作；组织协调建设工程参建各方的绿色施工管理工作。

2）设计（深化设计）单位

预制装配式结构在设计（包括深化设计）阶段应充分考虑工程项目绿色施工的可实施性和建设单位对绿色施工的要求，推广应用国家、行业和地方倡导的绿色施工相关新技术，为绿色施工提供技术支持和基础条件。

3）构件生产单位

预制构件生产单位应负责对预制构件的图纸进行审核，注意节约、杜绝浪费。推广应用国家、行业和地方倡导的绿色施工相关新技术，鼓励使用再生材料及绿色环保材料。

4）施工单位

负责组织绿色施工各项工作的全面实施；编制绿色施工组织设计、绿色施工方案或绿色施工专项方案，负责绿色施工的教育培训和技术交底；开展施工过程中绿色施工实施情况检查，对存在的问题进行整改；收集整理绿色施工的相关资料。

5.4.3 绿色施工实施

1. 项目立项

在编制工程概算和招标文件时，建设单位应明确建设工程绿色施工的要求，并提供包括场地、环境、工期、资金等方面的保障。

2. 设计(深化)阶段

(1) 装配式混凝土建筑设计较常规建筑设计增加两个阶段:前期策划分析阶段与后期构件深化设计阶段。装配式混凝土结构与现浇结构相比,其中一个特点就是"前置",前期的设计是整个工程绿色节能环保的能够实现的关键。设计前期就应考虑构件划分、制作、运输、安装的可行性和便利性,杜绝现场返工,提高效率。装配式混凝土建筑设计与常规设计的区别见图 5.4-3。

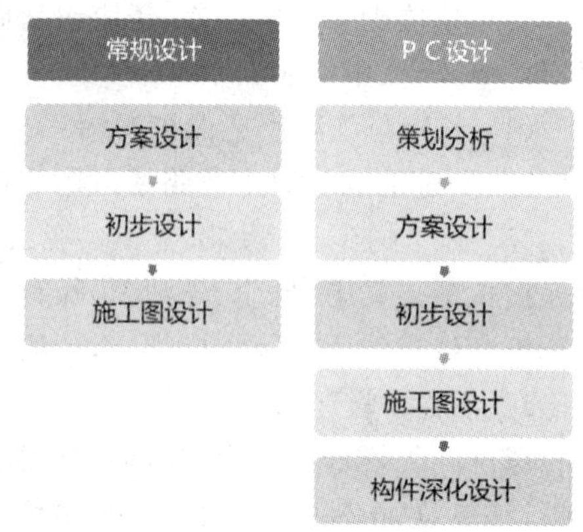

图 5.4-3 装配式混凝土建筑设计与常规设计区别

(2) 给排水点位留置、强弱电点位、机电管线预埋、施工防护架所需孔洞等,这些都需要各个专业包括建筑、结构、机电、给排水等反复沟通,统一图纸,装配式住宅有一体化设计需求(图 5.4-4),各专业间互为条件,互相制约,通过配合便于构件生产,最大限度实现最优方案,为现场绿色施工创造条件。

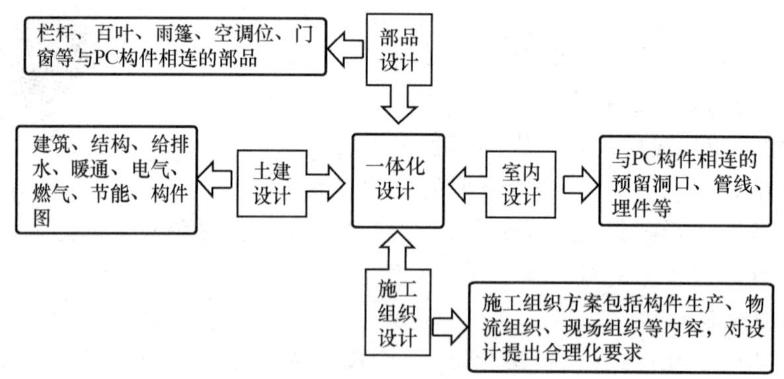

图 5.4-4 一体化设计

3. 构件生产阶段

1) 模具加工制作

为了减少模具投入量,提高周转效率,可将尺寸不一的预制构件划分为几个流水段(图 5.4-5),按照每一流水段模板的材料重复可利用原则,将预制构件按从大件至小件的顺序进行施工,拼装模具的通用部分可连续周转使用。另外,高精度可组合模板体系的应用进一步降低了建造成本,提高了资源的利用效率。

2) 钢筋加工及混凝土浇筑

相比现场的钢筋平面连接,通常采用绑扎或套筒机械连接,在加工厂生产钢筋基本采用焊接,精细化的生产可以减少钢筋废料、断料产生,并能大幅减少混凝土余料浪费。

4. 施工阶段

绿色施工应对整个施工过程实施动态管理,加强对施工策划、施工准备、材料采购、现场施工、工程验收等各阶段的管理和监督。由于常规工程项目绿色施工管理手段及技术措施已较为成熟,在本书中不再多作介绍。

图 5.4-5 构件生产流水施工

1) 管理措施

针对装配式混凝土建筑绿色施工，可以参照“七定”施工管理，如图 5.4-6 所示。“七定”即：定质（定型、定尺）、定时、定点、定量、定资源、定搬运动线、定存放位置。其中定质（定尺、定型）：物料、模具于进入厂区时即与设计图规格尺寸一致，减少二次加工重复加工所耗用的资源与人力。定量、定时：物料、模具、构件、人力须在计划需求时程内以固定需求量于预订的时间进入厂区，勿让人等料。定资源、定路线、定储放位置、定点：任何的人、机、料均需在事前规划的计划下进行生产、仓储、运输及吊装。以固定的资源经由特定路线到达固定的点编码储放。除“七定”理论指导施工外，再加上 ERP（Enterprise Resource Planning）企业资源计划系统辅助所有相关的企业决策层及员工提供决策运行手段的管理平台方式，图 5.4-7 为 ERP 管理系统。

图 5.4-6 七定图示

图 5.4-7 ERP 管理系统

2) 技术措施

(1) 节能与能源利用：

(a) 设备节电：由于装配式混凝土建筑将大量使用起重吊装设备，因此在前期施工策划阶段即应合理布局各施工阶段塔吊（图 5.4-8），优化塔吊数量、型号、规格，优化塔吊施工方案，减少塔吊投入，同时应优选使用高效、低能耗用电设备，如变频塔吊、变频人货梯节约施工用电。

图 5.4-8 优化塔吊布置

装配式混凝土结构大量混凝土浇筑在工厂完成，施工现场需要浇筑的混凝土量大大减少，相比传统施工工艺，可减少现场混凝土振捣棒及电焊机的使用数量及使用时间。

(b) 照明节电：工业化施工相比传统施工，因为有了要求精确的构件吊装，避免了夜间施工，减少了照明用电。同时，由于减少了用工量，工人宿舍的照明用电也大有节约。

(c) 节约工期降低能耗：穿插施工（图 5.4-9），即在主体结构施工后将后续工序分层合理安排，实现主体→外围→公共→户内各工种分段分层施工完成，做到三楼结构体吊装、一楼进行管道、设备安装和内部装修，通过高效的现场施工组织管理，可以降低劳动强度、减少建设周期，从而达到提高效率、缩短工期的目的。同时采用预制装配式技术，外墙免去抹灰，可以大幅提高施工速度，为穿插施工提供条件。

(2) 节水与水资源利用：

图 5.4-9 穿插施工

(a) 施工养护及生活节水：预制构件全部在工厂制造，现场干法装配，区别于传统泥瓦匠施工模式的“干法造房”，用于冲洗模板、洗泵等水量能大幅度减少。同时预制构件在加工场内采用循环水养护，现场现浇混凝土量减少。劳动力及施工机械减少，可节约大量施工及生活用水。

(b) 雨水、养护水的回收重复利用：楼层内预留孔用盖板封闭，施工及养护废水通过集水管收集，导出至楼底储水桶中；经过沉淀后，通过压力泵将水送至楼上工作面用于养护，多余水用于施工路面降尘。场地内及洗车池设置雨水收集和利用设施，将雨水收集到一起，经过简单的过滤处理，用来浇灌花坛、冲刷路面。施工用水利用见图 5.4-10。

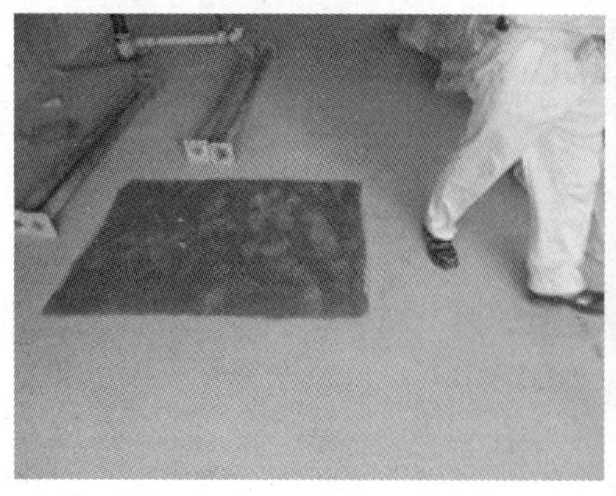

图 5.4-10 施工用水利用措施

(3) 节材与材料资源利用:

(a) 装配式住宅外墙采用预制构件,仅在连接节点处为现浇混凝土;预制墙体构件包含了预制混凝土主体墙结构层、外墙外保温层及饰面层。在连接节点的暗柱处,其外侧模板采用预制外墙构件延伸过来的外保温层,符合绿色施工中所提倡的采用外墙保温板替代混凝土施工模板的技术。采用此项技术,可大大节约模板用量,达到节材的目的。

(b) 预制装配式住宅的顶板采用叠合板形式,底座在工厂预制,上部叠合层在吊装完毕后现场浇筑。采用这样的工艺可省去顶板模板,且叠合板支撑体系如图 5.4-11 所示,可采用独立钢支撑配合铝合金或木工字梁的体系,这种体系不用横向连接,且立杆间距较大,可以减少立杆的用量。

图 5.4-11 独立钢支撑配合铝合金及木工字梁体系

(c) 新型外架体系。装配式混凝土建筑可应用无外架体系的概念,采用的是在外墙外侧支设一圈外挂架的形式。外挂三角架利用高强螺栓与预制外墙连接,立面防护网及架体脚手板采用冲压钢板网片,轻便美观,仅准备 2 层材料,周转使用,可大大减少钢管及扣件和安全网的使用量。外架体系如图 5.4-12所示。

图 5.4-12 外架体系

(d) 常规现浇结构中有大量施工材料需转运,运输次数及二次周转费用相应增加,由于预制装配式结构中各种材料减少,运输及二次周转成本大大降低,可节约大量物力并可提高工作效率,也降低了运输过程中的潜在危险。

(4) 节地措施:装配式住宅主要占用场地的材料为预制构件、模板,周转材量很少,基本可置于楼内,周转逐层向上使用。由于现场钢筋、干粉砂浆等材料用量大幅降低,堆场所需场地空间缩小,对于难以在楼层内放置的大型构件,可以制作简易构件支架竖向放置,进一步缩小用地空间(图 5.4-13)。

图 5.4-13　构件堆放

(5) 环境保护：装配式混凝土建筑的构件在工厂集中生产，极大地减少了现场混凝土浇筑、钢筋绑扎等工序作业量，现场浇筑混凝土量减少，装修采用干法施工，现场砌筑、抹灰等工程量大幅降低，采用集中装修现场拼装方式，减少了二次装修产生的建筑垃圾污染。建筑构件及配件可以全面使用环保材料，绿色健康，减少有害气体及污水排放，减少施工粉尘污染，缓解施工扰民的现象，有利于环境保护。工程实例见图 5.4-14。

图 5.4-14　上海城建集团浦江 PC 一期项目

3) 资料收集

施工单位应建立企业管理层面的绿色施工资料管理制度，并指导项目部制定相应的制度。为使制度得到有效实施还应制订相应的责任制。总包单位是实施绿色施工的责任单位，总包单位施工项目部是具体落实绿色施工的责任主体，应负责记录收集、整理绿色施工的各类管理资料(制度、规划、文件、台账、检查记录等)。分包单位应记录、收集各自分包施工部分的相应资料，并及时提交总包项目部。总包项目部负责项目部绿色施工记录通过统一组卷分类，装订成册。绿色施工管理资料的及时性、真实性和完整性，是衡量资料管理质量的基本要求。所有资料上的数据，必须要有可靠的依据。项目部定期组织相关人员就绿色施工专项方案的实施情况开展检查活动，并做好检查记录。对项目部检查和上级部门检查中提出和发现的问题，项目部应认真组织整改，并做好整改记录。

4) 考核与评价

绿色施工是项目施工全过程，确定“四节一环保”目标，制定技术措施并进行实施和管理的施工活动。施工项目的类别、特点是制定技术措施的主要依据。“四节一环保”目标的成效应反映在项目施工过程中，因此绿色施工的考核评价必须以施工项目为对象，并贯穿

施工全过程。企业和项目部根据相应奖惩制度在实施绿色施工的过程中对相关部门、相关分包单位及相关人员的优劣表现，开展奖惩活动，并做好奖惩记录。项目部根据相关制度对绿色施工的实施情况定期作出评价，并做出书面评价报告。评价报告应在总结和肯定成绩的同时，找出存在的差距和问题，提出整改和改进措施。

施工单位是绿色施工活动的责任主体。施工单位对施工项目下达“四节一环保”目标，并对目标的落实实行检查、考核与评价，是企业开展绿色施工活动的主要手段。考核评价应落实责任、明确要求、形成制度。

项目部对绿色施工考核不合格的施工项目必须按照考核标准整改，直至评价合格。考核评价实为绿色施工推进的手段，只有通过对发现问题的整改到位，才能实现绿色施工的实际推进。

项目工程发生下列情况之一者，不得评为绿色施工工程：

(1) 发生安全生产伤亡责任事故。

(2) 发生质量事故，直接损失在100万元以上，或造成严重社会影响的事件。

(3) 被媒体曝光造成严重社会影响。

本章小结

装配式混凝土建筑施工的安全生产、文明施工要充分考虑事故发生的因果关系和潜在因素，以安全生产管理体系建设为根本进行全面管控，根据行业施工的特点重点分析危险因素，采取针对性的防范措施，并利用现代先进的安全生产管理手段提升管控效果，保持良好的安全生产态势。在绿色施工中，应在设计(深化设计)、构件生产、施工等各环节通过科学管理和技术进步，最大限度地节约资源与减少对环境负面影响的施工活动，实现“四节一环保”(节能、节地、节水、节材和环境保护)。

复习思考题

1. 安全生产管理包括哪些方面?
2. 装配式混凝土建筑施工中易发的生产安全事故有哪些?
3. 列举针对装配式混凝土建筑施工易发事故的防控措施。
4. 装配式混凝土建筑绿色施工与传统工程绿色施工有何区别?
5. 装配式混凝土建筑施工对推进绿色施工有何意义?

第 6 章　装配式混凝土建筑体系建造经济分析

6.1　概要

内容提要

本章节从工程建造成本构成的角度，在设计标准和质量要求相同的前提下，通过对装配式混凝土结构和现浇混凝土结构两种土建主体建造方式的差异部分进行经济比较和分析（不包含机电安装工程的造价差异），并且对装配式混凝土结构中引起建造成本增加的因素进行分析，提出必要的控制方法和预防措施，从而有效地控制装配式混凝土建筑的建造成本。

学习要求

(1) 熟悉建安费的组成。

(2) 掌握装配式混凝土建筑施工方式的成本构成。

(3) 熟悉装配式混凝土结构和现浇混凝土结构体系的成本差异之处。

(4) 掌握影响装配式混凝土建筑建造成本的因素。

(5) 了解降低装配式混凝土建筑工程成本的控制措施。

6.2　工程成本构成

根据我国现行的建设工程计价规范，建筑安装工程费由人工费、材料费、施工机具使用费、企业管理费、利润、规费和税金组成（图 6.2-1）。工程成本是指承包人为实施合同工程并达到质量标准，在确保安全施工的前提下，必须消耗或使用的人工、材料、工程设备、施工机械台班及其管理等方面发生的费用和按规定缴纳的规费和税金。

6.2.1　传统现浇混凝土结构建造方式建筑的成本构成

传统建设方法的土建造价构成主要由直接费（含材料费、人工费、机械费、措施费）、间接费（主要为管理费）、利润、规费和税金组成。其中直接费为施工企业主要支出的费用，是构成造价的主要部分，也是预算取费的计算基础。直接费的变化对造价高低起主要作用，而其中，材料费比重最大；间接费和利润根据企业自身情况可弹性变化；规费和税金是非竞争性取费，费率标准不能自由浮动。

因此，在建设标准一定的情况下，传统建筑施工方法的材料、人工、机械消耗量可挖潜

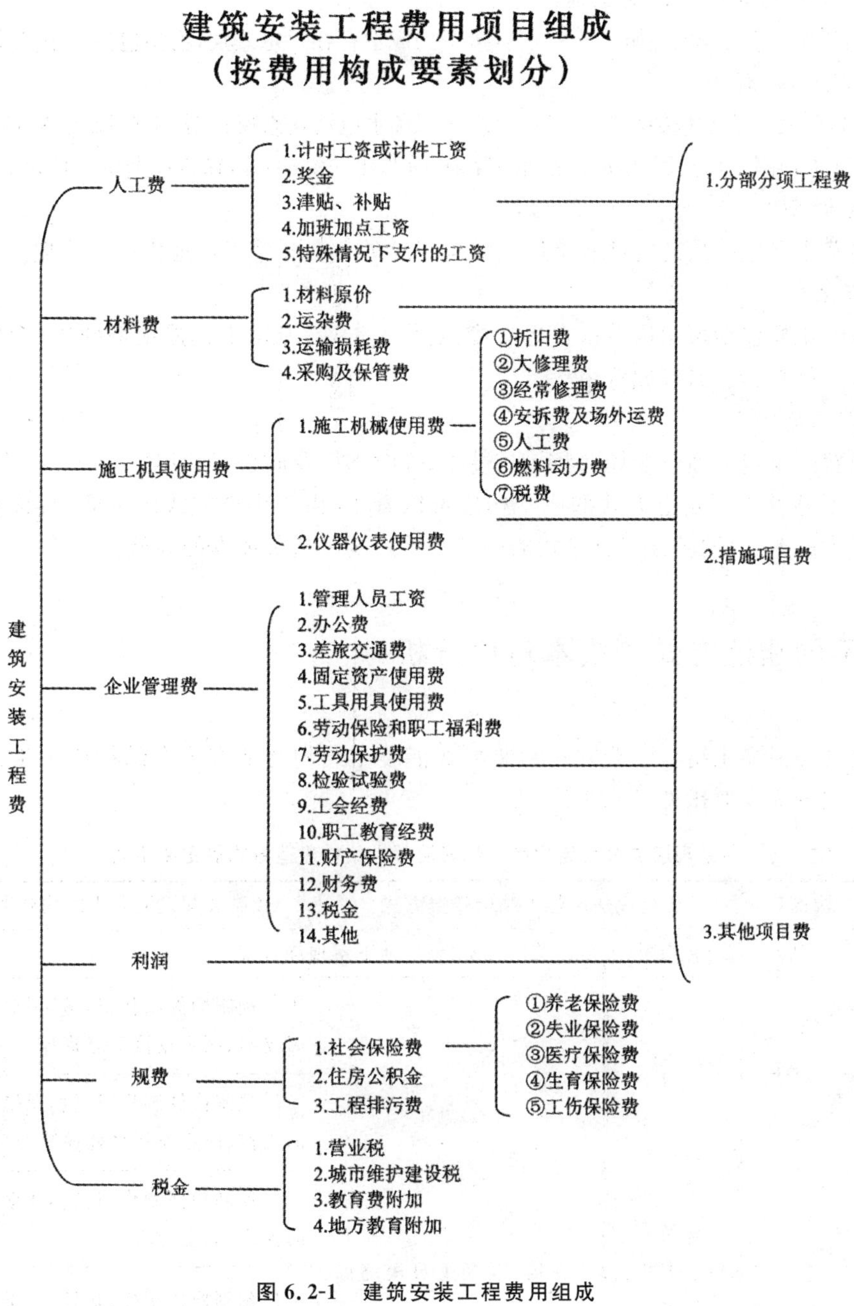

建筑安装工程费用项目组成（按费用构成要素划分）

建筑安装工程费

人工费：1.计时工资或计件工资　2.奖金　3.津贴、补贴　4.加班加点工资　5.特殊情况下支付的工资

材料费：1.材料原价　2.运杂费　3.运输损耗费　4.采购及保管费

施工机具使用费：1.施工机械使用费（①折旧费　②大修理费　③经常修理费　④安拆费及场外运费　⑤人工费　⑥燃料动力费　⑦税费）　2.仪器仪表使用费

企业管理费：1.管理人员工资　2.办公费　3.差旅交通费　4.固定资产使用费　5.工具用具使用费　6.劳动保险和职工福利费　7.劳动保护费　8.检验试验费　9.工会经费　10.职工教育经费　11.财产保险费　12.财务费　13.税金　14.其他

利润

规费：1.社会保险费（①养老保险费　②失业保险费　③医疗保险费　④生育保险费　⑤工伤保险费）　2.住房公积金　3.工程排污费

税金：1.营业税　2.城市维护建设税　3.教育费附加　4.地方教育附加

1.分部分项工程费　2.措施项目费　3.其他项目费

图 6.2-1　建筑安装工程费用组成

力不大，要降低造价，只有措施费和间接费可以调整。由于成本、质量、工期三大因素相互制约，降低成本必将影响到质量和工期目标的实现。

6.2.2　装配式混凝土建筑建造方式的成本构成

装配式混凝土建筑的土建造价构成主要由直接费（以预制构件为主的材料费、运输费、人工费、机械费、安装费、措施费）、间接费、利润、规费和税金组成。与传统方式一样，间接费和利润由施工企业掌握，规费和税金是固定费率，直接费中构件费用、运输费、安装费的比重最大，它们指标的高低对工程造价起决定性作用。

装配式施工模式与现浇施工模式在直接费构成上存在一定差别，主要包括以下几个方面：

1）预制构件费用

预制构件费用主要包括材料费、生产费（人工和水电消耗）、模具费、工厂摊销费、预制构件厂利润、税金（指预制工厂按税法所需缴纳的税金，而非建安税金）等，在直接费中占比最大。

2）运输费

运输费主要包括预制构件从工厂运输至工地的运费和施工场地内的二次搬运费。

3）安装费

安装费主要包括预制构件垂直运输费、安装人工费、专用工具摊销等费用（含部分现场现浇施工的材料、人工、机械费用）。

4）措施费

措施费主要包括临时堆场、脚手架、模板、临时支撑及防护等费用。

从以上两种不同建造方式的成本构成可以看出，由于生产方式的不同，直接费的构成内容有很大的差异，两种方式直接费的高低直接影响了造价成本的高低。

6.3 不同建造方式的成本对比分析

传统现浇混凝土结构建造方式和装配式混凝土结构建造方式在结构施工工艺方面的主要不同之处简要对比见表6.3-1。

表6.3-1　传统现浇混凝土结构和装配式混凝土结构建造方式的主要不同

序号	结构部位	传统现浇混凝土结构建造方式	预制装配式混凝土结构建造方式
1	基础	两者相同，大多数采用桩基、整体地下室现浇方式	
2	柱	钢筋绑扎、模板支撑、混凝土泵送浇捣养护等	工厂预制构件制作、运输，吊装就位、临时支撑、固定及接头灌浆等
3	墙		工厂预制构件制作、运输，吊装就位、临时支撑、固定及板缝处理等
4	梁		工厂预制构件制作、运输，吊装就位、临时支撑、固定等
5	楼板		工厂预制构件制作、运输，吊装就位、临时支撑、固定、叠合楼板板面钢筋绑扎、混凝土浇筑等
6	阳台		工厂预制构件制作、运输，吊装就位、临时支撑、固定等
7	楼梯		工厂预制构件制作、运输，吊装就位、临时支撑、固定等

我们分别选择几个国内已完成的结构形式相同、现场管理水平相同、施工时间相近的案例，从不同角度对现浇混凝土结构体系和装配式混凝土结构进行成本对比分析。

6.3.1 案例分析一

1. 项目概况

北京某地块住宅项目包括六栋住宅楼和一个地下车库，均为保障性住房项目。其中2#楼与3#楼建筑结构都相同，2#住宅楼为现浇混凝土结构工程，3#住宅楼为装配式混凝土结构工程。建筑面积为20 390m²，地下2层，地上28层，其中地上建筑面积为19 720m²，为单元式普通住宅，层高2.8m。

3#住宅楼装配式预制构件使用部位：13～27层楼板采用预制叠合板，8层以上采用清水混凝土饰面预制楼梯，一次成型，不进行二次装修。工程预制叠合板楼板最重为2t，预制楼梯最重为3.7t，选择了JL150型塔吊，在塔吊40m臂范围内覆盖整个吊装场区和卸料区（图6.3-1）。

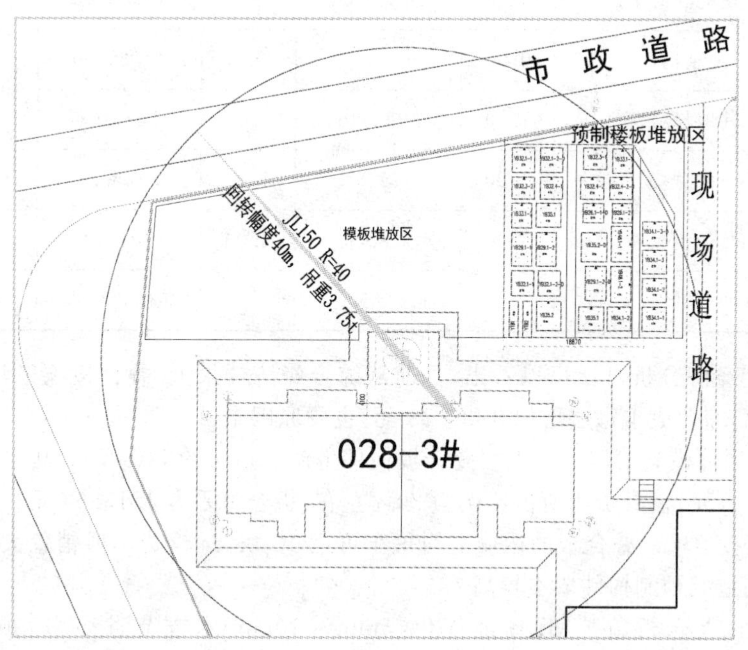

图6.3-1 3#楼塔吊范围示意图

工程2011年4月初开工，2011年12月底结构封顶，2012年10月底竣工，结构工期平均6d一层。

2. 综合经济分析

1）叠合板

（1）单层经济对比见表6.3-2。

表 6.3-2　　　　　　　　　　　　叠合板费用对比

<table>
<tr><th colspan="9">叠合板费用对比表</th></tr>
<tr><th rowspan="2">序号</th><th colspan="3" rowspan="2">项目名称</th><th colspan="2">现浇顶板(2＃)</th><th colspan="2">叠合板(3＃)</th><th rowspan="2">对比结果(现浇—叠合板)/元</th></tr>
<tr><th>工程量</th><th>合价/元</th><th>工程量</th><th>合价/元</th></tr>
<tr><td>1</td><td colspan="3">人工费</td><td></td><td>21614.03</td><td></td><td>18961.48</td><td>2652.55</td></tr>
<tr><td>2</td><td rowspan="7">材料费</td><td colspan="2">钢筋</td><td>8.268t</td><td>40347.84</td><td>7.558t</td><td>36883.04</td><td>3464.80</td></tr>
<tr><td>3</td><td rowspan="2">木方</td><td>50mm×100mm</td><td>1184 根</td><td>31968.00</td><td>900 根</td><td>24300.00</td><td>7668.00</td></tr>
<tr><td>4</td><td>100mm×100mm</td><td>264 根</td><td>14784.00</td><td>264 根</td><td>14784.00</td><td>0.00</td></tr>
<tr><td>5</td><td>模板</td><td>2440mm×1220mm</td><td>240 张</td><td>34800.00</td><td>144 张</td><td>20800.00</td><td>13920.00</td></tr>
<tr><td>6</td><td colspan="2">现浇混凝土</td><td>65.50</td><td>28820.00</td><td>36.15</td><td>15906.00</td><td>12914.00</td></tr>
<tr><td>7</td><td colspan="2">预制构件</td><td>0.00</td><td>0.00</td><td>29.35</td><td>44025.00</td><td>−44025.00</td></tr>
<tr><td>8</td><td colspan="2">其他材料费</td><td>1.00</td><td>1112.13</td><td>1.00</td><td>1626.07</td><td>−513.94</td></tr>
<tr><td>9</td><td rowspan="2">机械费</td><td colspan="2">机械费</td><td>1.00</td><td>471.51</td><td>1.00</td><td>5165.38</td><td>−4693.87</td></tr>
<tr><td>10</td><td colspan="2">其他机械费</td><td>1.00</td><td>348.26</td><td>1.00</td><td>201.58</td><td>146.68</td></tr>
<tr><td colspan="4">直接费合计</td><td></td><td>174265.77</td><td></td><td>182652.55</td><td>−8386.78</td></tr>
</table>

通过以上经济分析对比可以看出，目前从综合经济效果上，叠合板施工与常规全现浇顶板施工相比，综合成本每层增加 8386.78 元，主要原因是：

(a) 预制构件模具费用。本工程叠合板构件生产总造价约 110 万元，其中叠合板模具 9 套，成本约 27 万元，模具费用所占比例为 20%左右，折合每平方米 13.69 元。

(b) 叠合板运输。叠合板的运输平均每车可运 12 块，运输费用摊销较大，构件模具费用及运输费用造成预制构件成本较高。

(c) 材料。叠合板施工，现场经优化，5mm×10mm 木方节省 50%，顶板模板节省 70%，顶板模板材料节省 21588 元。

(2) 用工对比见表 6.3-3。

表 6.3-3　　　　　　　　　　　　用工对比

楼号	模板工/名	钢筋工/名	吊装工/名	水电工/名	合计/名
2＃楼	10	10	0	6	26
3＃楼	3	3	8	6	20

从人员投入上比较，叠合板施工减少了现浇钢筋混凝土人工 14 人，增加了吊装工共计 8 人，人工费每层比现浇楼板少投入 2652.55 元。

(3) 用时对比见表 6.3-4。

表 6.3-4　　用时对比

楼号	顶板支模/h	钢筋绑扎 叠合板吊装/h	水电安装/h	负弯矩筋绑扎/h	混凝土浇筑/h	合计/h
2#楼	6	绑扎 2.5	3	3	3	17.5
3#楼	5	吊装 3	4	3	2	17

从叠合板和现浇楼板施工时间上比较，叠合板顶板支模、混凝土浇筑用时比现浇板节省，但吊装、水电安装上用时较多，综合用时叠合板施工比现浇板少 0.5h，整体施工进度用时节省不太显著。

2）预制楼梯

预制楼梯与现浇楼梯的施工费用、装修费用对比见表 6.3-5。

表 6.3-5　　预制楼梯与现浇楼梯费用对比

项目	材料费/元	人工/元	机械设备/元	综合/元	时间/min
预制楼梯	4000	50	95	4145	20
现浇楼梯(结构)	2700	380	30	3110	150
项目	结构修理/元	装修材料费/元	装修人工费/元	装修机械费/元	综合/元
现浇楼梯(装修)	150	800	600	200	1750

现浇楼梯施工比预制楼梯施工省费用：1750＋3110－4145＝715(元)，即预制楼梯节省715元。

6.3.2 案例分析二

1. 项目概况

哈尔滨某地块工程项目，对比项目的工程概况见表 6.3-6。由于4#、5#工程(预制)与36#工程(现浇)在地下室和商服部分差异较大，为剔除不利因素，满足建造成本分析的准确性，故以两工程的4～28层作为对比分析对象。

表 6.3-6　　工程概况对比

内　容	工程项目	
	哈尔滨某地块 36#工程(现浇)	哈尔滨某地块 4#、5#工程(预制)
结构形式	剪力墙	剪力墙
施工方式	现浇整体式	装配整体式
建筑面积/m^2	27343.99	30295.63
标准层层高/m	3(2～28层)	3(4～28层)
4～28层建筑面积/m^2	23451.12	19821.31
4～28层施工时间	2010年7月～2011年5月	2011年3月～7月
4～28层工期/d	163	106
预制率/%	—	70.42

4＃、5＃工程采用的预制构件包括：外墙板、内墙板、叠合板、叠合梁、预制楼梯段、飘窗板、预制风道等。

2. 直接费经济分析

本案例中两种建造模式的计算基础均为4＃、5＃工程的工程量，对比的基础完全一致，将4＃、5＃工程按两种不同施工方式计算两次成本构成，然后进行对比分析。即第1次计算现浇整体式施工方式的建造成本，按36＃工程实际施工中测算得出的计算参数（混凝土、钢筋损耗率等）及4＃、5＃工程的图示工程量进行计算；第2次计算装配式施工方式的建造成本，按工程实际发生计算。通过以上方式的计算，我们得出以下分析数据：

1）人工费对比分析数据

（1）人工费相关数据计算说明：

以混凝土节省比例计算为例：

节省比例＝［传统平米人工费－装配式平米人工费］/传统平米人工费

＝［传统平米人工费－（预制量×预制单价＋现浇量×现浇单价）/测算建筑面积］/传统平米人工费

＝［22.06－3.5－(5077.5×33.24＋2155.69×60)/19821.31］/22.06

＝15.95％

其中　传统平米人工费——按36＃工程测算每平米人工费；

现浇量——4＃、5＃工程现浇部分实际工程量；

现浇单价——按36＃工程实际单价；

预制量——4＃、5＃工程预制部分实际工程量；

预制单价——按4＃、5＃工程实际单价；

测算建筑面积——按4＃、5＃工程4～28层建筑面积。

（2）数据分析：

各工种人工费节省分析统计数据详见表6.3-7。通过相关数据分析得出，人工费节省约33％，考虑增加灌浆人工费3.50元/m^2和增加构件安装人工费23.05元/m^2，综合人工费节省约32％，其中，模板支撑、内墙面抹灰、填充墙砌筑为影响人工费的主要因素，分别约占节省总额的42.7％，21.4％和15.3％。

表6.3-7　各工种人工费节省分析

对比内容	混凝土	钢筋	模板支撑	脚手架搭拆	填充墙砌筑	内墙面抹灰	混凝土天棚、墙面打磨
节省比例/％	15.95	7.82	31.10	67.00	44.09	57.19	84.45
贡献率/％	4.24	3.53	42.69	10.36	15.33	21.37	2.48

2）材料费对比分析数据

（1）材料费相关数据计算说明：

在工程等量混凝土的前提下，预制与现浇以混凝土节省比例计算为例：

节省比例＝［全现浇混凝土量－预制结构混凝土量］/全现浇混凝土量

=[图示预制量×(现浇损耗率-预制损耗率)]/全现浇混凝土量
=[5056.77×(1.48%-0.41%)]/7287.30
=0.75%

(2) 数据分析:

各种材料节省分析详见表 6.3-8。通过相关数据分析得出,材料费节省约 11.6%,考虑增加灌浆材料费 15.74 元/m^2、增加蒸汽养护费 14.27 元/m^2 和增加电气材料费 3.17 元/m^2,综合材料费节省约 2.9%,其中,填充墙砌筑及抹灰、模板支撑、外脚手架搭拆为影响材料费的主要因素,分别占节省总额的 39%、35.8%和 17.4%。

表 6.3-8　各工种材料费节省分析

对比内容	混凝土	钢筋	模板支撑	脚手架搭拆		填充墙砌筑及抹灰
				里	外	
节省比例(%)	0.75	0.80	69.16	57.22	93.33	29.40
贡献率(%)	1.53	2.76	35.77	3.5	17.38	39.03

3) 机械使用费对比分析

机械使用费中垂直运输机械费起主导作用,因此仅从垂直运输机械费数据来看节省了约 11.2%,主要是减少了混凝土泵送机械费用和工期缩短所带来的机械费节省。

4) 其他费用

(1) 临时设施费。由于采用预制构件,现场施工人员减少,从而减少临时设施费约 54%;由于采用预制构件,现场场地硬化费用减小约 23.8%。

(2) 施工用水。由于采用预制构件,减少了构件养护用水,减少了现场湿作业工程量,从而减少相应用水,合计减少用水量约 63.3%。

(3) 施工用电。由于采用预制构件,减少了混凝土泵送机械,同时工期缩短,减少用电量约 10.3%。

(4) 管理人员费用。由于采用预制构件,减少工期 32d,节省管理人员费用约 11.5%。

6.3.3 案例分析三

1. 工程概况

上海某保障房基地项目,采用预制装配钢筋混凝土构件施工的为 25#~29#楼,共 5 栋住宅楼,建筑面积为 51331m^2,其中 25#~28#楼建筑面积合计 41769.44m^2(包括:地下面积 2260.12m^2、地上面积 39509.32m^2);29#楼建筑面积 4133.1m^2(包括:地下面积278.91m^2、地上面积 3854.19m^2)。其中 25#~28#楼楼型完全相同,装配率为 50%;29#楼装配率为 75%。采用的主要预制构件有叠合板、叠合梁、外墙板、预制柱。

2. 与相邻近地块的现浇结构做法标准楼层的主要指标对比

表 6.3-9　主要指标对比

项目	现浇楼层	25#～28#楼（装配率 50%）	29#楼（装配率 75%）
建安成本指标/(元/m^2)	2517	3257	3665
地上混凝土/(m^3/m^2)	0.43	0.527	0.58
地下混凝土/(m^3/m^2)	1.62	2.44	2.32
地上钢筋/(kg/m^2)	55	68.09	83.16
地下钢筋/(kg/m^2)	162	151.49	199.02
专用塔吊台班费/(元/m^2)	—	53.06	79.91
预制构件支撑系统摊销费/(元/m^2)	—	9	7
相对现浇成本上升比率/%	—	29	45

3. 主要构件现浇和预制装配做法的工料机耗用量和价格对比

(1) 预制/现浇钢混凝土柱对比(每立方米)见表 6.3-10。

表 6.3-10　预制/现浇钢混凝土柱工料机耗用量和价格对比

名称		单位	现浇工艺耗用量	PC 工艺耗用量
人工	其他工	工日	1.58	0.104
	起重工	工日		0.622
	木工		3.05	
	钢筋工		0.79	
	混凝土工	工日	0.95	
材料	预制成品柱	m^3		1.050
	套筒	个		12.448
	灌浆料	m^3		0.078
	支撑斜撑	kg		2.075
	电焊条	kg		0.259
	定位器	套		3.423
	预埋铁件	kg		13.436
	泵送商品混凝土	m^3	1.01	
	工具式组合钢模板	kg	5.44	
	扣件	只	1.17	
	零星卡具	kg	2.56	

续表

名称		单位	现浇工艺耗用量	PC 工艺耗用量
材料	钢支撑	kg	0.46	
	柱箍、梁夹具	kg	0.93	
	铁钉 60mm	kg	0.29	
	镀锌铁丝 ＃18～＃22	kg	0.75	
	钢模回库维修	kg	0.55	
	其他材料费	元	4.29	
	水工业	m^3	1.14	
	草袋	m^2	0.07	
	电力(92)	kW·h	7.69	
	成型钢筋	t	0.16	
机械	重型塔式起重机	台班		0.051
	塔式起重机起重量 2～6t	台班	0.1	
	注浆机	台班		0.052
	吹风机	台班		0.026
	汽车式起重机起重量 5t 以内	台班	0.02	
	载重汽车载重量 4t 以内	台班	0.02	
	混凝土振捣器(插入式) 1.1kW	台班	0.13	
	混凝土输送泵 75m 内	m^3	1.01	
综合单价		元	2140.23	4397.88

(2) 预制/现浇钢混凝土梁对比(每立方米)见表 6.3-11。

表 6.3-11　　　预制/现浇钢混凝土梁工料机耗用量和价格对比

名称		单位	现浇工艺耗用量	PC 工艺耗用量
人工	起重工	工日		1.008
	其他工	工日	1.89	0.126
	混凝土工	工日	0.45	
	木 工	工日	2.94	
	钢筋工	工日	0.65	

续表

名称		单位	现浇工艺耗用量	PC 工艺耗用量
材料	预制成品梁	m^3		1.050
	麻绳	kg		0.008
	支撑架	kg		1.171
	木模材料	m^3	0.01	
	泵送商品混凝土	m^3	1.01	
	工具式组合钢模板	kg	7.31	
	扣件	只	1	
	零星卡具	kg	3.29	
	钢支撑	kg	2.41	
	铁钉 60mm	kg	0.15	
	镀锌铁丝 ＃18～＃22	kg	0.59	
	钢模回库维修	kg	0.78	
	其他材料费	元	0.03	
	模板脚手其他材料费	元	5.48	
	水工业	m^3	0.93	
	草袋	m^2	0.41	
	电力(92)	kW·h	8.62	
	成型钢筋	t	0.13	
机械	重型塔式起重机	台班		0.056
	塔式起重机起重量 2～6t	台班	0.11	
	交流电焊机	台班		0.126
	汽车式起重机起重量 5t 以内	台班	0.02	
	载重汽车载重量 4t 以内	台班	0.04	
	木工园锯机 Φ500mm 内	台班	0.01	
	混凝土振捣器(插入式) 1.1kW	台班	0.13	
	混凝土输送泵 75m 内	m^3	1.01	
综合单价		元	2128.51	2490.82

(3) 预制/现浇钢混凝土墙对比(每立方米)见表 6.3-12。

表 6.3-12 预制/现浇钢混凝土墙工料机耗用量和价格对比

	名称	单位	现浇工艺耗用量	PC 工艺耗用量
人工	起重工	工日		0.714
	其他工	工日	1.69	0.071
	木工	工日	2.18	0.071
	混凝土工	工日	0.56	
	钢筋工	工日	0.52	
材料	预制成品女儿墙	m^3		1.050
	预埋铁件	kg		0.071
	螺栓 M14	只		0.357
	螺栓 M16	只		16.066
	镀锌薄钢板	t		1.785
	密封胶	m		4.820
	橡胶密封条	支		4.820
	单面胶贴止水带	m		4.820
	斜撑	kg		1.785
	电焊条	kg		0.179
	木模材料	m3	0.01	
	泵送商品混凝土	m^3	1.01	
	工具式组合钢模板	kg	7.78	
	扣件	只	0.15	
	零星卡具	kg	2.81	
	钢支撑	kg	0.26	
	钢连杆	kg	1.67	
	钢拉杆	kg	2.21	
	铁钉 60mm	kg	0.03	
	镀锌铁丝 ＃18～＃22	kg	0.4	
	钢模回库维修	kg	0.78	
	其他材料费	元	0.08	
	模板脚手其他材料费	元	25.5	
	水工业	m^3	1.38	
	草袋	m^2	0.16	

续表

名称		单位	现浇工艺耗用量	PC工艺耗用量
材料	电力(92)	kW·h	8.5	
	成型钢筋	t	0.09	
机械	重型塔式起重机	台班		0.062
	塔式起重机起重量 2～6t	台班	0.11	
	交流电焊机	台班		0.107
	汽车式起重机起重量 5t 以内	台班	0.02	
	载重汽车载重量 4t 以内	台班	0.04	
	木工园锯机 Φ500mm 内	台班	0.01	
	混凝土振捣器(插入式) 1.1kW	台班	0.13	
	混凝土输送泵 75m 内	m^3	1.01	
综合单价		元	1808.82	4823.09

4. 本案例分析总结

本案例的现浇部分按上海市《建筑与装饰工程预算定额(2000)》为测算依据，预制装配式部分按实测消耗进行比对。由上述分析得知，初期装配式混凝土建筑施工在成本方面较现浇施工略高，工期方面优势不明显，具体原因分析及解决方案如下：

(1) 本项目实际施工采用了部分外脚手架，建议更新和优化施工工艺，发挥装配式混凝土建筑工艺的优势，避免脚手架费用的产生。

(2) 预制构件中的预埋件分为固定与可调节两种，建议合理控制固定预埋件数量与可调节预埋件的布置位置，减少一次性摊销的预埋件使用量，节约相关费用。

(3) 装配式混凝土结构支撑系统可考虑合理周转次数，减少相关措施费用。

(4) 本项目场地硬化和安全文明施工措施费较常规全现浇项目相比偏高，建议进行优化。从理论上讲，只有这些费用比现浇时更低了才能体现装配式混凝土建筑项目的优势和价值。

(5) 该项目预制构件中的钢筋设计比较保守，配筋率明显偏高，钢筋直径较全现浇项目要大，可进行进一步优化。

(6) 设计阶段就应考虑装配率及成本问题，造价部门提前介入，合理制定装配率及建筑方案。

(7) 由于该项目预制构件的规格比较多，模具数量偏多，降低了周转率，支撑系统的投入量也明显高于现浇工程，建议进行规模化、标准化优化，提高周转材料的使用率，降低单位面积摊销成本。

(8) 可适当优化与减少预制板上的预留铁构件，只有构件减少了，相应的管线走向才可以避免绕道，从而降低该部分的管线工程量。

(9) 预制构件作为工业品从预制厂采购，增加了增值税等有关税费，相应增加了建安成本。

6.4 装配式混凝土建筑建造成本影响因子分析

6.4.1 成本增加项影响率分析

1. 设计图纸

就目前对设计装配式混凝土建筑的设计人员而言，除了充分表达本专业的设计内容外，必须兼顾到其他专业的内容，同时又要做到对每个构件拆解图的把握，拆解图上要综合多个专业内容。例如在一个构件图上需要反映构件的模板、配筋以及埋件、门窗、保温构造、装饰面层、预留洞、水电管和元件、吊具等内容，包括每个构件的三视图和剖切图，必要时还要做出构件的三维立体图、整浇连接构造节点大样等图纸，对设计制图、BIM技术的应用要求较高。

以上海某保障房项目装配式住宅为例，装配式混凝土总建筑面积41 753.95m^2，总预制构件数13 675件。除了按常规出施工图之外，另编制了生产设计二次深化拆解图14 373张。后经建设单位、设计院、施工单位、预制构件厂共同的辨析、归纳、协调和修改，最后总集成为1 342张拆解图。平均一个构件需要3～4张拆解图来予以明示和说明。

由此可见，对于装配式混凝土建筑工程设计人员，不仅需要有相对较高的工程技术素养，同时更需要有高度的责任心，迫切需要引入BIM技术进行辅助设计。同理，建设单位、监理单位、施工单位、预制构件厂等的工程技术人员，也要有较高的工程技术素养和高度的责任心。因采用装配式混凝土结构的建造系统给设计工作增加了较多的工作量，故装配式混凝土建筑设计费高于传统设计费。

2. 预制构件费用

预制构件生产主要依赖机械和模具，若模具的兼容性差、周转率低，都将推高成本。预制厂的场地厂房、设备投资较大，模具价格高昂，这些费用都要进行固定资产的折旧和分摊，一般预制厂按照产能需要先行投资500～1 000元/m^3，全部要摊销在预制构件价格之中，增加了相应的构件成本和财务成本。

我们对模具的标准化生产与传统工艺进行比对。传统工艺无论是钢模还是木模，无论是租赁还是自有的，在立模前均为单片模板，其兼容性、可塑性与流动性的可变性较大；预制厂的模具需经加工、制作、拼装、校核和修正等工艺，其精度比传统模板高、组合性低，所以其兼容性差、可塑性差、流动性差。若构件的种类越多，模具的制作也越多，成本就越大。同时与传统工艺相比，预制构件由于吊装的需要，必须预埋一定量的吊具；因安装的需要，埋设调整垂直度(Z)方向的预埋件、调整水平位移(X)和(Y)向的临时固定件，吊装及安装所需的预埋件将增加。就上海某保障房装配式住宅为例，其就占构件用钢量的10%～15%。

3. 运输费用

运输费用较传统模式为新增加费用，包含构件场外运输和场内二次搬运等费用，并需要提高运载效率，以降低构件运输成本。

构件产品在制作时除了与传统工艺相同的钢材、砂石和水泥等材料外，需增加以上所述的预埋吊具和安装固定件的采购运输和制作运输，以及在制作完成后构件所需要的例如养护、储存和装车等，这些都存在着大量的吊装和搬运工作。

在目前尚无有特种车辆运输的情况下，由于构件本身的形体和体积制约，普通的场外运输，其有效运载量大为下降。在上述的工程案例中，经测算运输到现场的预制构件的有效运载量基本均在60%以下。同时，再加上回程的空载和大型运输车辆的调度困难，使得运输成本大为增加。构件的运输见图6.4-1。

图 6.4-1 构件的运输

4. 现场装配费用

装配式混凝土结构建造过程中需要吊装较大型构件，故需配置比较大的吊装机械，机械费用比一般现浇结构要高。

1）现场的道路、场地和机械的布置

由于预制构件的运输需要，进出的基本都是重型的大型车辆，所以对道路的长度、宽度、转弯半径和其等级都有较高要求。在上述的工程案例中，施工道路为200mm厚的内配双向$\Phi20$的C30混凝土路面，宽度在7.2m以上（双向），且须环绕所建的建筑，以保证构件吊装的迅速就位和混凝土浇筑时的快捷到位。然其造价较传统做法高出一倍有余。同时场地也因构件的卸货和临时堆放的需要，其面积是传统工艺所需的1.5倍，且须进行硬化，构造为120mm厚的C30混凝土地面。上述道路和场地，不仅仅使施工措施费的增加，待工程后续的小区道路和绿化的施工时，还须拆除这些的道路和场地，为此需增加较大的费用。

由于构件的体积和重量的需要，最大构件的自重为4.56t，现场所选用的吊机与传统工艺相比，只能选用那些相对比较先进的、稳定的和抗风强的大型吊装机械，故装配式混凝土建筑所选用吊机的参数和性能要求较高。

2）现场的安装和浇筑

（1）模板工程。由于现场混凝土的浇筑是在构件的安装定位后进行的，在墙板的斜撑、梁板的鹰架密布的空间内，对预制构件的连接处进行施工，无论是进行制模还是脱模，难度均较高，同时因为工程量较少，所以效率不高，但是对劳动力的需求有所降低。

（2）管线安装。由于构件穿线的空间较小，特别是预制 K 型板与次梁的相接处，可以挪的空间较小，有一定的施工难度，降低了部分工作效率。

（3）混凝土的浇筑。由于是预制装配式，所以混凝土浇筑量是面大点多，集中的量少，在 45m 高度以下一般以汽车泵送为主，这与传统做法一致，45m 高度以上的传统做法是以固定的泵和接力泵送而进行混凝土的浇筑，有时为了提高效率，不得不采用超高的汽车泵。

6.4.2　成本节省项贡献率分析

1. 脚手架和模板等措施费用

装配式混凝土建筑可取消部分固定式脚手架，施工所必须的脚手架，可考虑自升式脚手架。

预制构件在现场执行的是装配式生产，主要构件的基本操作步骤为测量构件定位、连接部位的现浇安装。现场的构件施工以吊装为主，所以相应地减少了部分的脚手架。在前述的工程案例中，外墙的脚手架比传统落地的外墙脚手架的量减少 60%左右。然而室内的满堂脚手架，由于使用了特殊的可移动式鹰架（若长期使用，可作为固定资产进行摊销，彼此费用口径不一致不能平等比较），相比传统的按 3.5 层进行备料，现为按 2.5 层备料。若在以后的高层建筑中，外墙若能考虑其做自升式脚手架，则可节约一定的成本。装配式混凝土建筑工程现场照片见图 6.4-2。

2. 人工费

由于装配式混凝土建筑建造方式，已节约大量人工的费用，且受季节和天气变化影响较小，现场施工的连续性相应地增加，其质量和进度也能得到较好的保证，成本相对受季节和天气变化影响较小。

由于装配式混凝土建筑中大量的构件已在工厂完成，而现场所做的大部分为装配式的安装工作，较传统工艺相比，除测量工、吊装工的工作量有所增加外，现场实际作业的工作量已大幅减少，无论是钢筋工、模板工、浇筑工，还是砌筑工、粉刷工以及水电工等，用工量均大为减少。施工时受季节和天气变化影响较小，现场施工的连续性相应地增加，工程质量和进度也能得到较好的保证，成本受季节和天气变化的影响较小，人工费用大幅降低。

3. 材料损耗

由于构件尺寸精准，可减少不必要的修补工作，且可取消部分找平层。现场的湿作业和粉刷工作的大幅减少，同比例的材料跑冒滴漏量也相应的减少，相应的建筑垃圾的产生量也同比例下降，降低了材料损耗。在前述的工程案例中，混凝土修补工作由传统工艺的 7%～8%下降为 3%～4%。粉刷的修补工作由传统工艺的 6%～7%下降为 3%左右。

4. 装饰费用

由于预制构件工厂化生产，构造尺寸比较精确，可部分取消抹灰和找平层，既节约材料，同时又减轻建筑自重，节约了部分装饰费用。

图 6.4-2 装配式混凝土建筑工程现场

5. 管理费用

相比传统工艺,大部分的结构分项工程在工厂里集成生产,该分包工程量减少,现场的用工量也相应减少,管理人员的水平要求提高,管理成本减少。

6. 环境成本

减少了现场混凝土浇筑和粉刷的量,降低了相应垃圾的产生,同时减少了混凝土车辆及相关设备的清洗。由于装配式的构件工业化生产改变了混凝土的养护方式,大量地减少了废水的产生。工业化作业的实施,优化了现场操作工艺,降低了施工噪音的产生及有害气体与粉尘的排放,降低了建设过程中的能源消耗。

6.4.3 预制装配率对成本影响

针对装配式混凝土建筑,到底选取哪些构件进行预制比较合理?对这个问题不好一概而论,应该结合项目管理人员对装配式工法的理解,以及当地所具备的生产、安装条件来确定,既不能为了预制而预制,也不能有条件而不发挥该项技术的优势,应该综合各种因素来确定具体的方案。如果不能因地制宜地合理选择技术方案,在某些条件不成熟的情况下,盲目地追求预制率,才是造成装配式结构成本上升的真正原因。

6.4.4　装配式混凝土建筑的建设工期对成本的影响

1. 装配式混凝土建筑对于建设工期的影响

(1) 提高了工程质量，减少相应的不必要的修缮和整改，从而缩短竣工验收时间。若能打破目前对工程建设分段验收的桎梏，就能大大地缩短工程建设的周期，相应地也减少了管理成本。

(2) 减少市场价格波动与政策调整引发的隐性成本增加。工程建设的周期越长，市场价格的波动与政策的调整的不可预见性就越大，风险也就越大。

(3) 降低交付的违约风险。

(4) 缩短工期将有效缓解财务成本的压力。现阶段建设单位的建安成本控制已经做到相对健全，如何降低财务成本与管理费用将成为降本措施的关键突破口。

2. 建设工期对成本影响

现浇施工主体结构可做到 3～5d 一层，各专业不能和主体同时交叉施工，实际工期为 7d 左右一层，各层构件从下往上顺序串联式施工，主体封顶完成总工作量的 50%左右；现场装配式安装施工上可做到 1d 一层结构，同样 5～7d 完成一层，主体封顶即完成总工作量的 80%。另外因外墙装饰一体化，或采用吊篮做外墙涂料，后续进度不受影响，总工期可进一步缩短。

构件的安装以重型吊车和人工费用为主，因此安装的速度决定了安装的成本，比如预制剪力墙构件安装时，套筒胶锚连接和螺箍小孔胶锚连接方式的单片墙体安装较慢，所需时间一般是预制双叠合墙、预制圆孔板剪力墙的 3～5 倍，因此安装费用也要高出好几倍。另外在装配施工时，可以通过分段流水的方法实现多工序同时工作，争取立体交叉施工，在结构拼装时同步进行下部各层的装修和安装工作。因此，提高施工安装的效率，可节省安装成本。

6.4.5　工程建设规模及产品标准化对成本影响

(1) 标准化可以带来规模效应。大家一般都有这样的经验，在买东西的时候，随着批量的加大，采购价格会不断降低。

(2) 标准化提高了零部件的通用性，这样就使零部件品种数减少了，在采购总量不变的情况下，每种零部件的数量就会相对增加，即扩大了采购规模。

(3) 标准化可以降低生产成本。由于零部件标准化和系列内的通用化，提高了制造过程的生产批量，可以进一步降低成本(产品的单位固定成本)。对供应商来说，标准化的零部件可提高生产批量，减少转产次数，降低模具费用，也实现了成本的降低。

6.5　装配式混凝土建筑建造成本控制措施

6.5.1　前期策划

根据建筑物不同的用途，应正确选择相应的结构类型，根据不同的建筑物的结构类型，应通过前期必要的调研，对相应政策的正确理解，从而降低成本的增加。

项目建设的前期策划阶段就要对是否采用装配式混凝土结构进行考量及可行性论证。若能对开发地块的建筑进行整合，将建筑功能的通用化、模块化、标准化进行集合，发挥规模化效应将是实现装配式混凝土结构成本控制最重要的措施；其次是对地块能够进行装配式结构的可行性论证，只有顺其自然，条件成熟，成本控制才有可能，可考查建设地块周边社会配套、市政配套等情况，装配式混凝土建筑周边工业化程度越高，成本控制越容易实现；最后从装配式混凝土建筑本身进行分析，选择合适的装配式混凝土结构，抓住建设成本的重点，结合企业自身的资源、管理和技术优势，进行装配式混凝土建筑成本控制策划。

6.5.2 优化设计

(1) 由于设计对最终的造价起决定作用，因此项目在策划和方案设计阶段时，就应系统考虑到建筑方案对深化设计、构件生产、运输、安装施工环节的影响，合理确定方案。

(2) 对需要预制的部分，应选择易生产、好安装的结构构造形式，根据对建筑构件的合理拆分，实行构件模块的标准化，以尽可能采用构件的统一模块化来减少相应构件的模块数量。利用标准化的模块来灵活地进行组合，以满足标准化、模块化的建筑要求，同时合理设计预制构件与现浇连接之间的构造形式，以不断地优化来降低其连接处的施工难度。

(3) 提高预制率和相同构件的重复率。在两种工法并存的情况下，预制率越低、施工成本越高，因此必须提高预制率，发挥重型吊车的使用效率，尽量避免水平构件现浇，减少满堂模板和脚手架的使用，外墙保温装饰一体化可节约成本并减少外脚手架费用，提高构件重复率可以减少模具种类，提高周转次数，降低成本。

(4) 重视对构件装配图进行综合各专业的全面审核，只有对装配样品在有各专业参加的现场进行的综合审查的现场装配后，进行必须的辨析、归纳、协调和修改，真正地做到万无一失，才能进行批量的生产。

(5) 采用BIM系统等科学手段完善安装预埋图纸，确保建筑图和施工图的统一和完善，真正做到构件在装配时空间统一。

设计是成本控制的关键要素。设计的正确性和准确性是成本控制的基本条件。设计必须在图纸上将技术问题全部思考清楚，并有详细的、恰当的应对措施，坚决不能将图纸上的问题交给现场解决。

设计的先进性和科学性是成本控制的翅膀。运用现代计算机技术为装配式建筑打开了想象空间，也提供了各种可能。设计将建筑拆分为单元、模块、构件、部件，分析其间的关联和作用，又将其总装成为建筑。从宏观到微观、又从微观到宏观的过程，对建筑认识得很透彻，分析也到位，从而全面地、精细地掌控项目建设。因此，设计必须与施工有机结合，设计信息必须全过程传递。

6.5.3 构件采购

根据深化设计图纸对构件提前发包，可使各层构件同时并联式生产，满足现场装配需求。同时，对预制厂所生产的预制构件、运输和固定资产分摊的费用清单正确进行分离，做到合理摊销，以控制预制构件的合理成本。

6.5.4　以信息化为基础的科学管理

以信息化手段为基础对施工进行科学精细化管理，确保工程质量，严格控制建设进度。明确施工合同的各项奖惩制度，要求以信息化的形式了解工程的现行时，用 BIM 技术来知晓工程的将来时，避免窝工、二次捣运等重复劳动增加成本费用。对室内的满堂脚手、其墙板的斜撑和梁板的竖撑（鹰架）的位置及彼此的空间，利用 BIM 技术进行完善，同时对预制构件的连接处的模板进行优化设计，要求其实行现浇模板的成套化、模板支撑的简练化和统一化，来提高工作的效率。同时以流水节拍的形式和空间交叉的方式，实施各工种分段的连续施工和本工种的立体施工，以提高时效，同时对不断发现新的提能增效的方法，加以分析、梳理和总结推广，这样不仅可做到活学活用，也可为未来的项目成本的控制打下基础。

另外，根据装配式混凝土建筑施工的特点，对施工组织进行优化管理，精干管理团队，减少不必要的临时设施，降低管理成本和措施费用。

6.5.5　结构装饰一体化

考虑外围护结构与装饰层一体化设计，在预制厂一同制作，如外墙面砖一体化、外墙石材一体化等，可提高施工效率，取消中间粉刷层，减少工人现场湿作业，降低施工建造费用。例如采用外墙石材一体化的预制构件，可节省石材幕墙钢龙骨部分约 500 元/m^2。

本章小结

从本章的成本因素分析中得出，要更好地控制装配式混凝土建筑的成本，可以从技术和管理两方面入手，通过分解剖析作业流程，细化建设环节，进行全过程的梳理并采取有针对性的措施，提高效率，降低成本。

技术上可以采用标准化、模块化、可预视化的设计技术，减少工作中的错漏碰缺；利用成熟的、可复制的、成体系的技术来提高利用率；持续创新和优化工艺工法来降低劳动强度，提高机械的使用率，从而提高建设效率。

管理上建立标准作业体系，最优地支配人、机、料的科学组合，精细策划，持续改进，不断地降低无效工时和材料损耗，同时赋予恰当的监管和控制，从而降低成本。

成本控制涉及面广，持续在工程建设的生命周期中，需要建设人员层层控制，层层把关，持续总结并不断改进，装配式混凝土建筑提供了很好的平台，让建设者能够发挥自己的才智，在技术和管理上不断提升和突破，保证工程质量、安全和环境的建设要求，做好成本控制。

复习思考题

1. 装配式混凝土建筑成本控制中涉及的专有技术措施有哪些？
2. 装配式混凝土建筑通过加强管理、提高效率用来控制成本的方法或措施有哪些？
3. 从你的工作经验和岗位职责谈谈如何提高或改进装配式混凝土建筑的成本控制？

第 7 章　工程实例

7.1　上海浦江基地四期 A 块、五期经济适用房项目 2 标(05-02 地块)

7.1.1　工程概况

该工程属于大型居住社区浦江基地四期 A 块、五期经济适用房项目的一个子项。该项目由 03-02、05-02、06-01 三个地块组成，均规划为居住用地；05-02 地块采用框架剪力墙结构，总建筑面积 5.15 万 m^2。4 栋 18 层住宅，主、次梁和外墙及女儿墙全部预制，楼板、阳台板采用预制叠合板，柱、剪力墙采用现浇，预制率 50%。1 栋 14 层住宅，增加了预制柱，预制率为 70%。

该项目是上海市首个运用装配式混凝土结构技术的大型保障房基地和上海装配式混凝土结构预制率最高、规模最大的保障性住宅项目，见图 7.1-1、图 7.1-2。

图 7.1-1　浦江预制住宅场地图

图 7.1-2　浦江预制住宅外立面实景图

7.1.2　高预制率装配式建筑体系

综合比较国内外装配式建筑应用情况，该项目采用了框架剪力墙体系，该体系具有如下优点：

(1) 更具灵活性，较易实现大空间，承重墙体的减少，有利于用户个性化室内空间的改造。

(2) 结构是点与线之间的关系，与剪力墙结构体系面与面的关系相比，结构构造简单，节点容易处理。

(3) 梁、柱等预制构件为线性构件，可以控制自重，有利于现场吊装，节点连接处工程量小，比较适合装配。且预制率较高，可达 70%以上甚至更高。

(4) 与剪力墙等可自由结合，形成框架剪力墙结构、框架核心筒等多种结构形式，适用高度较高，在日本预制建筑高度可近 60 层，我国台湾地区也达到了 38 层。

(5) 结构应用范围广，不仅可应用于住宅，还可广泛应用于商业楼、办公楼、工业厂房等建筑。

(6) 为国际主流的预制结构形式，技术相对成熟。

25#～28#楼采用了双单元拼接模式，层数为 18 层，预制率大于 50%；29#楼采用了独立单元形式，层数为 14 层，预制率大于 70%。标准层平面图见图 7.1-3 和图 7.1-4。

同时，针对框架结构室内有凸出梁柱的特点，通过全装修或简装修等，弱化凸梁凸柱的影响，见图 7.1-5 和图 7.1-6。

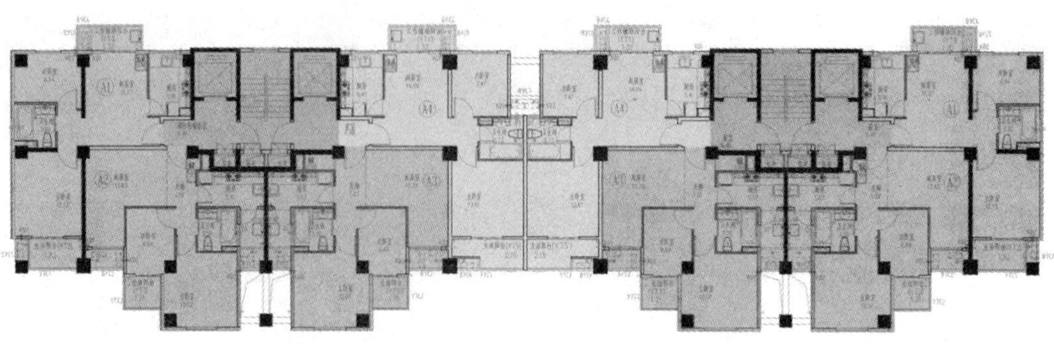

图 7.1-3　25＃～28＃楼标准层平面图(预制率大于 50%,18 层)

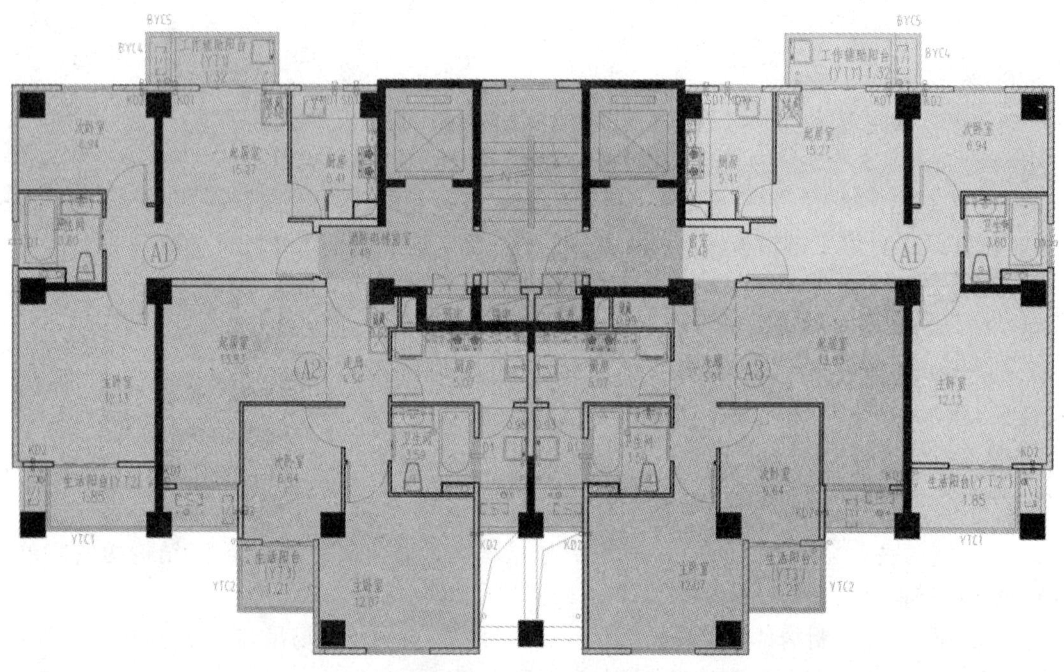

图 7.1-4　29＃楼标准层平面图(预制率大于 70%,14 层)

图 7.1-5　卧室毛坯效果

图 7.1-6　卧室装修后效果

7.1.3　预制构件生产技术

1. 生产工艺流程图

生产工艺流程如图7.1-7所示。

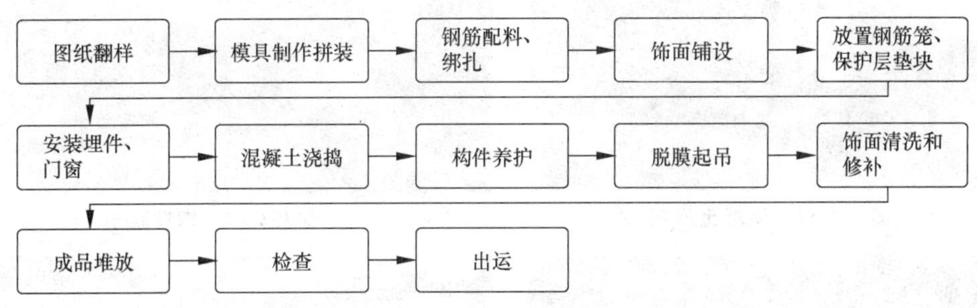

图7.1-7　生产工艺流程图

2. 构件制作实景过程

模具组立→钢筋入模→预埋件安装及孔洞预留→门窗框和保温材料安装→混凝土浇筑构件成型→构件养护→模具拆除和构件起吊→构件修补→成品保护，如图7.1-8—图7.1-15所示。

图7.1-8　模具组立

图7.1-9　钢筋入模

图7.1-10　预埋件安装

图7.1-11　窗框安装

图 7.1-12　混凝土浇筑

图 7.1-13　构件起吊

图 7.1-14　构件修补

图 7.1-15　预制构件的堆放与保护

7.1.4　装配式混凝土建筑施工过程

该项目应用的主要施工技术为预制装配式住宅施工技术，主要包括柱、梁、板、楼梯、阳台等预制构件的现场安装及调整、精度控制、现浇节点施工、新型配筋技术、新型柱接头技术等。

1. 场地规划

考虑现场运输路线，将基地分为西向两个出入口，两个大门为考虑预制构件进出，皆设为12m大门出入口，单向逆时针通行。吊装时，大梁依 X 轴向构件先吊装，Y 轴向构件后吊装为原则，再吊小梁，再吊 KT 板，再吊预制外墙板为原则规划，构件堆置及运输路线如图 7.1-16 所示。

2. 预制构件汇总信息

构件最大重量为外墙挂板，最重为 4.55t。预制构件总计 13675 个构件，汇总信息见表 7.1-1。

表 7.1-1　预制构件汇总表　单位：件

25#～29# 楼	预制柱	叠合主梁	叠合次梁	预制混凝土外墙板	预制女儿墙	预制阳台板	叠合楼板（KT 板）
25# 楼		765	493	540	48	144	1054
26# 楼		765	493	540	48	144	1054
27# 楼		765	493	540	48	144	1054
28 楼		765	493	540	48	144	1054
29# 楼	286	338	182	210	24	56	403
合计	286	3398	2154	2370	216	632	4619

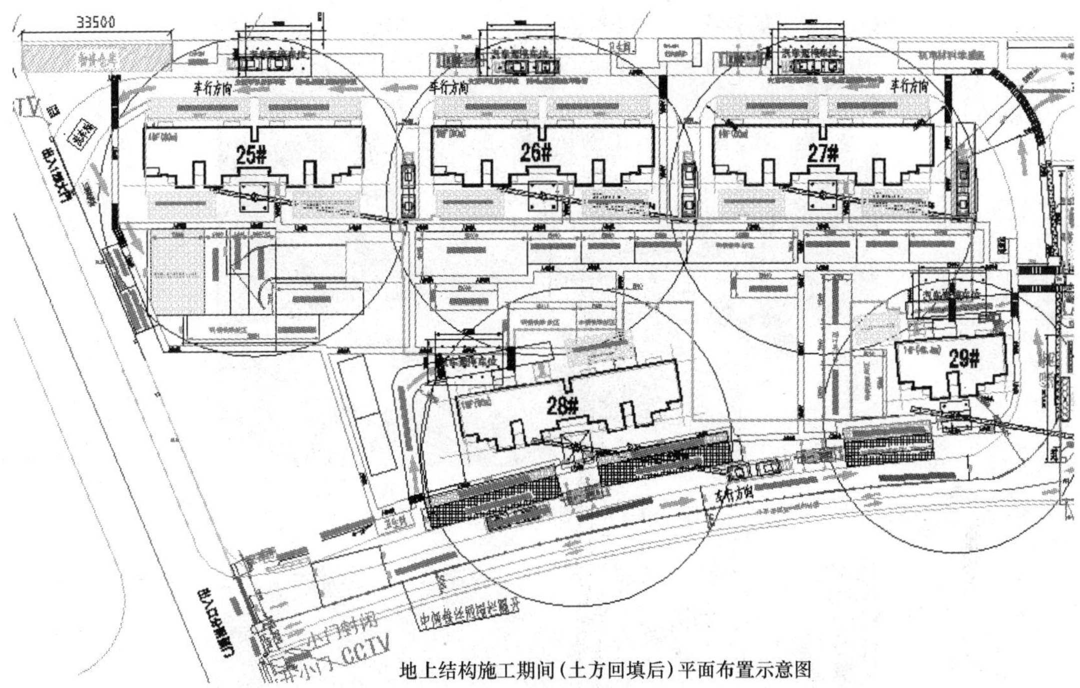

地上结构施工期间(土方回填后)平面布置示意图

图 7.1-16　场地布置图

3. 预制住宅施工难点及主要对策

根据该工程的建筑类型、功能特点以及所处位置等因素，确定以下施工技术方法和技术措施为工程施工管理的重点、难点：

1) 预制构件运输、堆放等管理难度较大

装配式混凝土建筑工程涉及大量的预制构件的运输、堆放等，如何做好这方面的管理，是预制结构施工的一个难点。

现场墙板堆放支架需进行安全分析，确保堆放期间的安全性，防止发生倾覆事故。

同时完善构件的编号规则，加强构件管理力度，对各个构件进行跟踪管理。

对于进场的构件及时按照编号规则进行编号并造册管理，堆放区域根据施工进度计划进行划分，使各构件的堆放区域与相关吊装计划相符合。

预制柱现场堆放如图 7.1-17 所示。

2) 构件吊装风险较大

该工程由于大部分构件均采用预制构件现场装配(图 7.1-18)，不可避免地要采用大量起重机械，由于起吊高度及重量均较大，再加上部分构件形状复杂，因此对吊装施工提出了非常高的要求。

为此，特地开发了适用于预制装配式住宅的专用平衡吊具，同时加强起重吊装实力，确保整个施工期间起重吊装作业的安全性。

施工期间所有的吊车司机及司索人员必须持证上岗，所有人员上岗前还需由相关技术、安全负责人对其进行专项技术安全交底，同时加强对相关人员的预制构件吊装专项培训力度，现场配置足够的安全管理人员对整个吊装过程进行严密监控。

图 7.1-17　预制柱现场堆放图

图 7.1-18　预制构件吊装图

3）现场构件安装临时支撑风险较大

由于预制构件吊装好之后，在节点现浇处理之前，处于危险受力状态，两端架设支座较短，为了保证安全，同时为了减小预制构件的变形，需在节点现浇之前设置临时支架，支架采用专用门式支架，支架设置上下调整座，上部使用小型钢作为承重件，支撑间距及数量需进行安全性计算，并由技术负责人复核后上报监理单位审批，审批完成后实施，见图7.1-19和图 7.1-20。

所有的临时支架进货时必须进行验收，同时需验收质保资料，支架验收项目主要为壁厚及外观质量，首次使用的支架类型还需进行试压，确定其最大承重能力，支架顶部承重件严禁采用枕木，必须使用专用小型钢。

4）进度控制难度较大

由于现场堆场条件限制，构件不可能一次进货太多，因此需仔细研究吊装计划，将构件吊装计划分解到日计划，根据日计划编制构件进场计划，确保吊装进度有条不紊的进行，同时在施工期间及时对影响进度计划的因素进行分析，进而及时对相关计划进行调整。

5）各专业施工队之间协调难度较大

由于该工程涉及较多的专业分包，包括预制构件吊装作业队、现浇结构作业队、粗装修

图 7.1-19　门式支架

图 7.1-20　柱斜撑

作业队、水电安装作业队等，同时由于该工程为预制装配式结构，梁、外墙板等采用预制构件现场拼装，女儿墙、楼板采用叠合板。结构施工期间主要涉及的施工队为吊装、现浇及安装，这三个施工队均存在施工作业交叉现象，预制构件拼装完成后需及时进行接头现浇施工，预制构件拼装的质量直接影响到现浇接头的施工质量，因此拼装质量不仅需要吊装队伍严格控制，还需要现浇队伍进行监控验收，对于影响现浇施工的问题及时提出并要求其限期整改。同时构件拼装期间现浇队伍应及时做好相关现浇结构的准备工作。

结构施工期间水电安装应同步实施预埋，由于工程部分管线需在预制期间进行预埋，预埋件质量直接影响后续施工质量，因此在构件预制期间就安排安装队伍专业人员驻厂对预埋件进行监控验收，同时在现场施工期间做好各现场预埋件的定位、预埋等工作，并严格按照要求进行验收，并做好与结构队伍相关的进度协调工作。

6）施工质量要求高

主要质量控制要点为预制构件的安装精度、现浇接头的施工质量、已完成产品的保护等方面。

施工时将组织一个有丰富测量经验的测量工程师带队的测量队伍，对整个施工期间的构件安装精度进行全程复核，发现问题及时纠正，尤其要注意累计误差的影响，防止由于累积误差过大造成后续施工纠偏困难。

对于现浇接头，严格按照深化设计图纸对现浇接头的各项要求进行控制，主要控制要点为各预制构件预留锚固钢筋的连接形式和连接长度，同时要保证接头处混凝土浇筑质量及注浆锚固接头的质量。

由于外墙板为整体预制，一旦出现破损缺陷修补难度大，同时影响外观质量。预制外墙挂板在运输及吊装过程中应加强对其的保护力度，防止磕碰造成缺角、损坏等情况的发生。起吊过程中，均安排了专人对可能受到影响的板块进行监控保护。

4. 主要施工过程

现场采用的复合式预制工法，即将混凝土结构采用工厂预制、现场吊装与现浇结合的方法进行，标准层施工顺序依序为：柱定位→大梁吊装→小梁吊装→楼板铺设→梁柱接头钢筋摆设→顶层钢筋铺设→楼板灌浆至下一楼层柱定位，外墙板或其他预制构件可与梁柱同步吊装或于框架完成后吊装，如图 7.1-21—图 7.1-28 所示。

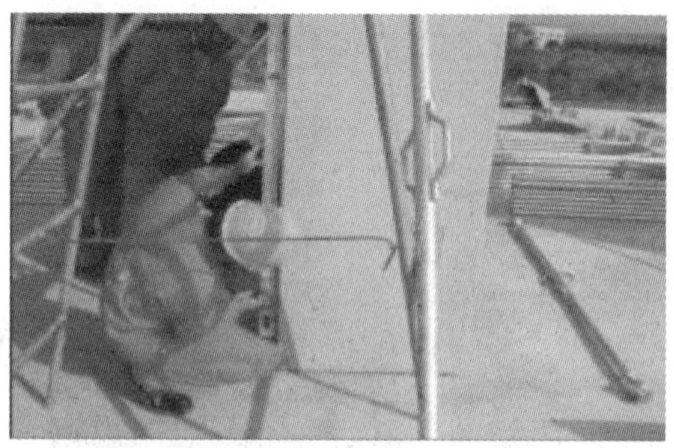

图 7.1-21 预制柱就位

图 7.1-22 大梁吊装

图 7.1-23 小梁吊装

图 7.1-24 楼板铺设

图 7.1-25 楼板钢筋铺设

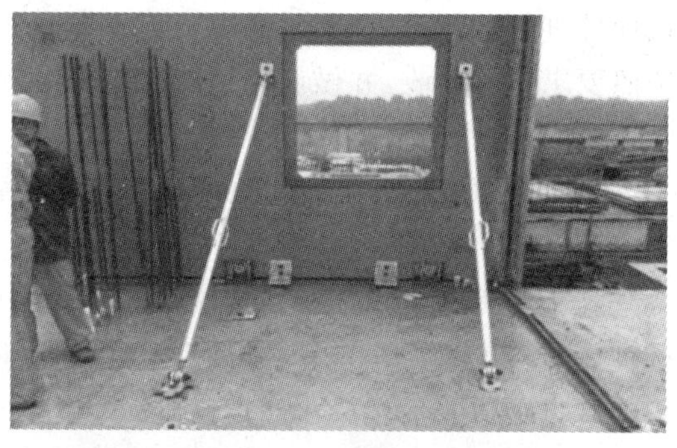

图 7.1-26 外墙板安装

图 7.1-27 一层施工图

图 7.1-28 高层施工图

7.2 预制构件机组流水生产线

7.2.1 基本概况

这是某公司目前新建具有国际一流水平的预制构件生产线，是一个较为典型的机组流水线。产品设计 300 000 m^2/y（一班），品种：叠合楼板、普通外墙、夹心保温外墙各 100 000m^2/y。此流水线有 60 个尺寸为 3.5m×8.5m 的模台，在同一块模台上可同时浇筑 2 件预制件，日产量最大值为 2 500m^2/d；如果年工作日为 250d，最大产量为 625 000m^2/y；整条线路的利用率约为 0.7，周期约为 20min，班制为 2×10h。

该循环流水线的预制构件成型工艺流程同一般预制生产线，优势在于模具和台模在流水线上循环流动，设备和人员在固定的工位上完成某一特定的工作，工人劳动强度下降，生产效率较高。

该流水线能够在快速有效的生产简单产品的同时，制造耗时而更复杂的产品，而不同产品的生产、工序之间互不影响。这一切为能够同步灵活地进行生产不同产品提供了可能性，令更改生产的操作控制变得简单。

7.2.2 流水线平面图

预制构件流水线车间跨度 48m、长度 135m，面积 6480m^2，另有室外堆场约 46 600m^2（70 亩）。预制构件流水线平面图如图 7.2-1 所示，流水线车间如图 7.2-2 所示。

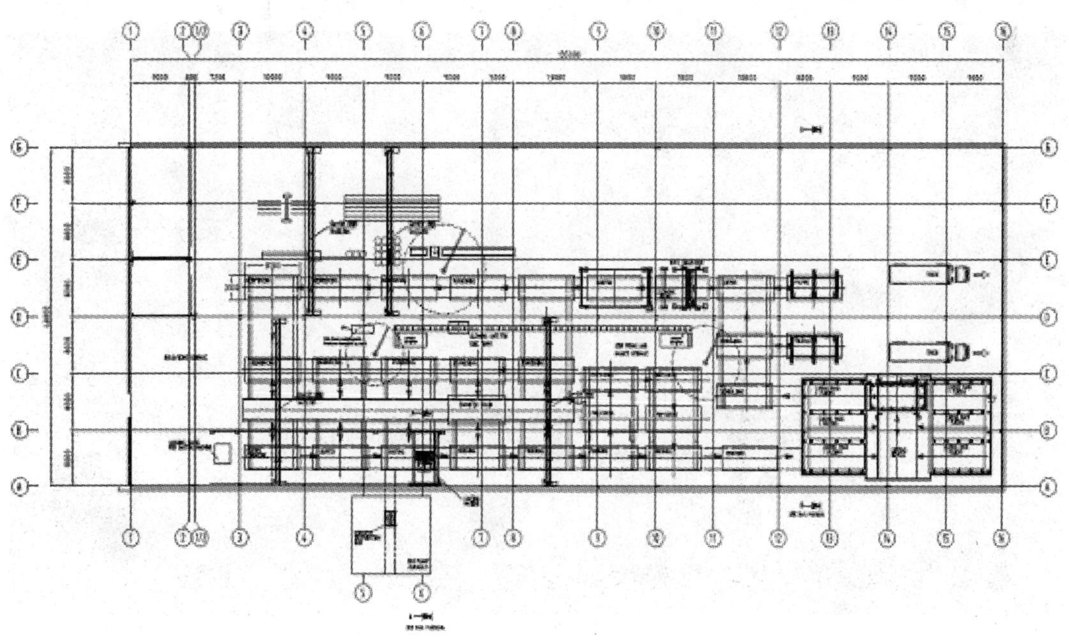

图 7.2-1 PC 流水线平面图

图 7.2-2　预制构件流水线车间

7.2.3　流水线流程介绍

预制构件流水线工艺如图 7.2-3 所示。

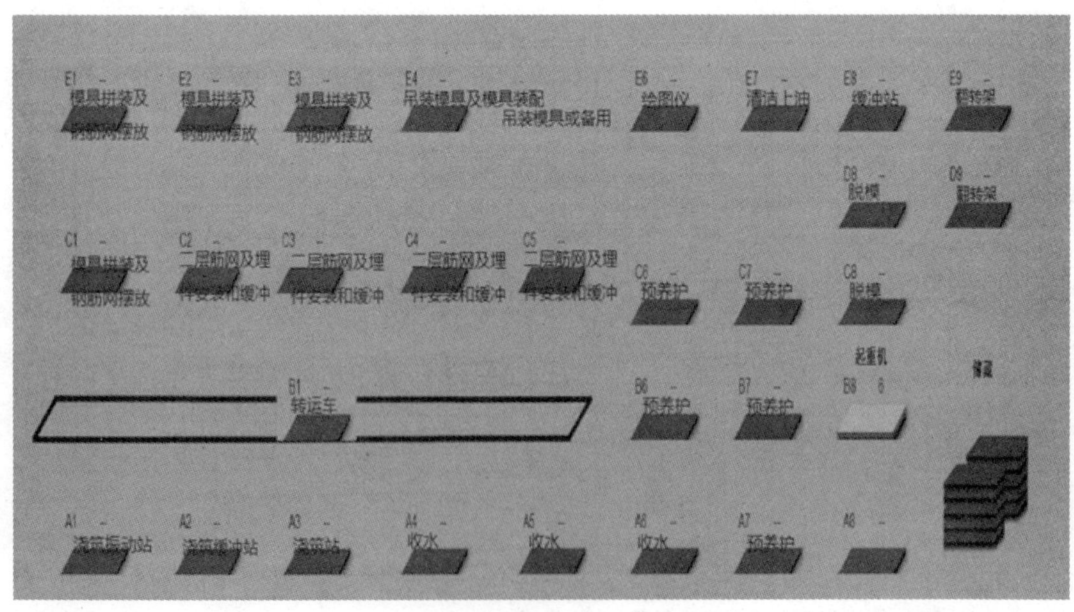

图 7.2-3　预制构件流水线工艺图

预制构件流水线构件生产有如下工位：

1）清洁与上油 E7

模台沿滚轮经过工作台 E8 再传输到清洁机上。工作台 E8 可看作缓冲站。清洁机(图7.2-4)清理铲铲除粘附的大块混凝土渣，辊刷清理遗漏混凝土渣及细小粉末，清理铲及辊刷将混凝土渣及粉末推向模台后方，模台通过，混凝土渣及粉末掉落于下方的收集斗内。同时在此过程中产生的粉尘，经除尘器收集并处理。清洁完的模台穿过一个上油机(图7.2-5)，在模台表面留下薄薄的一层脱模油。喷油量靠 10 个喷嘴的开关调节。

图 7.2-4 清洁机

图 7.2-5 上油机

2）模具定位绘图仪 E6

每块模板在模台上的布局和必要记号都由喷墨绘图仪(图 7.2-6)制作而成。模台运行至绘图仪工位后下载所需的绘图程序并启动绘图作业,线条由墨点组成。待绘图完毕后,打印头回归零点,完成一次工作循环。绘图仪的显示屏会同步操作室内工作人员计划好的当日将要生产的模具顺序。

图 7.2-6　绘图仪

3）吊装模具及模具安装 E5/E4

模具和配件将在此工作台上进行装配。其主要装配方法是根据绘图仪已标明的划线位置进行摆放。所用的模具用悬臂梁(图 7.2-7)从储藏室运到模台上。

4）模具及钢筋网安装 E3/E2/E1

当模具拼装固定后,进行预制构件钢筋网的摆放,钢筋件仓库位于此站一侧。使用吊车运输并摆放。

当钢筋网和预埋件安装完后,中央转移车(图 7.2-8)会将模台传送到浇筑站处。

5）浇筑与震动 A1

一块已经安装完成的模台会被移到浇筑站 A1 的位置上,在此处浇筑机会对模台进行混凝土浇筑。有一台混凝土运输分配料斗将混凝土从混凝土搅拌站运送并倾倒到浇筑机(图 7.2-9)里,显示屏可显示料斗内混凝土剩余量及今日浇筑量。同时,在浇筑站 A1 的位置上安装有震动设备(图 7.2-10)。对刚浇筑好的混凝土构件进行振动和密实。

6）缓冲站 A2

在浇筑完成后,可将模台运送至预养护区、精加工区或者等待区,等待接下来的安排并空出浇筑站。

图 7.2-7　悬臂吊与台模

图 7.2-8　中央转移车

图 7.2-9　浇筑机

图 7.2-10　振动台

7）A4/A5 混凝土收水

浇筑完后，模台会以纵向传送到操作台 A4 和 A5 处。一些表面精加工或调整可以在这里进行。

8）预养护 A6-A7

在模具进入养护室之前，需要对构件进行预养护。可在操作台 A6-B6-C6-C7-B7-A7 上进行。模具须在这块操作区内放置大约 2h，当构件表面凝固到一定程度后，可对构件表面进行收光处理。

9）起重机（图 7.2-11）和养护室 B8

此流水线上建有一个包含 6 个养护塔的养护室。每个养护塔有 7 层，一共有 42 个隔间（可存放 41 块模台）。构件在养护室中进行至少 8h 的养护。每块模台的养护时间可在操作室内的控制屏幕上见到，如图 7.2-12 所示模台。

图 7.2-11　起重机

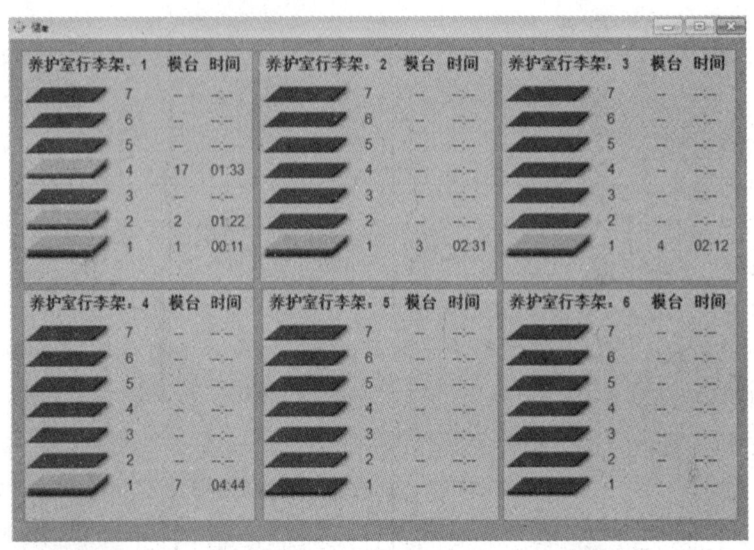

图 7.2-12 养护界面

10）脱模 C8/D8

当预制构件养护完成后，预制件被传送轨道传送到工作台 C8。在工作台 C8 上，预制件的边模和门窗框架会被拆除。在下一工作台 D8 的位置上，将边模框架移除并放到一旁的清洁单元（图 7.2-13）的传送带上。传送带会将边模送入清洁单元进行清洁，并直接送入边模存储区域，为下次使用做准备。

图 7.2-13 边模清洗机

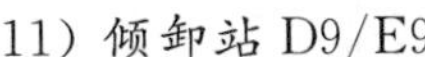

11）倾卸站 D9/E9

从工作站 D8 可直接将预制件送达倾卸站(图 7.2-14)。在本流水线上，设有两处倾卸站分别为 D9 和 E9 预制件会连同模台被倾斜至约 80°角。会用到起吊机进行预制件卸载和运输。可将预制件放置在处理架上或放置在运输货车上。

图 7.2-14　翻身机

至此该流水线完成了一个预制构件生产循环。

术语释义

一、建筑设计

集成化设计

集成化设计是按照建筑、结构、设备和室内装修一体化设计原则，并以集成化的建筑体系和构件部品为基础的综合设计方法。

模数化

模数是指选定的尺寸单位，作为尺度协调中的增值单位。模数化是指遵循一定的数字规律，以保证房屋建设中各部品部件的尺寸和安装位置之间的模数协调。

功能模块

模块是构成系统的单元，也是一种能够独立存在的单元。功能模块指具有一定的功能的单元，可以组合成一个系统，也可以作为一个单元从系统中拆卸、取出和更替。

建筑部品

建筑部品是直接构成建筑成品的最基本组成部分，建筑部品的主要特征首先体现在标准化、系列化、规模化生产，并向通用化方向发展；其次，建筑部品通过材料制品、施工机具、技术文件配套，形成成套技术。

建筑部件

建筑部件由若干装配在一起的建筑配件（如扶手、栏板、栏杆等）所组成，建筑配件先被装配成部件，然后才进入总装配。

二、结构设计

装配式混凝土结构

由预制混凝土构件通过可靠的连接方式装配而成的混凝土结构，包括装配整体式混凝土结构、全装配混凝土结构等。装配整体式混凝土结构由预制混凝土构件通过可靠的方式进行连接并与现场后浇混凝土、水泥基灌浆料形成整体的装配式混凝土结构。全装配混凝土结构指所有结构构件均为预制构件，并采用干式连接方法形成的混凝土结构。

装配整体式混凝土框架结构

框架结构中全部或部分框架梁、柱采用预制构件构建成的装配整体式混凝土结构。简称装配整体式框架结构。

装配整体式混凝土剪力墙结构

剪力墙结构中全部或部分剪力墙采用预制墙板构建成的装配整体式混凝土结构。简称装配整体式剪力墙结构。

三、部品部件

预制混凝土构件

在工厂或现场预先制作的混凝土构件，简称预制构件，包括全预制梁、叠合梁、全预制柱、全预制剪力墙、单层叠合剪力墙、双层叠合剪力墙、外挂墙板、全预制楼梯、叠合楼板、叠合阳台板、预制飘窗、全预制空调板、全预制女儿墙、装饰柱等。

混凝土叠合构件

预制混凝土梁、板、剪力墙在现场后浇部分混凝土而形成的构件，包括叠合板、叠合梁、叠合剪力墙。

预制外挂墙板

安装在主体结构上，起围护、装饰作用的非承重预制混凝土墙板。简称外挂墙板。

预制混凝土夹心保温外墙板

中间夹有保温层的预制混凝土外墙板。简称夹心外墙板。

钢筋套筒灌浆连接

在预制混凝土构件内预埋的金属套筒中插入钢筋并灌注水泥基灌浆料而实现的钢筋连接方式。

钢筋浆锚搭接连接

在预制混凝土构件中预留孔道，在孔道中插入需搭接的钢筋，并灌注水泥基灌浆料而实现的钢筋搭接连接方式。

无线射频 FRP

无线射频是 20 世纪 90 年代兴起的一种非接触式的自动识别技术。射频技术相对于传统的磁卡及 IC 卡技术具有非接触、阅读速度快、无磨损等特点。

四、BIM 技术

建筑信息模型 BIM

全寿命期工程项目或其组成部分物理特征、功能特性及管理要素的共享数字化表达。

建筑信息模型元素

可在多种场合重复使用的个体图元、模型、规格说明。

建筑信息模型构件

放置在建筑特定位置并赋予特定属性的元素或元素的组合。

建筑信息模型视图

从模型中按照特定属性检索过滤得到的图形或非图形信息。

建筑信息模型图纸

从 BIM 中导出用于二维打印所需的图纸、表格等内容，通常作为平面二维交付的最终交付物或输出文件。

建模软件

指用于创建 BIM 模型的软件，应具备三维数字化建模、非几何信息录入、多专业协同设计、二维图纸生成等基本功能。

构件资源库

指在 BIM 实施过程中开发、积累并经过加工处理，形成可重复利用的构件的集合。

BIM 协同平台

指企业建立的多专业、多参与方间的协同工作的软硬件环境。

BIM 模型深度

指模型中信息的详细程度。包括几何信息深度和非几何信息深度。

五、建筑施工

预制率　prefabricated rate

装配混凝土结构住宅建筑单体±0.000 以上的主体结构和围护结构中，预制构件部分的混凝土用量占对应部分混凝土总用量的体积比。

装配率　assembled ratio

装配式混凝土结构住宅建筑中预制构件、建筑部品的数量（或面积）占同类构件或部品总数量（或面积）的比率。

有机类保温板　organic thermal insulation board

由有机材料制成的保温板称为有机类保温板，如聚苯乙烯板，硬泡聚氨酯板和酚醛泡沫板等。

无机类保温板　inorganic thermal insulation board

由无机材料制成的保温板称为无机类保温板，如发泡水泥板和泡沫玻璃板等。

连结件　connector

用于连接装配式预制夹心外墙板中内、外叶混凝土墙板，使内、外叶墙板形成整体的连续器。连续件材料宜采用纤维增强塑料或不锈钢。

外墙饰面砖（或石材）反打工艺　wall tiles(stone) pre-installation method

构件加工厂生产预制夹心外墙板时，先将饰面砖（或石材）铺设在模具内，再浇筑混凝土，将饰面砖（或石材）与外墙板连接成一体的制作工艺。

斜撑系统

斜撑系统的主要功能是将预制柱和预制墙板等构件吊装就位后起到临时固定的作用，同时，通过设置在斜撑上的调节装置对其垂直度进行微调。

竖向支撑系统

竖向支撑系统的主要功能是用于预制主次梁和预制楼板等水平承载构件在吊装就位后起到垂直荷载的临时支撑。与斜撑相比，竖向支撑不仅要承担预制构件的自重荷载，还要承担此类叠合构件现浇混凝土等的荷载。

附　表

附表 1

预制外墙板进场质量验收检查表(样式)

栋别：　　　　楼层(F)：　　　　柱编号：

检查时间	检查项目	检查方法	容许误差	检查结果(加说明)	备注
进货时	进货时的尺寸(长)	卷尺	与设计值差±3mm内		
	进货时的尺寸(宽)	卷尺	与设计值差0，－3mm		
	进货时的尺寸(高)	卷尺	与设计值差0，－3mm		
	进货时严重缺损或缺角或直通裂痕	目视	无大破损		
	进货时面饰材完整性	目视	无大破损		
	接合铁件防锈处理确认	目视	同设计图		
	吊装前躯体铁件偏差值	卷尺	10mm内		
	水电预埋管确认	目视	同设计图		
	墙板翘曲偏差值	2m靠尺和塞尺检查	3mm内		
	铝窗框水平垂直偏差值	卷尺	5mm内		
	对角线长差	卷尺	5mm内		

检查人员：　　　　复核人员：　　　　检查日期

附表 2

预制立柱进场质量验收检查表(样式)

栋别： 楼层(F)： 柱编号：

检查时间	检查项目	检查方法	容许误差	检查结果(加说明)	备注
进货时	进货时的尺寸(长)	卷尺	与设计值差±4mm 内		
	进货时的尺寸(宽)	卷尺	与设计值差±4mm 内		
	进货时的尺寸(高)	卷尺	与设计值差±4mm 内		
	柱头钢筋和楼地面出筋无混凝土污染	目视	无混凝土污染		
	柱头混凝土面清洁确认	目视	清洁无粉末		
	直通裂痕	目视	无		
	编号、方向性确认	目视	目视品质		
	灌浆孔和套筒内无异物堵塞	手电	无异物堵塞		
	斜撑预埋铁件是否遗漏	目视	不能缺少		
	预留主筋锚固长度	卷尺	设计值±5mm 内		

检查人员： 复核人员： 检查日期：

附表 3

预制大小梁进场质量验收检查表(样式)

栋别：　　楼层(F)：　　梁编号：

检查时间	检查项目	检查方法	容许误差	检查结果(加说明)	备注
进货时	进货时的尺寸(长)	卷尺	与设计值差±4mm 内		
	进货时的尺寸(宽)	卷尺	与设计值差±4mm 内		
	进货时的尺寸(高)	卷尺	与设计值差±4mm 内		
	进货时严重缺损 缺角或直通裂痕	目视	无大破损		
	箍筋保护层厚度	卷尺	与设计值差 5mm 内		
	机电预留套筒位置	卷尺	依设计图		
	梁端出筋位置长度	目视	同设计值		
	预埋铁件的位置偏差值	卷尺	与设计值差 10mm 内		
	机电埋管位置偏差值	卷尺	与设计值差 10mm 内		

检查人员：　　复核人员：　　检查日期：

附表 4

预制叠合楼板进场质量验收检查表(样式)

栋别：　　楼层(F)：　　楼板编号：

检查时间	检查项目	检查方法	容许误差	检查结果(加说明)	备注
进货时	进货时的尺寸(长)	卷尺	与设计值差±3mm 内		
	进货时的尺寸(宽)	卷尺	与设计值差 0,−3mm		
	进货时的尺寸(高)	卷尺	与设计值差 0,−3mm		
	进货时严重缺损缺角或直通裂痕	目视	无大破损		
	水电预埋管确认	卷尺	同设计图		
	楼板开孔确认	目视	依设计图		
	楼板翘曲偏差值	2m 靠尺和塞尺检查	3mm 内		
	对角线长差	卷尺	5mm 内		

检查人员：　　复核人员：　　检查日期：

附表 5

预制楼梯进场质量验收检查表(样式)

栋别：　　楼层(F)：　　楼梯编号：

检查时间	检查项目	检查方法	容许误差	检查结果(加说明)	备注
进货时	进货时的尺寸(长)	卷尺	与设计值差±3mm内		
	进货时的尺寸(宽)	卷尺	与设计值差 0,－3mm		
	进货时的尺寸(厚度)	卷尺	与设计值差 0,－3mm		
	进货时严重缺损缺角或直通裂痕	目视	无大破损		
	水电预埋管确认	卷尺	同设计图		
	楼梯开孔确认	目视	依设计图		
	楼梯翘曲偏差值	2m靠尺和塞尺检查	3mm内		

检查人员：　　复核人员：　　检查日期：

附表 6

预制阳台板进场质量验收检查表(样式)

栋别：　　　楼层(F)：　　　楼梯编号：

检查时间	检查项目	检查方法	容许误差	检查结果(加说明)	备注
进货时	进货时的尺寸(长)	卷尺	与设计值差±3mm 内		
	进货时的尺寸(宽)	卷尺	与设计值差 0,−3mm		
	进货时的尺寸(高)	卷尺	与设计值差 0,−3mm		
	进货时严重缺损缺角或直通裂痕	目视	无大破损		
	水电预埋管确认	卷尺	同设计图		
	阳台板开孔确认	目视	依设计图		
	阳台板板翘曲偏差值	2m 靠尺和塞尺检查	3mm 内		
	对角线长差	卷尺	5mm 内		

检查人员：　　　复核人员：　　　检查日期：

附表 7 **接头试件形式检验报告(样式)**

<table>
<tr><td colspan="2">接头名称</td><td colspan="3"></td><td>送检数量</td><td></td></tr>
<tr><td colspan="2">送检单位</td><td colspan="3"></td><td>送检日期</td><td></td></tr>
<tr><td rowspan="8">材料
性能</td><td colspan="4" rowspan="4">连接件示意图</td><td>设计接头等级</td><td>Ⅰ级/Ⅱ级/Ⅲ级</td></tr>
<tr><td>钢筋级别</td><td>HRB335,HRB400</td></tr>
<tr><td>连接件材料</td><td></td></tr>
<tr><td>连接工艺参数</td><td></td></tr>
<tr><td colspan="2">钢筋母材编号</td><td>NO. 1</td><td>NO. 2</td><td>NO. 3</td><td>要求指标</td></tr>
<tr><td colspan="2">钢筋直径/mm^2</td><td></td><td></td><td></td><td></td></tr>
<tr><td colspan="2">屈服强度/(N/mm^2)</td><td></td><td></td><td></td><td></td></tr>
<tr><td colspan="2">抗拉强度/(N/mm^2)</td><td></td><td></td><td></td><td></td></tr>
<tr><td rowspan="10">力学
性能</td><td colspan="2">单向拉伸试件编号</td><td>NO. 1</td><td>NO. 2</td><td>NO. 3</td><td></td></tr>
<tr><td rowspan="3">单向
拉伸</td><td>抗拉强度/(N/mm^2)</td><td></td><td></td><td></td><td></td></tr>
<tr><td>非弹性变形/mm^2</td><td></td><td></td><td></td><td></td></tr>
<tr><td>总伸长度</td><td></td><td></td><td></td><td></td></tr>
<tr><td colspan="2">高应力反复拉压试件编号</td><td>NO. 4</td><td>NO. 5</td><td>NO. 6</td><td></td></tr>
<tr><td rowspan="2">应力
复拉压</td><td>抗拉强度/(N/mm^2)</td><td></td><td></td><td></td><td></td></tr>
<tr><td>残余变形/mm</td><td></td><td></td><td></td><td></td></tr>
<tr><td colspan="2">大变形反复拉压试件编号</td><td>NO. 7</td><td>NO. 8</td><td>NO. 9</td><td></td></tr>
<tr><td rowspan="2">变形
复拉压</td><td>抗拉强度/(N/mm^2)</td><td></td><td></td><td></td><td></td></tr>
<tr><td>残余变形/mm</td><td></td><td></td><td></td><td></td></tr>
<tr><td colspan="2">评定结论</td><td colspan="5"></td></tr>
<tr><td colspan="7">负责人: 校核: 试验员:</td></tr>
<tr><td colspan="7">试验日期: 年 月 日 试验单位:</td></tr>
<tr><td colspan="2">备注栏</td><td colspan="5">接头试件基本参数应详细记载。套筒挤压接头应包括套筒长度、外径、内径、挤压道次、压痕总宽度、压痕平均直径、挤压后套筒长度;螺纹接头应包括连接套长度、外径、螺纹规格、牙形角、镦粗直螺纹过渡段坡度、锥螺纹锥度、安装时拧紧力矩等</td></tr>
</table>

附表 8　　无收缩水泥灌浆施工质量检查记录表(样式)

项目名称：					年　月　日
单位工程名称：			分部分项：		楼层：
每包用水量标准	3.4±0.2L	实际用水量	L	灌浆机械型号	
流度值标准	18～28cm	实际流度值	cm，搅拌时间应＞2min		
试体抗压强度标准值 550kgf/cm^2 以上		试体 1	试体 2	试体 3	
流度值标准	18～28cm	实际流度值(cm)			
试体抗压强度标准值 550kgf/cm^2 以上		试体 4	试体 5	试体 6	
实际使用量　　包		灌浆前高压空气冲洗机清洁			
灌浆前模板检查	异常编号：				
灌浆后质量检查	异常编号：				

灌浆时由底部注入，待顶部流出圆柱状，方能以塑料塞填塞

灌浆部位	灌浆情况	灌浆部位	灌浆情况	灌浆部位	灌浆情况	备注

施工员：　　　　质量员：　　　　施工负责人：

附表 9

预制柱吊装前后质量控制检查表(样式)

栋别： 楼层(F)： 柱编号：

检查时间	检查项目	检查方法	容许误差	检查结果(加说明)	备注
吊装前	柱头梁放样位置标示	目视	样版画线		
	楼地面出筋高程确认	卷尺	不能大于 10mm		
	编号、方向性、确认	目视	目视品质		
	混凝土垫片高程值	水准仪	同设计值		
吊装后	柱中心线位置偏差	卷尺	8mm 内		
	柱子安装后垂直度 (≤5m,5m<10m,≥10m)	垂直尺	5mm,10mm,1/1000 且标高≤30mm		
	X,Y 向斜撑螺丝是否锁紧	目视	锁紧稳固		
	柱头标高	水准仪	±10mm		
	柱梁接头模板组装确认	目视	是承揽范围时要有		
	预制柱头钢筋偏差值	卷尺	小于 5mm		

检查人员： 复核人员： 检查日期：

附表 10

预制大小梁吊装前后质量控制检查表(样式)

栋别：　　　　楼层(F)：　　　　梁编号：

检查时间	检查项目	检查方法	容许误差	检查结果(加说明)	备注
吊装前	预制梁中心线位置	卷尺	小于 5mm		
	大梁凹槽之小梁位置画线	目视	小于 5mm		
	吊装时梁的编号方向性	目视	编号,方向性一致		
吊装后	大梁安装后与柱头位放样线偏差值	卷尺	小于 5mm		
	小梁安装后之位置偏差	卷尺	小于 5mm		
	安装后梁位标高	水准仪	误差小于 5mm		
	小梁承坐大梁凹槽后梁顶高程	卷尺	小于 5mm		
	大小梁接头封模确认	目视	不会漏浆		
	大小梁拉砂浆填灌确认	目视	钢筋捣实		

检查人员：　　　　复核人员：　　　　检查日期：

附表 11

预制叠合楼板吊装前后质量控制检查表(样式))

栋别：　　　　楼层：　　　　编号：

检查时间	检查项目	检查方法	容许误差	检查结果(加说明)	备注
吊装前	KT 板鹰架高程偏差值	卷尺	5mm 内		
	吊装是确认 KT 板的编号和方向性	目视	符合设计		
	楼板与邻近板片接缝大小(抹灰,不抹灰)	卷尺	5mm,3mm 内		
吊装后	楼板接缝过大 PE 条填缝	目视	符合设计		
	楼板底安装后中央变位值	卷尺	3mm 内		
	KT 板安装灌浆后下垂值	卷尺	小于跨度的 1/360		

检查人员：　　　　复核人员：　　　　检查日期：

附表 12

预制楼梯板吊装前后质量控制检查表(样式)

栋别：　　　　楼层：　　　　编号：

检查时间	检查项目	检查方法	容许误差	检查结果(加说明)	备注
吊装前	楼梯鹰架高程偏差值	卷尺	5mm 内		
	吊装是确认楼梯的编号和方向性	目视	符合设计		
	楼梯垫片的高程值	卷尺	3mm 内		
吊装后	楼板接缝偏差值	目视	2mm 内		
	楼板底安装中央变位值	卷尺	3mm 内		
	楼梯前后偏差值	卷尺	10mm		
	楼梯左右偏差值	卷尺	10mm		
	楼梯高程值	水准仪	±10mm		

检查人员：　　　　复核人员：　　　　检查日期：

附表 13

预制阳台板吊装前后质量控制检查表(样式)

栋别：　　　　　　　　楼层：　　　　　　　　编号：

检查时间	检查项目	检查方法	容许误差	检查结果(加说明)	备注
吊装前	阳台板鹰架高程偏差值	卷尺	5mm 内		
	吊装是确认阳台板的编号和方向性	目视	符合设计		
	阳台板与邻近板片接缝大小(抹灰,不抹灰)	卷尺	5mm,3mm 内		
吊装后	楼板接缝过大 PE 条填缝	目视	符合设计		
	楼板底安装后中央变位值	卷尺	3mm 内		
	阳台安装灌浆后下垂值	卷尺	小于跨度的 1/360		

检查人员：　　　　　　　　复核人员：　　　　　　　　检查日期：

附表 14

预制外挂墙板(含 PCF 墙板)吊装前后质量控制检查表(样式)

栋别：　　　　　　楼层(F)：　　　　　　地板编号：

检查时间	检查项目	检查方法	容许误差	检查结果(加说明)	备注
吊装前	安装时即需完成粗调	卷尺	10mm 内		
吊装后	安装后需临时固定	目视	临时固定		
	微调后高程偏差值	卷尺	相对 2mm 内,绝对 5mm 内		
	微调后左右偏差值	卷尺	相对 2mm 内,绝对 5mm 内		
	微调后室内面进出偏差值	卷尺	相对 2mm 内,绝对 5mm 内		
	微调后外饰面顺差偏差值	卷尺	相对 2mm 内,绝对 5mm 内		
	微调后饰材分割缝之误差	卷尺	相对 2mm 内,绝对 5mm 内		
	连接铁什螺丝锁紧	目视	锁紧		
	垂直工(干式、湿式)	垂直尺	1/600,1/500		
	连接铁件电焊与防锈查核	目视	规范要求		

检查人员：　　　　　　复核人员：　　　　　　检查日期：

引用标准名录

《通用硅酸盐水泥》(GB 175)
《钢筋混凝土用钢(热轧光圆钢筋)》(GB 1499.1)
《钢筋混凝土用钢(热轧带肋钢筋)》(GB 1499.2)
《建筑材料放射性核素限量》(GB 6566)
《混凝土外加剂》(GB 8076)
《建筑材料及制品燃烧性能分级》(GB 8624)
《轻集料及其试验方法 第1部分:轻集料》(GB 17431.1)
《轻集料及其试验方法 第2部分:轻集料试验方法》(GB 17431.2)
《混凝土结构设计规范》(GB 50010)
《钢结构设计规范》(GB 50017)
《工程测量规范》(GB 50026)
《混凝土外加剂应用技术规范》(GB 50119)
《混凝土结构工程施工质量验收规范》(GB 50204)
《钢结构工程施工质量验收规范》(GB 50205)
《建筑装饰装修工程质量验收规范》(GB 50210)
《钢结构焊接规范》(GB 50661)
《混凝土结构工程施工规范》(GB 50666)
《建设工程施工现场消防安全技术规程》(GB 50720)
《碳素结构钢》(GB/T 700)
《钢结构高强度大六角头螺栓、大六角螺母、垫圈与技术条件》(GB/T 1228)
《球墨铸铁》(GB/T 1348)
《低合金高强度结构钢》(GB/T 1591)
《型钢验收、包装、标志及质量证明书的一般规定》(GB/T 2101)
《钢结构用扭剪型高强度螺栓连接副》(GB/T 3632)
《碳钢焊条》(GB/T 5117)
《低合金钢焊条》(GB/T 5118)
《六角头螺栓-C级》(GB/T 5780)
《六角头螺栓》(GB/T 5782)
《膨胀珍珠岩绝热制品》(GB/T 10303)
《硅酮建筑密封胶》(GB/T 14683)
《建设用砂》(GB/T 14684)
《建设用卵石、碎石》(GB/T 14685)

《熔化焊用钢丝》(GB/T 14957)
《气体保护焊用钢丝》(GB/T 14958)
《钢及钢产品交货一般技术要求》(GB/T 17505)
《用于水泥和混凝土中的粒化高炉矿渣粉》(GB/T 18046)
《绝热用硬质酚醛泡沫制品(PF)》(GB/T 20974)
《建筑绝热用硬质聚氨酯泡沫塑料》(GB/T 21558)
《模塑聚苯板薄抹灰外墙外保温系统材料》(GB/T 29906)
《挤塑聚苯板(XPS)薄抹灰外墙外保温系统材料》(GB/T 30595)
《粉煤灰混凝土应用技术规范》(GB/T 50146)
《建筑施工组织设计规范》(GB/T 50502)
《建筑工程绿色施工评价标准》(GB/T 50640)
《建筑工程绿色施工规范》(GB/T 50905)
《装配式混凝土结构技术规程》(JGJ 1)
《施工现场临时用电安全技术规程》(JGJ 46)
《普通混凝土用砂、石质量及检验方法标准》(JGJ 52)
《普通混凝土配合比设计规程》(JGJ 55)
《建筑施工安全检查标准》(JGJ 59)
《混凝土用水标准》(JGJ 63)
《冷轧带肋钢筋混凝土结构技术规程》(JGJ 95)
《钢筋机械连接通用技术规程》(JGJ 107)
《钢筋焊接网混凝土结构技术规程》(JGJ 114)
《建筑施工现场环境与卫生标准》(JGJ 146)
《钢筋套筒灌浆连接应用技术规程》(JGJ 355)
《高强混凝土应用技术规程》(JGJ/T 281)
《钢筋连接用灌浆套筒》(JG/T 398)
《钢筋连接用套筒灌浆料》(JG/T 408)
《天然石材产品放射性防护分数控制标准》(JC 518)
《聚氨酯建筑密封胶》(JC/T 482)
《聚硫建筑密封胶》(JC/T 483)
《泡沫玻璃绝热制品》(JC/T 647)
《水泥基泡沫保温板》(JC/T 2200)
《钢筋混凝土装配整体式框架节点与连接设计规程》(CECS 43)
《粉煤灰混凝土应用技术规程》(DG/TJ 08-230)
《现场施工安全生产管理规范》(DGJ 08-903)
《装配整体式住宅混凝土构件制作、施工及质量验收规程》(DG/TJ 08-2069)
《无机保温砂浆系统应用技术规程》(DG/TJ 08-2088)
《建设工程绿色施工管理规范》》(DG/TJ 08-2129)
《混凝土、砂浆用粒化高炉矿渣微粉》(DB 31/T 35)

参考文献

[1] 黄宇星,祝磊,叶桢翔,等.预制混凝土结构连接方式研究综述[J].混凝土,2013,1.

[2] 范一飞.上海地区工业化住宅装配式外墙体系防水设计研究[J].住宅科技,2013,11.

[3] 同济大学.混凝土制品工艺学[M].2版.上海:同济大学出版社.1981.

[4] 章迎尔.建筑装饰材料[M].上海:同济大学出版社.2009.

[5] 刘英明.主体结构施工[M].北京:机械工业出版社.2006.

[6] 社团法人日本建筑协会.预制钢筋混凝土工程施工技术指针[S].2005.

[7] 社团法人日本建筑协会.预制钢筋混凝土工程施工[S].2013.

[8] 上海建工(集团)总公司.DG/TJ 08—2069—2010装配整体式住宅混凝土构件制作、施工及质量验收规程[S].2010.

[9] 中国安全生产协会注册安全工程师工作委员.安全生产管理知识[M].北京:中国大百科全书出版社.2011.

[10] 台湾润泰.102版本安全卫生环保手册[S].2013.

[11] 绿色施工技术在装配式住宅工程中的应用[J].北京市工程建设质量管理协会刊物,2014,5.

[12] 绿色施工技术在装配式住宅工程中的应用[J].建筑技术,2013(12).

[13] 叶明.建筑产业现代化及其发展.新型建筑工业化技术培训2014,11.19.

[14] 纪颖波.我国建筑产业现代化若干问题的思考.新型建筑工业化技术培训2014,11.19.